浙江省普通本科高校“十四五”重点立项建设教材
普通高等教育机电类系列教材

机电一体化概论

第2

于爱兵　马廉洁　李雪梅　编

机械工业出版社

本书以通俗易懂的语言、生动有趣的图片、贴近生活的实例，讲述机电一体化的相关技术。本书共 4 章，内容包括绪论、机电一体化系统组成、机电一体化产品设计及机电一体化技术应用实例。通过学习本书，读者可以掌握机电一体化的基本知识、关键技术和典型应用，建立机电一体化技术的基本概念和知识结构，并为后续深入学习机电一体化相关技术，以及进行机电一体化系统设计、开发和应用奠定基础。

本书为新形态教材，以二维码的形式链接了原理动画、章节测试题和阅读资料，并且设置了章首导学内容和思政拓展、拓展阅读模块，增加了实用性和趣味性。本书配套了 PPT 课件、教学大纲、习题答案等教学资源，欢迎选用本书的教师登录机械工业出版社教育服务网（www. cmpedu. com）免费下载。

本书适合作为本科院校机械电子工程、机电一体化专业的通识课程、导论课程及公共选修课教材，也可作为高职高专等相关专业课程教材，还可供机电一体化技术的初学者和希望快速了解机电一体化技术全貌的工程技术人员参考。

图书在版编目（CIP）数据

机电一体化概论 / 于爱兵，马廉洁，李雪梅编. 2版. -- 北京 : 机械工业出版社，2025. 6. -- (浙江省普通本科高校“十四五”重点立项建设教材) (普通高等教育机电类系列教材). -- ISBN 978-7-111-78421-0

Ⅰ. TH-39

中国国家版本馆CIP数据核字第2025M7E631号

机械工业出版社（北京市百万庄大街22号　邮政编码100037）

策划编辑：徐鲁融　　责任编辑：徐鲁融　杜丽君

责任校对：樊钟英　张亚楠　　封面设计：王　旭

责任印制：任维东

河北环京美印刷有限公司印刷

2025年7月第2版第1次印刷

184mm×260mm・13印张・237千字

标准书号：ISBN 978-7-111-78421-0

定价：42.00 元

电话服务　　网络服务

客服电话：010-88361066　　机　工　官　网：www.cmpbook.com

010-88379833　　机　工　官　博：weibo.com/cmp1952

010-68326294　　金　　书　　网：www.golden-book.com

封底无防伪标均为盗版　　机工教育服务网：www.cmpedu.com

PREFACE

第 2 版前言

《机电一体化概论》第 1 版于 2013 年出版发行，受到了广大师生的欢迎和支持，被部分院校选作课程教材，这是对我们开展第 2 版编写工作的积极鼓励。

本书在保留第 1 版特色的基础上进行了如下修改：

1）增加了视频内容。部分技术原理和产品工作过程以视频形式进行讲解，读者可以扫描教材中的二维码进行观看。

2）补充了在线测试题。在章节内容之后，以二维码形式设置单元测试题目，便于读者及时掌握学习情况和提高学习效果，有助于提升学习主动性。

3）设置了知识结构图。在各章的章首导学部分提供了知识结构图，为读者建立了每章知识内容的清晰知识结构，既有助于教师开展教学指导，又便于学生复习和自学、形成完整的知识框架。

4）完善了教材内容。增加了智能手表、人脸识别门禁系统、智能泊车系统、交通电子警察、电梯、导航、无人机等生活中常见的机电一体化产品和技术的介绍。另外，修改了第 1 版中存在的文字、图片及内容等方面的不确切表达之处。

5）在一些章节结尾设置“思政拓展”模块，以二维码的形式链接了拓展视频，让学生了解天鲲号、蛟龙号、超级镜子发电站、乌东德水电站等中国创造的精妙之处，将党的二十大精神融入其中，树立学生的科技兴国、科技报国意识，助力培养德才兼备的高素质人才。

本书编写分工为：东北大学马廉洁编写第 1 章、第 2 章 2.1 节和 2.3 节、第 4 章 4.5 节和拓展阅读 A、B、H，宁波大学于爱兵编写第 2 章 2.5 节、第 3 章、第 4 章 4.1~4.3 节、拓展阅读 D~G、I 和附录，白城师范学院李雪梅编写第 2 章 2.2 节和 2.4 节、第 4 章 4.4 节和拓展阅读 C。研究生朱立志、王醒、李辉林、汤维冬制作了本书的视频和部分图片。

本书的编写参考了国内外部分教材、手册、期刊以及网络上的相关内容，在此特向有关作者和单位表示诚挚的谢意！对于书中存在的缺点与不足之处，敬请读者不吝批评指正。

编　者

PREFACE

第1版前言

机电一体化技术已遍及工业生产和日常生活的各个领域。作为高校理工科学生，了解和掌握机电一体化的基础知识是非常必要的。目前，很多高校设置了通识课程、导论课程以及公共选修课，以提高和扩展学生的知识面和技术基础。本书就是为上述课程的开设而编写的，参考学时为16~24学时。

本书作为机电一体化技术的入门教材，主要阅读对象是机电一体化技术的初学者和希望快速了解机电一体化技术全貌的工程技术人员。读者学习本书，可以初步了解机电一体化的基本知识、关键技术和典型应用，建立机电一体化技术的宏观概念和基本框架，进而对机电一体化技术产生兴趣，同时为后续机电一体化技术的学习、设计、开发和应用奠定前期基础。

本书共4章。第1章是机电一体化技术的基础知识，简要介绍了机电一体化的概念、系统组成、发展历史和本课程的学习方法。第2章详细讲述了机电一体化技术的系统组成，包括机械单元、伺服与驱动单元、检测单元、控制单元以及接口技术。第3章介绍了机电一体化产品的设计方法，包括设计流程、建模、设计应用软件和现代设计方法。第4章选择典型机电一体化产品为实例，加强读者对机电一体化技术的掌握，包括ABS、视频监控、微机电技术、焊接机器人和数控机床。

本书具有如下特色：

1）便于初学者学习。本书针对通识课程和导论课程的教学特点，避免深奥的理论和技术，以通俗易懂的语言、生动有趣的图片、贴近生活的实例，讲述机电一体化的相关技术，易学易教。

2）知识直观化。图文结合是知识讲述的有效方式，本书采用了大量的实物照片、近实物图片和三维造型图，有助于读者轻松理解和掌握相关技术知识。知识来源于生活，本书选用了生活中的汽车、手机、游戏机等常见实例，有效避免了学生专业知识的局限性，便于读者学习和体会。

3）采用渗透式双语教学方式。本书的关键技术术语和名词配有英文对照，并在书后附有中英对照表，以增加知识的实用性。专业词汇是高校学生在双语教学和英文技术资料阅读中遇到的主要问题，编者希望以这种潜移默化的渗透式双语教学方式帮助学生更好地学习和掌握科技英语。

4）知识趣味化。本书设置了一些小篇幅的“阅读材料”，讲解有关内容的背景知识，包括机电一体化技术的产生与发展过程、历史事件与人物等内容，以增加本书的可读性和读者的学习兴趣。

5）增加了学习指导内容。在每一章的开始部分设置了本章的内容概述，引导读者开始本章内容的学习，简要说明本章的学习目的、教学内容、学习要点和关键词。

本书的编写分工如下：第 1 章，第 2 章 2.1、2.3 节，第 4 章 4.5 节和阅读材料 A、B 由东北大学马廉洁编写；第 2 章 2.5 节，第 3 章，第 4 章 4.1、4.2、4.3 节，阅读材料 D、E 和附录由宁波大学于爱兵编写；第 2 章 2.2、2.4 节，第 4 章 4.4 节和阅读材料 C 由白城师范学院李雪梅编写。本书书稿承浙江大学宁波理工学院郑堤教授精心审阅，他提出了许多宝贵意见，在此表示衷心感谢！

本书的编写参考了国内外部分教材、手册、期刊以及网络上的相关内容，并得到了编写单位很多教师和学生的热情帮助，在此表示诚挚的谢意！本书配有教学课件，可以在机械工业出版社教育服务网（www.cmpedu.com/）下载。对于书中存在的缺点与不足之处，敬请读者批评指正。

编　者

CONTENTS

目录

第1章 绪　论

生活中许多司空见惯的事物，如天空中飞行的飞机、道路上奔驰的汽车、游乐场里刺激有趣的各种娱乐设施（见图 1-1），它们能够按照正确的时间、地点、状态等满足人们的要求，在这里可以把它们看作是应用机电一体化技术的机器。那么，这些没有生命、不会思考的机器是如何完成这些任务的？首先，操作人员直接进行了哪些操作，转化成了何种信号，传递到何处？其次，在实现工作目标的过程中，机器是否参与了自主决策与控制，与人工操作有着何种联系，两者之间通过何种设备关联在一起？最后，这些复杂的任务是如何分工协调的，又是通过何种装置来实现的？尽管听起来有些复杂甚至不可思议，但事实上，这些复杂系统也是由一个个小的关键技术点累加组合、协调统一的产物。

图 1-1　悬挂式过山车

本章就是要把这样庞杂的系统分成几个简单、直观的部分展现给读者，从而了解其宏观框架和基本概念。

学习目的： 建立机电一体化的一般概念和基本框架，了解其基本功能，展现探索空间，激发学习兴趣。

教学内容： 机电一体化的概念、特点；组成及相关技术、应用实例；发展历史及趋势。

关 键 词： 机电一体化概念、系统组成、宏观框架。

本章知识体系：

- 绪论
  - 机电一体化的概念
    - 定义
    - 分类：按功能原理、按系统化程度、按服务对象领域、按机电技术结合程度分类
    - 特点：结构简单，操作方便；速度快，精度高；可靠性高；柔性好
  - 机电一体化的组成
    - 基本组成及功能：机械单元、检测单元、控制单元、伺服与驱动单元
    - 相关技术：机械设计与制造技术、计算机与信息处理技术、传感器技术、软件技术、通信技术、驱动技术、自动控制技术、系统技术
  - 机电一体化应用实例
    - 自控式恒温箱
    - 电子燃油喷射系统
  - 机电一体化的发展
    - 发展历史
    - 发展趋势
  - 本课程的任务与学习方法
    - 任务
    - 学习方法

机电一体化这一词汇对我们来说并不陌生，作为一门技术，它是多门学科、多种技术交叉融合的结果，其主要目的是使机器在使用过程中更加方便、灵活、可靠。生活中最常见的汽车其实就是一部机电一体化的机器，汽油为它提供了能量，机械装置把这个能量转化为运动，这样汽车运载的基本功能就实现了。为了使汽车的运动过程更加符合人们的需要，还要对其进行各种控制，如方向、速度、导航、报警等。方向控制主要是通过操纵方向盘进行机械控制来实现的。速度控制则要通过操纵加速踏板、制动踏板、变速杆等进行机械、液压、气动、电子等控制来实现。导航通过导航仪对外发送本车信息，同时接收外部信号，输入车载微机进行处理，把汽车位置的状态结果输出到导航仪显示屏上，供驾驶人员参考，起到提示作用。导航主要是应用了电子和信息处理技术。

1.1 机电一体化的概念

1.1.1 机电一体化的定义

机电一体化技术是一门跨学科的综合性技术，是一门独立的交叉学科。机电一体化（mechatronics）又称为机械电子学，它是由英文机械学（mechanics）与电子学（electronics）组合而成的。

机电一体化的概念概括为：机电一体化是动力、传动、控制、信息等技术有机结合的系统集成。简单地说，机电一体化就是机械技术与电子技术相结合的产物，是机械装置与电子装置的软硬件集成。

现实生活中，随处可见许多机器，它们操作轻便，运行稳定，工作可靠。其实这些机器在不久以前还仅仅是由机械结构实现运动的纯机械装置，与电子、信息技术结合之后其性能得到显著改进和提高。现举几个常见的例子来进一步介绍机电一体化的概念。

第一类：原来仅由机械结构实现某运动或功能的装置，通过与电子技术结合实现同样运动或功能的装置，如机械式钟表—石英钟表，手动照相机—自动照相机等。

第二类：原来由人工判断和操作，改变为由机器判断操作或实现无人操作的设备，如银行自动柜员机、邮局的自动分拣机、无人仓库的出库机等。

第三类：原来由人工值守操控，改变为按照程序实现灵活运动的设备，如人工电话接转—程控电话，传统机床—数控（NC）机床等。

如果把上述知识体系分成四个学科结构板块，即机械工程学（mechanical engineering）、电气电子工程学（electrical engineering）、控制工程学（control engineering）和信息工程学（information engineering），那么机电一体化技术就可以看作是对上述四大板块内容的综合交叉和灵活运用。在这个过程中，很难分出各个学科板块知识的主次关系，这些学科与技术共同支撑着机电一体化，如图 1-2 所示。

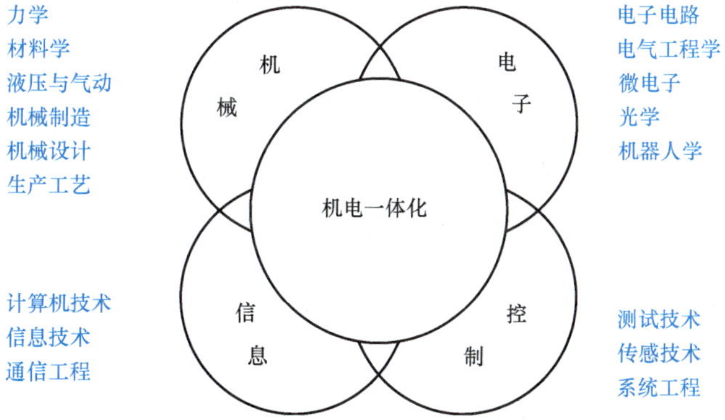

图 1-2　构成机电一体化的学科与技术

1.1.2　机电一体化的分类

机电一体化产品几乎渗透到全部的工农业生产、日常生活与工作当中，其类型也十分庞杂。

1．按照机电一体化产品的功能原理分类

（1）数控机械类　包括数控机床、工业机器人、发动机控制系统和自动洗衣机等，其特点为执行机构是机械装置。

（2）电子设备类　包括电子血压计、电子秤和激光测量仪等，其特点为执行机构是电子装置。

（3）机电结合类　包括自动探伤机、形状识别装置和 CT 扫描仪（electronic computer X-ray tomography technique，电子计算机 X 射线断层扫描技术，简称 CT）、自动售货机等，其特点为执行机构是机械和电子装置的有机结合。

（4）电液伺服类　该类型产品以机电一体化的伺服装置为代表，其特点为执行机构是液压驱动的机械装置，控制机构是接收电信号的液压伺服阀。

（5）信息控制类　包括电报机、录像机、录音机以及复印机、传真机等办公自动化设备，其主要特点为执行机构的动作完全由所接收的信息控制。

2．按照产品技术的系统化程度分类

（1）大型成套设备　包括火力、水力发电设备，核电站，冶金、矿山、石化设备等。

（2）数控机械　包括数控机床，柔性制造系统（FMS），计算机集成制造系统（CIMS），工业机器人、智能机器人，印刷机械，食品及包装机械，农业机械，塑料加工机械等。

（3）仪器仪表　包括工艺过程自动检测与控制系统、精密科学仪器和试验设备、智能化仪器仪表、电子监护仪、生理记录仪、超声成像仪、康复体疗仪器、X 射线诊断仪、CT 等。

（4）办公自动化系统　包括复印机、传真机、打印机、绘图仪、自动化管理系统等。

3．按照产品的服务对象领域分类

根据产品的服务对象领域不同，机电一体化产品可分为工业生产类、运输包装类、储存销售类、社会服务类、家庭日用类、科研仪器类、国防武器类以及其他用途类。

4．按照机电技术的结合程度分类

根据产品机电技术的结合程度分类，机电一体化产品可分为功能附加型、功能替代型、机电融合型。

1.1.3　机电一体化的特点

1．结构简单，操作方便

机电一体化技术改变了以往靠机械传动链连接各个相关动作部分的驱动方式，通常采用伺服电动机或用电力电子器件来驱动机械系统，从而缩短甚至取消了机械传动链，简化了机械结构。另外，由于半导体与集成电路（integrated circuit，IC）技术的提高和液晶技术的发展，使得控制装置和测量装置可以做成原来重量和体积的几分之一，甚至几十分之一。机电一体化技术使得操作人员摆脱了以往必须按规定操作程序或节拍频繁紧张地进行单调重复操作的工作方式，能够灵活方便地按需控制和改变生产操作程序。机电一体化装置或系统各个相关传动机构的动作及功能协调关系，可由预设的程序一步一步地由电子控制系统指挥，如数控机床、FMS 等。有的还可实现操作全自动化，如工业机器人、数控高速钻床等。有些更高级的机电一体化系统，还可通过被控对象的数学模型以及根据任何时刻外界各种参数的变化情况，随机自动寻求最佳工作程序、动作程度和快慢以及协调关系，以实现最优化工作及最佳操作，例如微机控制的热连轧机钢板测厚自控系统、电梯群控系统、智能机器人等。

2. 速度快，精度高

半导体和集成电路的飞速发展，促使了大规模集成电路（large scale integrated circuit，LSI）和超大规模集成电路（very large scale integrated circuit，VLSI）的出现，电路高度集成，处理和响应速度也迅速提高，充分满足了实际应用的需要，推动了超精密加工技术的进步，使其与高精度加工和精密运动控制相适应。

机械传动链的简化，避免了机械运动引起的误差，同时采用闭环控制（closed-loop control）来补偿机械系统的误差，从而提高了系统精度。机电一体化系统采用了电子技术，反馈控制水平大为提高并能进行高速处理，可通过自动控制系统按预设量精确地完成各种动作，又可通过自控系统自行诊断、校正、补偿因各种干扰因素造成的误差，可以达到单纯机械方式所不能实现的工作精度。

3. 可靠性高

激光和电磁应用技术的发展使传感器（sensor）和驱动控制器等装置已从接触式过渡到了非接触式，避免了原来机械接触式存在的泄漏、磨损、断裂等问题，可靠性得到大幅度提高。机电一体化技术可以利用激光加工、激光检测、激光清洗和激光成形，使装置的可动部件减少，磨损也大为减少，装置的寿命提高，故障率降低，从而提高了产品的可靠性和稳定性。有些光机电一体化产品甚至实现了免维修和自诊断功能。

4. 柔性好

计算机控制系统不但可取代其他的信息处理和控制装置，而且易于实现自动检测、数据处理、自动调节和控制、自动诊断和保护，只要改变程序就可以实现运动变化，不需要硬件变更，也可以很容易地增加新的运动，具有很强的可扩展性，在应用上非常方便，从而使产品开发周期缩短、竞争能力增强，甚至经营管理体制也随之发生根本性的变化。各种机电一体化设备构成的 FMS 和 CIMS，使加工、检测、物流和信息流过程融为一体，可减少生产线上工人的数量，甚至形成无人化生产线、车间和工厂。

1.2 机电一体化的组成

控制技术并非如人们想象的那样，是在有了电气电子技术之后才逐渐发展起来的。事实上，当机械传动机构（transmission mechanism）成功发明并应用的同时，控制技术就应运而生了，这就是早期的机械传动与控制，如钟表的精确定时等。公元前 14 世纪—公元前 11 世纪，我国古代用以计时的漏壶，就是机械控制的古老发明，如图 1-3 所示。公元 235 年，我国的马钧研制出用齿轮传动的自动指示方向的指南车，就是最经典的例子之一，如图 1-4a、b 所示。

图 1-3　古代自动计时用的漏壶

早期的机械传动与控制的基本方法，主要是通过直接改变相关元件的几何参数，进而修改相关元件的动作状态，控制执行元件的运动状态，并通过传动机构的再次转换，使直接工作部件达到预期的要求，其原理示意图如图 1-4c 所示。在液压与气动技术发展之后，机械传动与控制的内容就更加丰富了，控制起来也就更加精巧，且容易实现，其原理示意图如图 1-4d 所示。

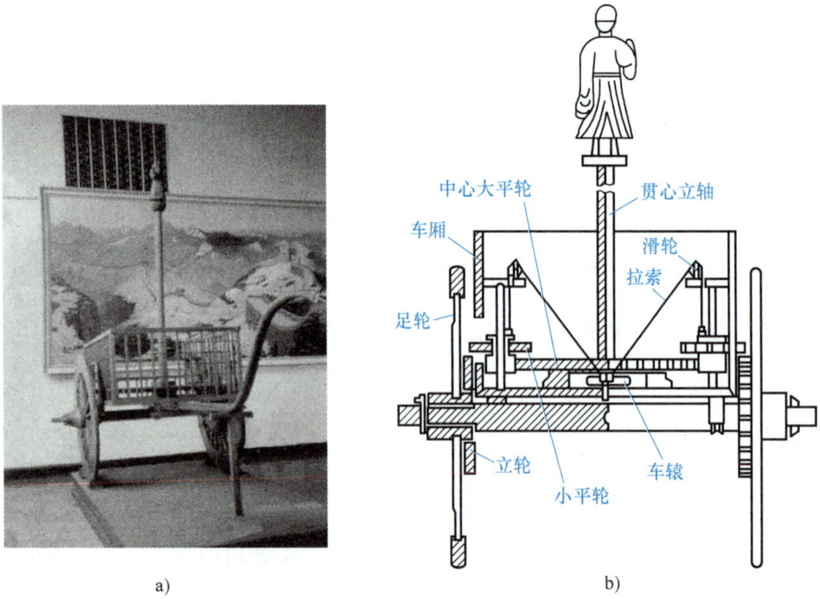

图 1-4　机械传动与控制

a）指南车实物模型　b）指南车结构图

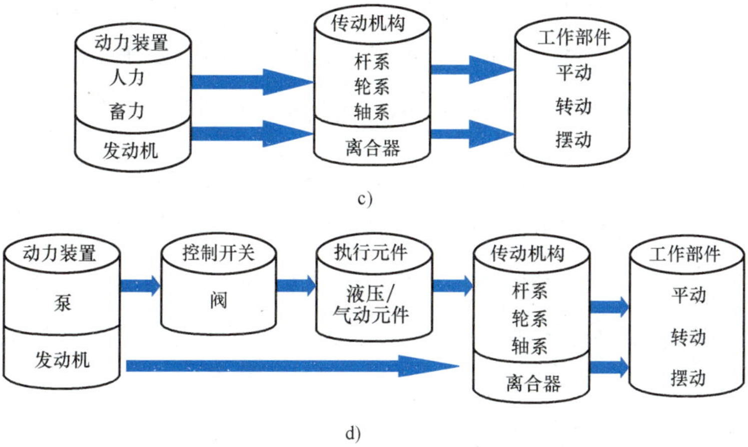

图 1-4 机械传动与控制（续）

c）机械传动与控制原理示意图 d）机械 / 气动 / 液压传动与控制原理示意图

从图 1-4b 所示指南车的结构示意图中，我们能否想象出指南车的“指南”作用是如何实现的呢？扫描右侧二维码了解指南车工作原理。

指南车工作原理

早期的电气控制就是在电路中增加了电器开关或继电器等，来控制电动机或液压、气动元件的电路，使其产生相应的动作，最终完成系统的工作要求，如图 1-5a 所示。

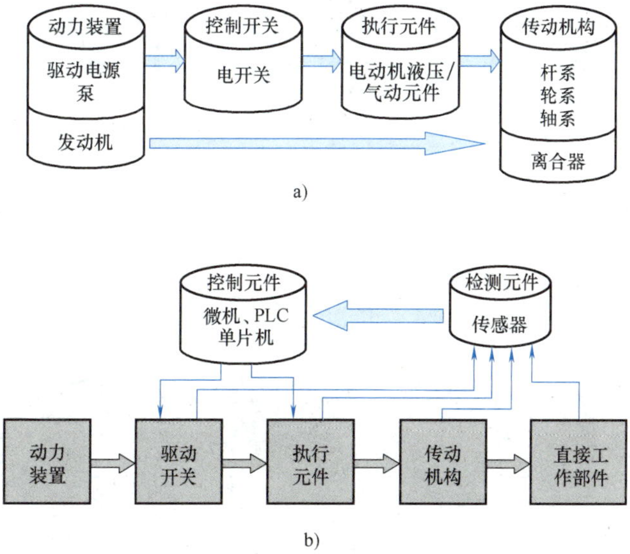

图 1-5 机电一体化系统构成的基本原理

a）早期系统 b）现代系统

随着电子技术、控制技术、信息技术不断成熟，并逐渐向传统机械系统渗透，为控制技术的发展注入了新的活力，也为机电一体化技术的基本原理奠定了基础。现代机电一体化技术又应用了微处理器、传感器、通信等技术，使其功能有了质的飞跃。现代机电一体化技术的基本方法如图 1-5b 所示。

由此可知，一件机电一体化产品要完成特定的功能，除了能源、机械装置外，还要具备检测传感技术、信息计算与处理技术、电力电子技术、自动控制技术、伺服传动技术以及系统总体技术等。各组成部分的性能越好，功能越强，且各组成部分之间配合越协调，产品的性能和功能就越好。

1.2.1　机电一体化系统的基本组成及其功能

下面以电动遥控玩具汽车为例，分析机电一体化系统的组成部分及其功能，如图 1-6 所示。

a)

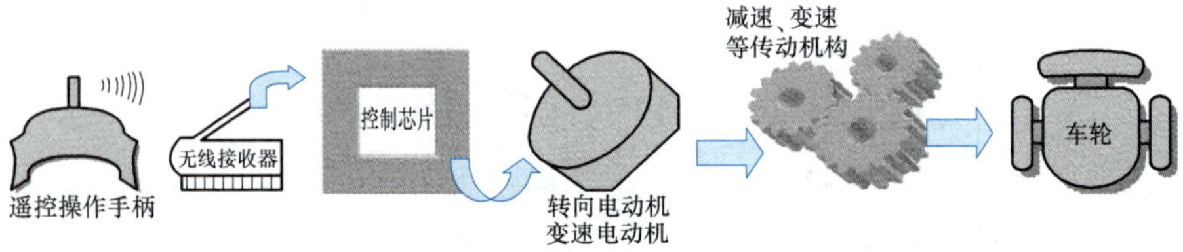

b)

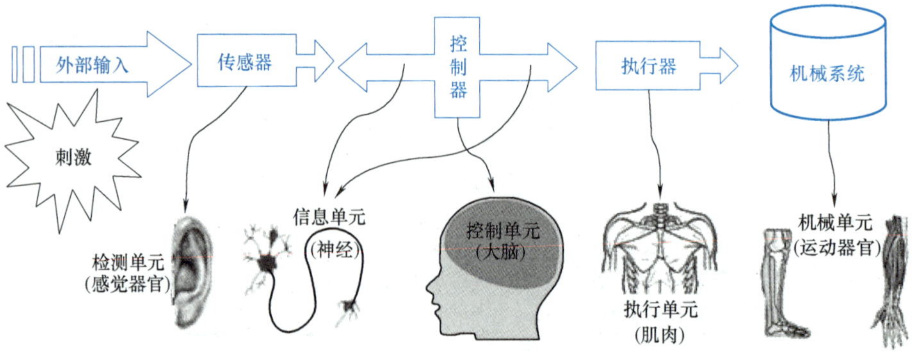

c)

图 1-6　电动遥控玩具汽车

a）实物图　b）工作原理图　c）系统控制示意图

1. 机械单元

机械单元是机电一体化系统的机体，各组成要素均以机体为骨架进行合理布局。机械单元（mechanical unit）包括机械传动装置和机械结构装置，机械单元的主要功能是使系统的各组成单元、零部件按照一定的空间和时间关系安置在一定的位置上，并保持特定的关系。机械单元主要包括机身、机架、传动元件（transmission component）、执行元件（executive component）、连接紧固元件等。如图 1-6b 所示，齿轮机构为传动元件，车轮为执行元件。若将整个机电系统比作一个人体，则机械单元相当于人体的运动器官，如图 1-6c 所示。

2. 检测单元

检测单元（detecting unit）主要包括各类传感器、变送器等，其主要功能是对系统运行中所需要的本身和外界环境的各种参数及状态物理量进行检测，生成相应的可识别信号，传输到微处理器（microprocessor），如图 1-6b 所示的无线接收器。检测单元相当于人体的感觉器官，如图 1-6c 所示。

3. 控制单元

控制单元（control unit）包括微型计算机（microcomputer）、可编程控制器（PLC）、逻辑电路、接口（interface）等，是机电一体化系统的核心部分。其功能是完成来自各传感器检测信息的数据采集和外部输入命令的集中、储存、分析、判断、决策，根据信息处理结果，发出相应的控制指令给执行元件或其驱动单元，以达到控制目的，同时以一定的形式显示出来，或者实现操作人员与设备的对话与交互，如图 1-6b 所示的控制芯片等。控制单元相当于人体的大脑，如图 1-6c 所示。

4. 伺服与驱动单元

伺服与驱动单元（servo drive unit）主要包括伺服元件及其驱动。伺服元件主要包括步进电动机、伺服电动机，其功能是根据控制信息和指令完成要求的动作。它是能量形式转换部件，能将输入的各种形式的能量转换为机械能，为系统提供动力，使系统正常运行，如图 1-6b 所示的变速电动机、转向电动机。伺服与驱动单元相当于人体的肌肉，如图 1-6c 所示。

伺服驱动的功能是在控制信息作用下控制电动机，并为机电一体化系统提供动力，伺服驱动一般可采用位置、速度和力矩三种控制方式，主要应用于高精度的定位系统。

在机电一体化系统中，控制单元的功能必须与外部设备相互联系才能实现，由于控制单元与外部设备之间的信号不兼容、速度不匹配等原因，通常需要在控制单元与外部设备之间设置接口，以实现外部设备与控制单元之间的信息交换和通信。接口就是控制单元与外部设备的连接元件，是控制单元与外部设备进行信息交换的中转站。接口通常要完成以下工作：执行控制单元的命令、返回外部设备的状态、数据缓冲、设备寻址、信号转换、数据宽度与格式转换等。

1.2.2　机电一体化的相关技术

1．机械设计与制造技术

机械技术是机电一体化的基础。随着高新技术引入机械行业，机械技术面临着挑战和变革。在机电一体化产品中，机械技术不再是单一地完成系统间的连接，而是着眼于如何与机电一体化的技术相适应，利用其他高新技术来更新概念，实现结构上、材料上、性能上以及功能上的变更，以满足减轻重量、缩小体积、提高精度、提高刚度、改善性能和增加功能的要求。

2．计算机与信息处理技术

计算机与信息处理技术是在微电子技术基础上发展起来的，机电一体化系统与纯机械系统的最大差别在于信息处理能力。在机电一体化系统中利用微处理器处理信息，可以方便高效地实现信息的交换、存取、运算、判断和决策等，而这在传统的机械结构中是很难实现的。计算机技术包括计算机的软件技术和硬件技术、网络与通信技术、数据技术等。

3．传感器技术

传感与检测装置是系统的感受器官，它与信息系统的输入端相连并将检测到的信息输送到信息处理部分。传感与检测装置是实现自动控制、自动调节的关键环节，它的功能越强，系统的自动化程度就越高。传感器是传感与检测的关键元件，是将物理量、化学量、生物量等被测量变换成系统可识别的、与被测量有确定对应关系的电信号的一种装置。

4．软件技术

机电一体化系统的功能主要是在软件控制下实现的。系统中的人机界面、动力模块的伺服控制、动力模块间的协调控制、系统功能的决策控制等，都需要用控制器中的软件来实现，甚至某些硬件模块的功能也需要用硬件描述语言等软件工具来设计和实现。

5．通信技术

由于在功能复杂的机电一体化系统中，不但有着多个动力驱动单元，而且还有着众多的传感器，因而信息处理系统需要同时与众多的传感器和驱动器通信，以保证系统的正常运行。这就需要在信息处理系统、动力驱动系统和传感器系统三者之间建立起一种有效的通信机制。现场总线技术就是为适应这一需求而诞生的。现场总线从本质上讲是一种串行总线，它可以将所有的信息部件用一条总线串联起来，利用高速串行通信实现对系统的实时监测和控制。

6. 驱动技术

在机电一体化系统中，电力驱动占有很重要的地位，包括电动机拖动、电磁铁驱动等。这些功率器件以大电流、高电压为特征，微电子信号一般不能直接对这种元件进行驱动，需要对信号进行变换和放大。驱动器可以按照控制器发来的脉冲 / 方向指令对电动机绕组的电流进行控制。

常见的伺服驱动系统有电液马达、脉冲液压缸、步进电动机（stepper motor）、直流伺服电动机（DC servo-motor）和交流伺服电动机（AC servo-motor）等。由于变频技术的发展，交流伺服驱动技术取得突破性进展，为机电一体化系统提供了高质量的伺服驱动单元，极大地促进了机电一体化技术的发展。

7. 自动控制技术

机电一体化系统具有信息采集与信息处理的功能，如何利用系统所获得的信息实现系统的工作目标，需要借助自动控制技术。自动控制技术的主要内容包括控制理论、模型和算法。由于控制对象种类繁多，所以控制技术的内容极其丰富，如位置控制、速度控制、自适应控制、自诊断、校正、补偿、再现、检索等。随着微型计算机的广泛应用，自动控制技术越来越多地与计算机控制技术联系在一起，成为机电一体化中十分重要的关键技术。

8. 系统技术

系统技术是以整体的概念组织应用多种相关技术，从全局角度和系统目标出发，将总体分解成相互有机联系的若干功能单元，再以功能单元为子系统进行二次分解，生成功能更为单一和具体的子功能和单元。这些子功能和单元同样可以继续逐层分解，直到能够找出一个可实现的技术方案。

系统技术中，接口技术是一个重要方面，它是实现系统各个部分有机连接的保证。接口包括电气接口、机械接口、人机接口等。电气接口实现系统间电信号的连接；机械接口则完成机械与机械部分、机械与电气装置部分的连接；人机接口提供了人与系统间的交互界面。

1.3 机电一体化的应用实例

1.3.1 自控式恒温箱

一个简单的恒温箱控制系统如图 1-7 所示。恒温箱由电阻丝加热，箱内安装了热电偶用以检测箱内温度，恒温箱所需温度以电压量形式事先设定。当外界因素引起箱内温度变化时，热电偶检测到温度值并转换为电信号输入控制单元，与给定信号相比较，得到温度的偏差信号，经过计算处理后，用以改变执行电动机的转速和方向，并通过传动装置拖动调压器的动触头。当温度偏高时，动触头向着减小电流的方向运动，反之加大电流，直到温度达到设定值为止。只有在偏差信号为零时，电动机才停转。这样就完成了恒温箱所要求的自动控制任务。

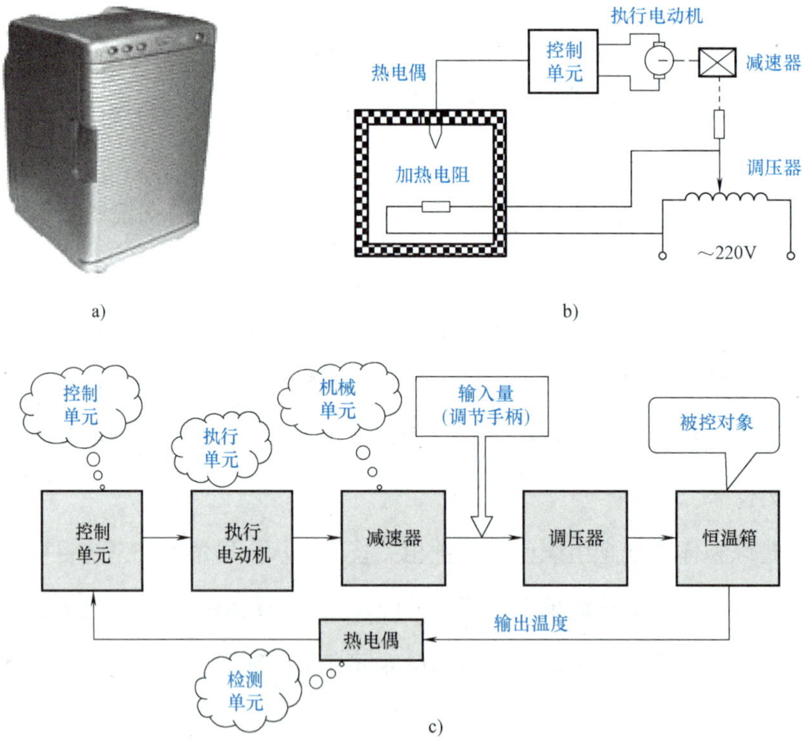

图 1-7 自动控制的恒温箱

a）医用恒温箱实物图 b）工作原理图 c）系统控制示意图

1.3.2 电子燃油喷射系统

汽车发动机中的汽油在燃烧之前要与空气充分混合，混合气中汽油的浓度、点火时间等对汽车的动力性影响较大。以往的车辆中采用化油器，此时发动机供油是靠气缸内的真空吸力来完成的，随发动机工况改变而调节的能力较差，因此只能在常用工况下保证最佳状态，而在不常用工况中则可能出现汽油不足，动力下降；或者汽油过量，排出一氧化碳过多的情况。

当今的汽车普遍采用了电子燃油喷射系统，如图 1-8 所示。系统中，喷油器喷油量的多少不是单纯由气缸内真空度决定，而是将相关的机械动作、物理量转变为各种传感器的信号，如空气流量、节气门位置、进气管压力、氧气含量、一氧化碳含量、水温、转速、曲轴位置等，并将这些信号送到电控单元（ECU），经过处理、比较，计算出精确的喷油脉宽，控制喷油器开启时间的长短，从而控制喷油量的多少以及火花塞的点火时刻。将机械供油系统转变为电控系统，满足了发动机各个工况的要求，有效地发挥了汽油的经济性、动力性，又使尾气排放降到了最低。

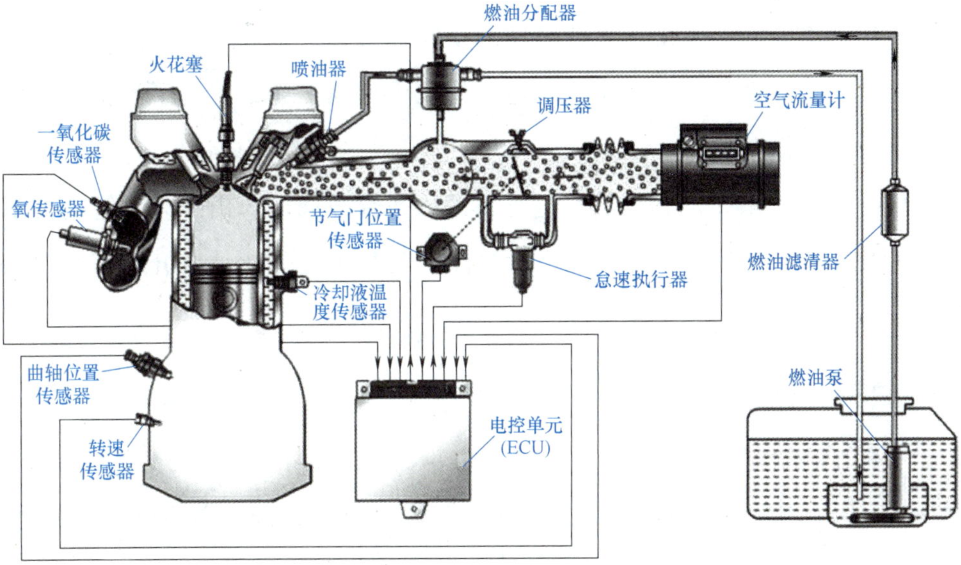

图 1-8 电子燃油喷射系统

1.4 机电一体化的发展

1.4.1 机电一体化的发展历史

1. 初级阶段（20 世纪 60 年代以前）

这一时期，人们自觉不自觉地利用电子技术的初步成果来完善机械产品的性能。特别是在第二次世界大战期间，战争刺激了机械产品与电子技术的结合，这些机电结合的军用技术，战后转为民用，对战后经济的恢复起了积极的作用。那时的研制和开发从总体上看还处于自发状态。

2. 蓬勃发展阶段（20 世纪 70~80 年代）

计算机技术、控制技术、通信技术的发展，为机电一体化的发展奠定了技术基础。大规模、超大规模集成电路和微型计算机的迅猛发展，为机电一体化的发展提供了充分的技术条件。仿真系统、计算机辅助设计（CAD）、计算机辅助工程（CAE）、成组技术（GT）、计算机辅助工艺规程编制（CAPP）等列为关键技术并开始实施。

1985 年欧洲的“尤里卡”计划，提出了第三代民用机器人、FMS、工厂全面自动化等方面的关键技术。1986 年，我国开始实施“863 计划”，将 CIMS 和智能机器人等机电一体化前沿技术确定为国家高技术重点研究发展领域。

3. 智能化阶段（20 世纪 90 年代后期至今）

智能化发展是机电一体化进入新时期的重要标志。一方面，光学、通信技术等进入了机电一体化，微细加工技术也在机电一体化中崭露头角，出现了光机电一体化和微机电一体化等新分支；另一方面，对机电一体化系统的建模设计、分析和集成方法，机电一体化的学科体系和发展趋势都进行了深入研究。同时，由于人工智能技术、神经网络技术及光纤技术等领域取得的巨大进步，为机电一体化技术开辟了发展的广阔天地。

1.4.2 机电一体化的发展趋势

机电一体化是机械、电子、光学、控制、计算机、信息等多学科的交叉融合，它的发展和进步依赖于也促进了相关技术的发展和进步。因此，机电一体化的主要发展方向为智能化、模块化、网络化、人格化、微型化、系统化、绿色化。

机电一体化技术集中体现在其产品上，换句话说，机电一体化产品的先进性可反映一个国家科学技术的发达程度，特别是反映一个国家在加工制造、材料、传感检测、控制等方面的水平。只有不断进行技术创新和开发新产品，企业才能生存、发展和兴旺发达。因此，国家或企业要抓住现在、着眼未来，一只眼看着目前的市场，一只手握住现有的产品；另一只眼盯着未来，用心去钻研未来的市场，去想将来的需求，同时用另一只手去组织研究、开发满足未来需求的新产品。只有这样，才能在竞争日益激烈、经济全球化的市场中占有一席之地。

1.5 本课程的任务与学习方法

1.5.1 本课程的任务

本课程能引领读者了解机电一体化系统的组成及基本功能，掌握机电一体化系统基本原理、总体布局、各组成单元及接口、机电一体化产品的设计方法。

1.5.2 本课程的学习方法

机电一体化是以工程设计应用为主的实践性较强的技术，正如一些基于机电一体化技术制造的新兴产品，设计不拘一格，使用灵巧便利，给人以较好的使用体验。

学习本课程，首先，要拓展想象空间，对于相同的控制目标，可以采用不同的技术组合来实现。其次，可以根据日常生活中常见的实例，设想提出自己的解决方案，同时分离出那些尚不明晰的技术领域，特别是那些自己想象中难以攻克的关键技术节点，观察这些类似的问题在本书中是如何解决的。再次，由于机电一体化技术在各种领域、场所都得到了广泛的应用，读者可以对自己感兴趣领域中的机器提出设想。比如，喜欢开车的人就可以对汽车制动防抱死系统（ABS）、导航系统、自动换档机构等构造展开思考和想象。

如果书中的内容与自己的构思基本相同，学习本课程的自主性就会提升。即使不一样，也能对我们所关心的技术内容具有一定的借鉴作用，或者可以引导我们查阅能够解决相关技术的文献资料，继续探索本课程的相关知识。愉快地学习本课程并能够理解书中内容，这正是编者希望读者能够运用的学习方式。

扫描右侧二维码完成第 1 章测试题。

第 1 章测试题

拓展阅读 A　自动售货机的由来

自动售货机是商业自动化的常用设备，它不受时间、地点的限制，是一种全新的商业零售形式，又被称为 24h 营业的微型超市。

希腊教堂用以发放圣水的装置——“圣水壶”，被认为是世界上最早的自动售货机。只要投入一枚 5 德拉克玛的硬币，壶嘴中便会吐出一定量的圣水。当时的善男信女无不为这神壶的灵验而目瞪口呆，认为是神在显灵。

如图 1-9 所示，神壶中有三个容器，其中最大的装满水且密闭，另外两个上端开口，底端相连组成连通器。中间的容器有一杠杆，杠杆的一头正好对准钱币投入口，另一头连接着出水口的塞子。硬币从投入口落下，杠杆的一头失去平衡而下降，另一头朝上翘起，拔出出水口的塞子，圣水便从中间的开口容器流向右边的开口容器。当硬币沿着下降的那头跌入壶中，加在杠杆这头的重量没有了，杠杆恢复平衡，塞子又把出水口塞住。而中间的容器因水面降低，与大容器相连的水管露出水面，空气进入到大容器，在气压作用下大容器中的水就流入中间容器，直至水面升高堵住水管口封住空气，水流才中断，这样中间容器水面高度保持恒定。

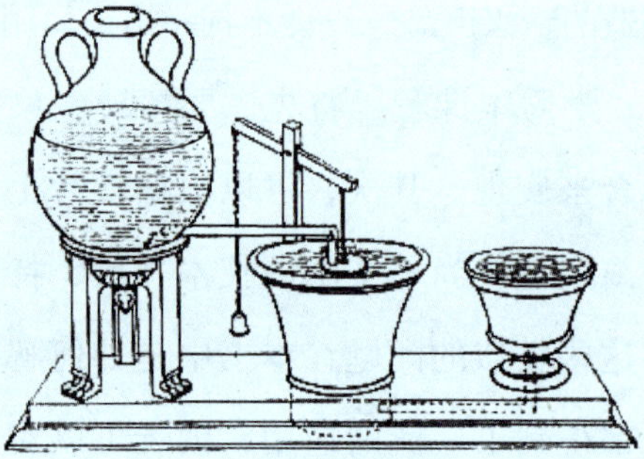

图 1-9　圣水壶

在今天，各种各样的自动售货机，其原理都是受到了圣水壶的启发。早期的自动售货机主要销售手帕、纸烟、点心等。如今，自动售货机产业正在走向信息化，并向节能、多功能的方向发展。

习题

1-1　根据拓展阅读 A 中对圣水壶工作原理的描述，绘制能够实现其功能且与文中图示结构不同的机构简图。

1-2　指南车的功能是如何实现的？试用简图予以表达。

1-3　根据书中关于电子燃油喷射系统的介绍，试分析机电一体化技术的组成及其相互关系，指出各组成单元所包括的元器件及其作用。

1-4　为什么说机电一体化技术是其他技术发展的基础？请举例说明。

1-5　列举各行业机电一体化产品的应用实例，并分析各产品中相关技术的应用情况。

1-6　假如由你来设计圣水壶，请根据自己现有的知识提出设计思路，并选择相关元件来支撑该设计方案。

1-7　查阅有关资料，进一步了解机电一体化技术的发展趋势。

参考文献

[1] 潘丽霞 . 论机电一体化技术的现状及发展趋势 [J]. 山西科技，2010，25（4）：17-18；20.

[2] 郑堤，唐可洪 . 机电一体化设计基础 [M]. 北京：机械工业出版社，1997.

[3] HARASHIMA F，TOMIZUKA M，FUKUDA T.Mechatronics："What is it，why and how？" [J]. IEEE/ASME Transactions on Mechatronics，1996，1（1）：1-4.

[4] 周琴 . 机电一体化技术的现状和发展趋势 [J]. 机械，2010，37（7）：24-26.

[5] 王宣银，陶国良，陈鹰 . 机电一体化的创新及发展方向 [J]. 机电一体化，2000（6）：5-8.

[6] 李天庆，张毅 . 计算机集成家电系统和 HomeNet [J]. 机械与电子，1999（3）：8.

[7] RALF G，STEPHAN K，DAVID S，et al.Electronic and mobile learning courseware development for mechatronic training and education [J]. 计算机教育，2010（9）：97-101.

[8] 邱自学，姚兴田，王君泽 . 机械电子工程专业人才培养模式及其课程群建设 [J]. 机电工程，2005，22（12）：60-63.

[9] SALMINEN V，VERHO A.Systematic and innovative design of a mechatronics product [J]. Mechatronics，1992，2（3）：257-275.

[10] 董金森，张小扬 . 论机电一体化技术 [J]. 有色金属加工，2009，38（1）：51-55.

[11] 马建珍 . 上海发展自动售货机业态正当其时 [J]. 上海商业，2002（6）：36-38.

第2章 机电一体化系统组成

通过第1章对机电一体化技术的一些轮廓性描述，我们知道了一个机电一体化产品是一个庞杂的系统，涵盖了许多技术门类，但不管如何复杂，都是由能够完成各种简单功能的组成单元和子系统构成的。那么，这些组成单元具有怎样的结构和工作原理，能够完成哪些功能，单元之间是如何连接的，它们如何接收前一级元件的信号，将做出怎样的处理，又如何向下一级元件传递输出呢？本章将会从最简单的实例出发，引领大家学习和体会这些问题的解决方案。

学习目的： 掌握机电一体化的基本组成及其在系统中的作用，掌握各组成单元之间的关系，了解组成单元的工作原理。

教学内容： 机电一体化各组成单元的功能，机械单元、伺服与驱动单元、检测单元、控制单元等典型元件的结构及工作原理，机电一体化的接口技术。

关 键 词： 系统组成、机械单元、传感器、控制器、伺服与驱动单元、接口。

本章知识体系：

- 机电一体化系统组成
  - 机械单元
    - 基础知识：基本要求、基本组成
    - 执行元件：机械执行元件、电磁执行元件、工业机械手末端执行器
    - 传动与导向元件：杆系、轮系、螺旋传动、凸轮传动、滚动导轨、气浮导轨
  - 伺服与驱动单元
    - 基础知识：组成、分类、工作要求、发展方向
    - 步进电动机：特点、基本结构、工作原理、驱动单元、应用领域与实例
    - 直流/交流伺服电动机：基本结构与工作原理、驱动方法、应用领域与实例
  - 检测单元
    - 基础知识：传感器的基本用途、传感器的组成、传感器的分类、传感器技术的发展
    - 传感器结构与基本原理：线位移检测传感器、角位移检测传感器、转速检测传感器、加速度检测传感器、压力检测传感器、温度检测传感器、流量检测传感器、其他信号检测传感器
    - 数据采集与处理：数据采集、信号放大、信号转换、数据传输
    - 虚拟仪器：组成、LabVIEW、应用
  - 控制单元
    - 基础知识：作用、分类、基本性能要求、组成、发展历程和方向
    - 控制器：单片机、PLC、DSP、工控机、现场总线
    - 控制原理与策略：开环控制、闭环控制、PID控制、智能控制
  - 接口技术
    - 基础知识：作用、分类
    - 人机接口：设计原则、输入接口、输出接口
    - 信息采集接口：接口形式、数字信号的采集、模拟信号的采集
    - 控制量输出接口：接口形式、数字信号的输出、模拟信号的输出

与传统的机械、电气系统相比，机电一体化系统之所以能够完成高精度、多功能的工作任务，主要是该系统集成了机械、电子、信息等多元化的技术；在元器件选取上，也不同于传统元器件，而是具有特殊的功能要求和特点，要符合机电一体化系统的特定需求。

机电一体化系统主要由机械单元、伺服与驱动单元、检测单元、控制单元、接口技术等组成。

2.1 机械单元

手表是生活中极其常见的物品，如图 2-1 所示。精密机械表一直是这个行业的高端商品，其精确定时功能是依靠机械传动来实现的。那么，它是如何精确显示时间的？内部有哪些结构来保证这些功能的实现？如何分配动力，控制运动？通过本节的学习，读者将能够解释这些原理。

2.1.1 机械单元基础

机械单元（mechanical unit）是机电一体化系统的基础，是系统中所有功能单元的安装骨架和支撑结构，同时还具有传递动力和运动的作用。机电一体化系统都包含有机械单元。机械单元一般有减速装置、丝杠螺母副、蜗轮蜗杆副等线性传动元件，连杆机构、凸轮机构等非线性传动元件，以及导向支承元件、旋转支承元件、轴系及架体等机构。

图 2-1　精密机械表

1. 机电一体化系统中对机械单元的基本要求

为确保机械单元的传动精度和工作稳定性，除了满足一般机械装置的要求外，机电一体化系统中对机械单元还有各种特殊要求，如精度高、惯量小、刚度大、响应快、稳定性好、功能多、小型化、轻量化等。

（1）精度高　精度是机电一体化产品的重要性能指标，其机械单元设计主要是执行机构的位置精度，其中包括结构变形、轴系误差和传动误差等参数，另外还要考虑温度变化产生的影响等。

（2）惯量小　大惯量会使机械负载增大、响应速度变慢、灵敏度降低；使系统固有频率下降，容易产生谐振；使电气驱动部分的谐振频率变低，阻尼增大。反之，小惯量则可使控制系统的带宽做得比较宽，快速性能好、精度高，同时还有利于减小用于克服惯性载荷消耗的功率，提高整个系统的稳定性、动态响应和精度。

（3）刚度大 机电一体化机械单元要有足够的刚度，弹性变形要限制在一定范围之内。弹性变形不仅影响系统精度，而且影响系统结构的固有频率、控制系统的带宽和动态性能。

2. 机械单元的基本组成

机电一体化系统中的机械单元由控制单元协调与控制，用于完成一系列机械运动。概括地讲，机电一体化中的机械单元主要包括以下机构：

（1）执行元件 执行元件（executive component）根据操作指令的要求在动力源的带动下完成预定的工作任务，包括机械执行元件，如汽车车轮、机器人手指等；液压气动元件，如液压缸、气缸等；电气执行元件，如电动机、电磁阀、电磁开关、电磁离合器等。一般要求它具有较高的灵敏度、精确度，以及良好的重复性和可靠性等。

（2）传动与导向元件 传动元件（transmission components）的主要功能是传递动力和运动，实际上它是一种转矩、转速变换器，如传动带、传动链、传动齿轮、传动轴等。机械传动元件对伺服单元的伺服特性有很大影响，特别是其传动类型、传动方式、传动刚性以及传动的可靠性对系统的精度、稳定性和快速响应有重大影响。所以要求传动元件无间隙、低摩擦、低惯量、高刚度、高谐振频率和适当的阻尼比等。导向元件（guide components）的主要作用是限制运动元件在规定的运动方向运动，如导轨、导向键等。

（3）机座元件 机座元件是支承其他零部件的基础，它既承受其他零部件的重量和工作载荷，又是各零部件相对位置的基准。

2.1.2 执行元件

汽车作为一部机器，其最大的功用是载运人员和货物。因为旋转的车轮与地面接触，产生摩擦驱动力维持汽车行驶，所以车轮是这一机械单元的终端，称为执行元件，如图2-2所示。在机电一体化系统中，执行元件主要包括机械执行元件、电磁执行元件、工业机械手末端执行器等。

1. 机械执行元件

机械执行元件是机器的直接工作部分，它是将动力和运动转化为克服有效外载、对外做功、完成人们设计任务的元件，如汽车的车轮、夹持机器人的手指等。机械执行元件是机电一体化产品的重要环节。由于特殊的控制需要，机电一体化系统中的机械执行元件与一般的机械执行元件有所不同，必须能够保证按时、准确地完成预期动作，并且具有动态特性好、精度高、响应速度快、灵敏度高等特点。

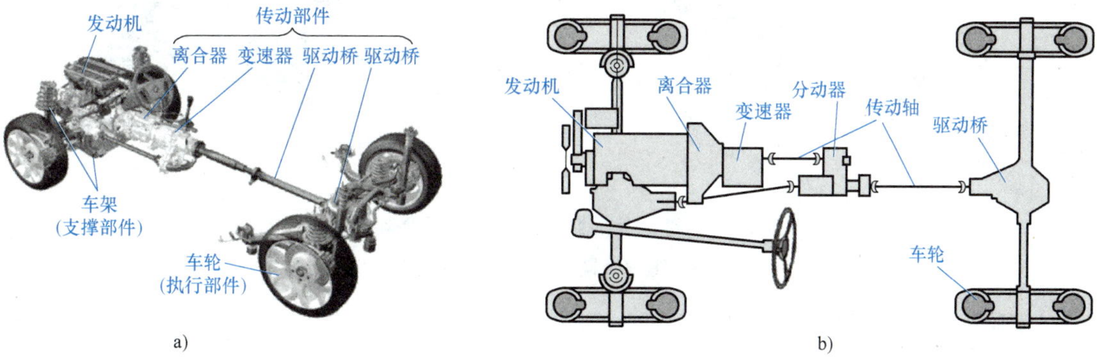

图 2-2　汽车机械单元的结构组成

a）实物图　b）示意图

机械执行元件与机电一体化系统的执行单元有何区别？

微动机构是机电一体化系统中广泛应用的执行元件，它可在一定范围内精确、微量地移动或实现特定的进给运动，能产生小于毫米级的工作位移，其核心是微位移器。它一般用于精确、微量地调节某些部件的相对位置，如在仪器的读数系统中利用微动机构调整刻度尺的零位，在磨床中用螺旋微动机构调整砂轮架的微量进给，以及各种微创手术器械。

微动机构分为机械式和机电式。机械式包括精密丝杠、精密杠杆、齿轮机构、凸轮机构以及弹性机构，如弯曲弹簧、扭簧、横向伸缩弹簧、弹簧膜片膜盒等。机电式包括电热式、电磁式、压电式、电致伸缩式、磁致伸缩式等。

（1）螺旋微动机构　万能工具显微镜工作台的螺旋微动装置由微动手轮、螺杆、测微套等零件组成，如图 2-3 所示。整个装置固定在测微套上，旋转微动手轮时，微动手轮将带动螺杆向左或向右移动，顶动工作台实现微动，螺杆前端的钢球可保证与工作台单点可靠接触，避免产生误差。螺旋微动机构的最小微动量为

$$S_{min}=\frac{P\Delta\varphi}{360} \tag{2-1}$$

式中　P——螺杆的螺距，单位为 mm；

$\Delta\varphi$——人手的灵敏度，即轻微旋转手轮的最小转角。

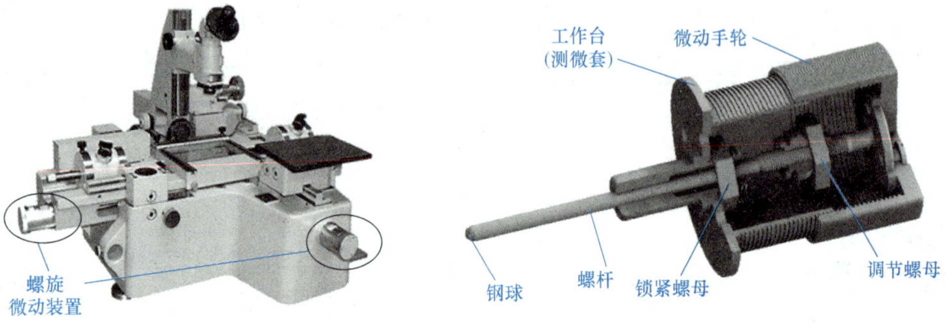

图 2-3 万能工具显微镜工作台的螺旋微动装置

a）万能工具显微镜 b）螺旋微动装置示意图

螺旋微动机构结构简单，制造方便，可以获得微小直线位移，也可以获得较大的行程，广泛应用于精密机械中。

（2）蜗轮 - 凸轮微动机构 图 2-4 所示为蜗轮 - 凸轮微动机构。主动件蜗杆转动，经蜗轮减速，带动与蜗轮同轴连接的凸轮转动，滚轮受凸轮的作用上下移动并使滑板获得微位移。

（3）齿轮 - 杠杆微动机构 图 2-5 所示为齿轮 - 杠杆微动机构。手柄轴转动，经过 3 级齿轮减速，转变成扇形齿轮的微小转动，再经过杠杆机构将扇形齿轮的微小转动变为运动件的上下微动。这里的 3 级齿轮减速分别为 G1-G2、G3-G4 和 G5- 扇形齿轮。

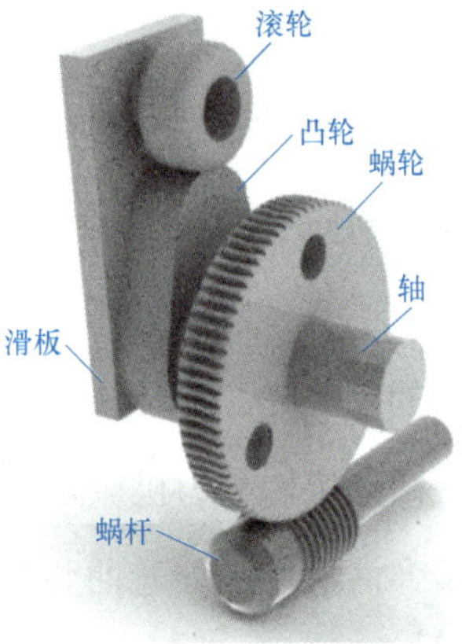

图 2-4 蜗轮 - 凸轮微动机构

（4）热变形式微动机构 该机构依靠电热元件通电后产生的热变形实现微小位移，其原理示意图如图 2-6 所示。传动杆的一端固定，另一端连接在可沿导轨移动的运动件上，当电阻丝通电加热时，传动杆受热伸长，当其伸长而产生的力大于导轨副中的静摩擦力时，运动件也将随之移动一微小位移。

理想状态下，运动件的移动量等于传动杆的伸长量。如果利用变压器、变阻器来调节传动杆的加热速度，就可以实现对位移速度和微进给量的控制，利用压缩空气或乳化液流经传动杆的内腔使之冷却，可使传动杆复位。

图 2-7 所示为机床的热变形微动机构。传动件与托架、支架连接，托架与运动件固定，支架固定在机座上，传动件内孔中装有加热件，即高频加热线圈，套筒与传动件之间形成一个空腔，供切削液流过，传动件和加热件之间有绝缘件隔离。当电源为高频线圈供电时，加

热线圈及加热件被加热，传动件因此受热伸长，在托架的带动下，运动件产生向右的微量位移。该机构可根据所需的位移量严格控制所需的加热量，当运动件达到预定位置后，通入切削液或压缩空气，使传动件冷却而恢复到原来的位置。该机构可保证微米级的位置精度。

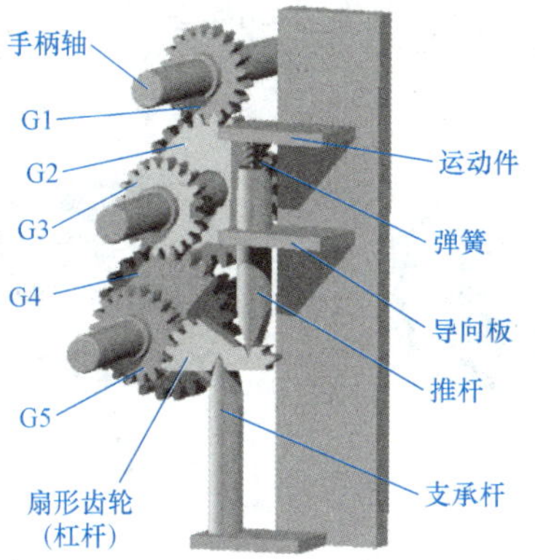

图 2-5　齿轮 - 杠杆微动机构

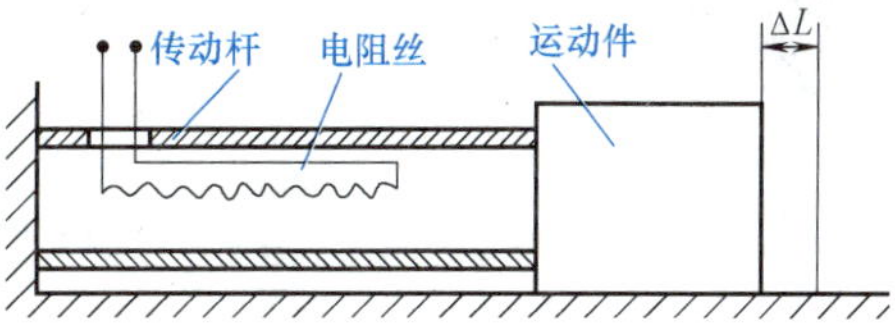

图 2-6　热变形式微动机构的原理示意图

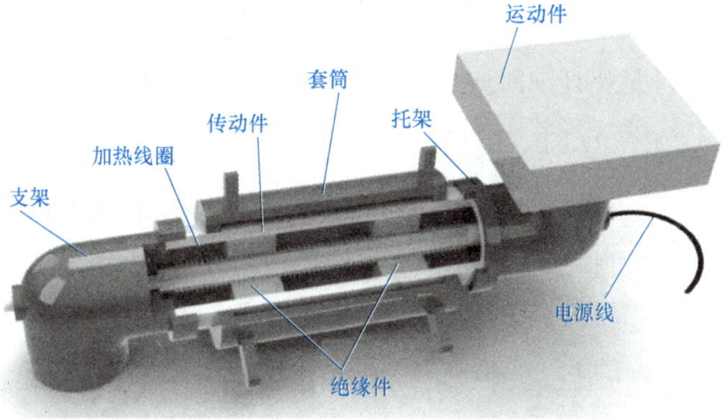

图 2-7　机床的热变形微动机构

（5）磁致伸缩式微动机构　该机构是利用特种材料在磁场作用下改变尺寸的特性，实现微量位移的，在精确位移调整、切削刀具磨损补偿、温度变形补偿、自动调整系统中广泛应用。如图 2-8 所示，粗位移由传动箱经丝杠 - 螺母副传动获得，微位移由装在螺母与工作台之间的磁致伸缩棒实现，可用于精密坐标工作台的调整。

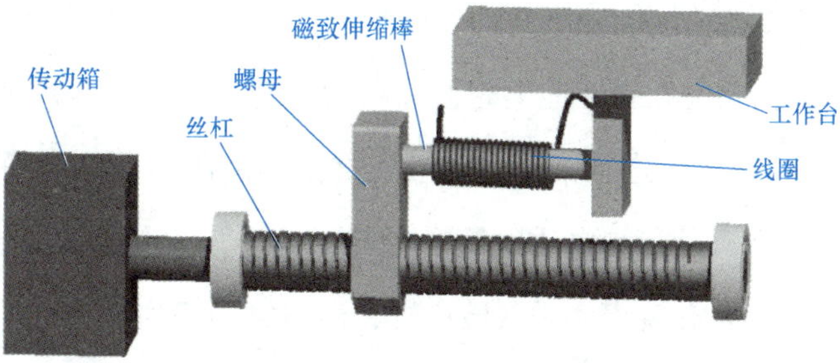

图 2-8　磁致伸缩式微动机构

2．电磁执行元件

电磁执行元件（electromagnetic actuator）利用电磁感应现象驱动被控对象，如电磁阀（electromagnetic valve）、电磁开关（electromagnetic switch）、电磁调速电动机（electromagnetic motor）、电磁离合器（electromagnetic clutch）等，如图 2-9 所示。

a)　　b)　　c)

图 2-9　电磁执行元件

a）电磁阀　b）电磁调速电动机　c）电磁离合器

电磁阀是工业上的电磁控制设备，是控制流体方向和速度等参数的自动化基础元件。如图 2-10 所示，电磁阀内腔开有轴向通孔，内腔安装阀芯，可在孔内滑动，在腔体上还开有数个径向油道，以 A、B、R_1、P、R_2 等字母命名。左、右两侧分别放置两块电磁铁，若某个电磁线圈通电，产生的电磁力将会把阀芯吸引到同侧，改变径向油道的开闭状态，从而改变液压油的流动方向，可以带动机械设备往复动作。

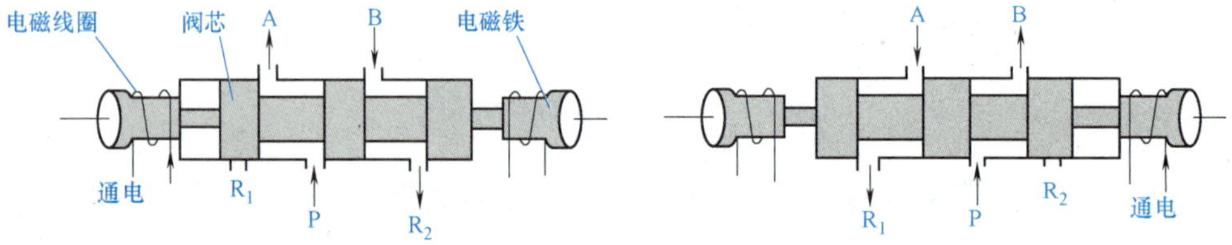

a)　　b)

图 2-10　二位五通电磁阀的工作原理

a）左侧电线圈通电　b）右侧电线圈通电

令径向油道的 P 口接液压泵，A、B 两径向油道接液压缸进油口或回油口，R_1、R_2 接油箱。在图 2-10a 中，当左侧电磁线圈通电时，阀芯向左侧运动，R_1 孔被阀芯封堵而截止，液压油从 P 孔流入经 A 孔流出，进入液压缸，液压缸内的液压油从 B 孔流入，经 R_2 孔流出，返回油箱。对于图 2-10b，当右侧电磁线圈通电时，阀芯向右侧运动，R_2 孔被阀芯封堵截止，液压油从 P 孔流入经 B 孔流出，进入液压缸，液压缸的回油从 A 孔流入，经 R_1 孔流出，进入油箱。从而实现了液压缸的正向和反向运动。

电磁调速电动机、电磁离合器是如何工作的?

3．工业机械手末端执行器

工业机械手是一种自动控制、可重复编程、多自由度的操作机，其末端执行器主要包括机械夹持器、特种末端执行器、灵巧手等。

机械夹持器是最常见的一种末端执行器，如图 2-11b 所示。夹持时要具有一定的力约束和形状约束，松开时要保证完全松开。灵巧手是模仿人手制作的多指关节的机器人（见图 2-11a）末端执行器，能够适应物体外形变化，如图 2-11c 所示。

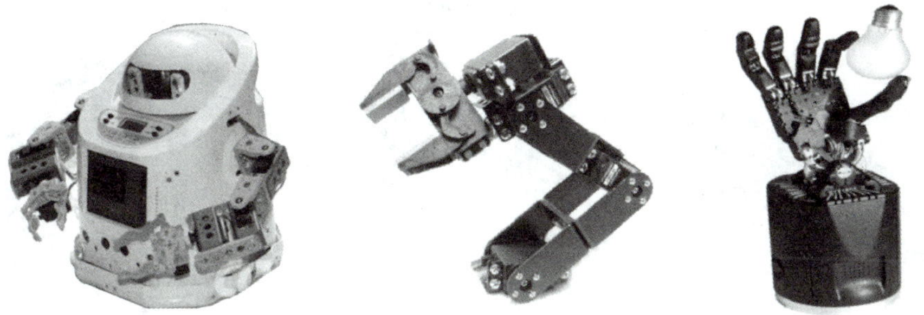

a)　　b)　　c)

图 2-11　工业机械手末端执行器

a）机器人　b）机械夹持器　c）灵巧手

2.1.3　传动与导向元件

传动元件主要传递运动和动力，并提供给执行元件，完成具体的工作。在图 2-1 中，汽车机械系统中的离合器、变速器、传动轴、驱动桥、分动器等都属于传动元件，它们在传递动力的过程中，改变了运动的速度、方向、空间位置、通断状态以及力的大小等，最终提供给适于执行元件需要的动力和运动。同时，系统要想完成高精度的控制任务，其机械单元必须保证准确的运动方向、精密安全的支承，这一任务由导向元件完成，其作用是支承和导向。

1．杆系

杆系（bar-linkage system）是由若干刚性节相互连接形成的连杆机构，有平面杆系（plane bar-linkage system）和空间杆系（space bar-linkage system）两大类。平面杆系如图 2-12a 所示，转动手柄时，曲柄亦可随之做圆周运动，连杆 1、连杆 2、连杆 3 将产生一定角度的摆动，最后，推杆在确定的约束作用下实现往复直线运动。

图 2-12b 是平面杆系在缝纫机下针机构中的实际应用，机针的上下直线运动是如何实现的呢？

空间杆系如图 2-13 所示，若干个连杆机构按照一定的方式组合在一起，可以实现更为复杂的平面平移、角度倾斜、回转等复合运动。

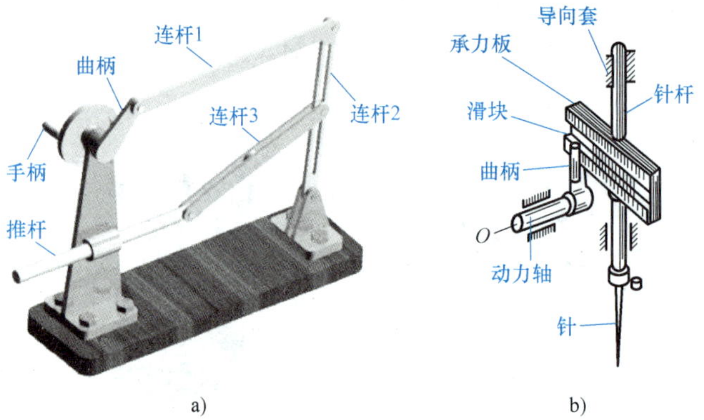

图 2-12 平面杆系

a）平面杆系示意图 b）缝纫机下针机构

图 2-13 空间杆系

2. 轮系

在机电一体化的轮系传动中，常用的机构主要有齿轮传动、齿轮齿条传动、同步带传动等。

（1）齿轮传动 齿轮传动（gear transmission）是机电一体化系统中使用最多的机械传动装置，其瞬时传动比为常数，传动精确且强度大，能承受重载，结构紧凑，摩擦力小，效率高。齿轮传动的结构及工作原理如图 2-5 所示的微动机构所示。

（2）齿轮齿条传动 齿轮齿条传动（gear-rack transmission）常用于行程较长的大型机床上，易于得到高速直线运动，如图 2-14 所示。

（3）同步带传动 机电一体化系统的带传动设计时往往不采用平带传动或 V 带传动机构，而是采用同步带传动（timing-belt transmission）。同步带传动利用同步带的齿形和带轮的轮齿啮合来传递运动或动力，如图2-15a所示。它与平带传动、V带传动相比，具有传动比准确、传动效率较高、吸振效果好、噪声低、传动平

图 2-14 齿轮齿条传动

稳、传动速度高、维护保养方便等优点，其缺点是安装精确度要求较高。

同步带传动在数控机床等机电一体化产品上得到了广泛的应用。图 2-15b 为打印机上的字车结构，打印头安装在字车上，当伺服电动机带动同步带轮旋转，同步带随之运动，固定在同步带上的字车就随之移动，打印是通过打印机构和字车结构的协同工作来实现的。

a)

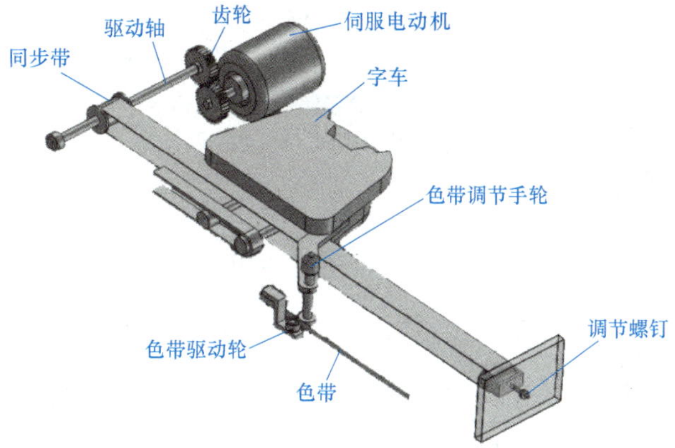

b)

图 2-15　同步带传动

a）同步带实物图　b）打印机上的字车结构

3. **螺旋传动**

螺旋传动（helix transmission）主要有螺纹、丝杠、滚珠丝杠（ball screw）等形式。其工作原理来源于螺纹传动过程，可将旋转运动转变为直线运动，或者将直线运动转变为旋转运动。如图 2-16 所示，在螺母绕螺栓轴线旋转一周的同时，还将沿着螺栓轴线直线移动一个螺距的距离。如果将螺栓在径向施加支承，同时使其做圆周运动，螺母带负载，则当螺栓转动时，螺母将会沿轴向方向做平动。丝杠、滚珠丝杠就是根据这一原理制成的。

图 2-16　螺纹传动

机电一体化系统中，由于要求的传动精度较高，所以精度高、摩擦阻力小的滚珠丝杠是其主要的螺旋传动元件。滚珠丝杠是在丝杠和螺母间以钢球为滚动体的螺旋传动元件。

滚珠丝杠的结构原理图如图 2-17a 所示，在丝杠和螺母上的螺旋槽都是半圆弧形的，配合在一起时便形成了滚珠的螺旋滚道。螺母上有滚珠回转循环的循环导管，将螺旋滚道的进口、出口两端连接起来，构成封闭的循环滚道，滚道内装满滚珠。当丝杠旋转时，滚珠在滚道内自转的同时又沿滚道路径循环滚动，从而迫使螺母或丝杠进行轴向移动。

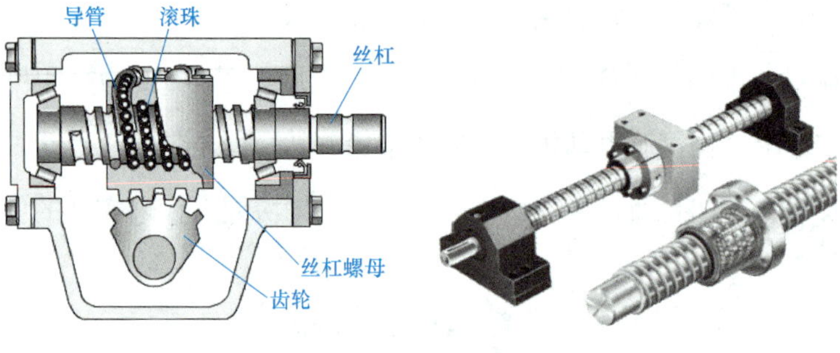

a) b)

图 2-17 滚珠丝杠传动结构

a）结构原理图 b）实物图

滚珠丝杠传动过程原理动画

滚珠丝杠的特点是：

1）摩擦损失小，传动效率为 0.92~0.96，而普通滑动丝杠的传动效率仅为 0.20~0.40。

2）丝杠和螺母之间预紧后，可以完全消除间隙，传动精度高，刚度好。

3）摩擦阻力小，且几乎与运动速度无关，动、静摩擦力之差极小，不易产生低速爬行现象，保证了运动的平稳性。

4）磨损小，寿命长，精度保持性好。

5）不能自锁，能实现旋转运动与直线运动的可逆转换，但在立式使用时应增加制动装置。

6）制造工艺复杂，成本高。

4. 凸轮传动

凸轮是具有曲线轮廓或沟槽的构件。凸轮传动（cam transmission）如图 2-18 所示。当凸轮运动时，通过其上的曲线轮廓与从动件的高副接触，使从动件获得预期的运动。凸轮机构由凸轮、从动件、机架这三个基本构件所组成。

凸轮机构具有如下特点：

1）结构简单、紧凑，具有很少的活动构件，占据空间小。

2）高副接触，易磨损，多用于传力不大的场合。

3）对于任意要求的从动件运动规律都可以通过设计特殊的凸轮廓线毫无困难地实现。

当凸轮绕固定轴转动时，其轮廓轨迹将周期性变化，与其接触的推杆或滚轮组件将上下往复移动。图 2-18c 所示为发动机上配气机构的凸轮传动结构。曲轴旋转通过传动链、链轮带动凸轮轴转动，凸轮则推动气门向下移动，从而使气门开启、关闭，控制发动机换气。

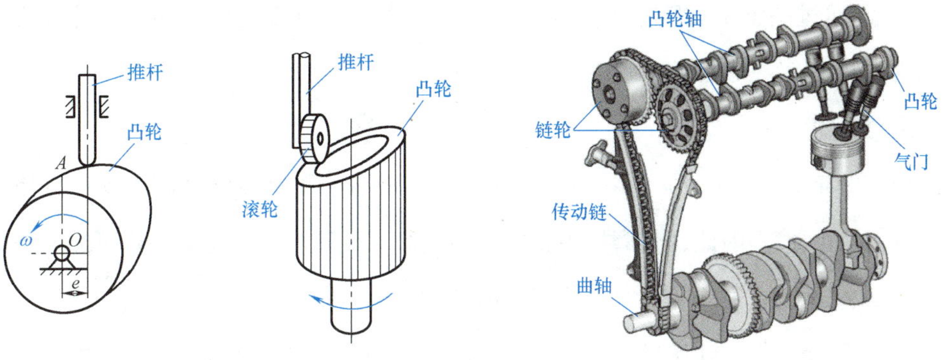

a)　　b)　　c)

图 2-18　凸轮传动

a）原理图　b）结构示意图　c）发动机配气机构的凸轮传动结构

图 2-19 所示为临床上广泛使用的一种骨折外固定器——单侧外固定架。它包括连接杆 9、固定夹 10、钢针 11 等。两连接杆可沿轴向相对滑动，其端部分别通过球面体与固定夹相连接。钢针一端由固定夹夹紧在本微动装置上，另一端通过螺纹旋紧在骨折为两段的骨骼上。这样，通过钢针、固定夹和连接杆，骨折的两段就被稳定地固定在微动装置上。

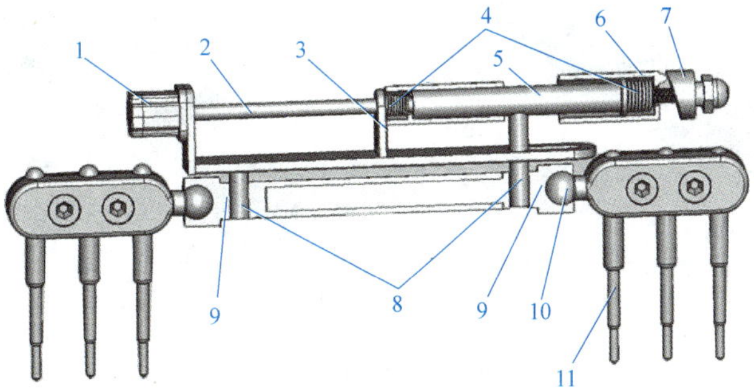

图 2-19　单侧外固定架

1—电动机　2—长轴　3—支座　4—弹簧　5—可调节套筒　6—壳体
7—凸轮　8—固定销　9—连接杆　10—固定夹　11—钢针

图 2-19 所示的微动装置由长轴 2、支座 3、可调节套筒 5、壳体 6、凸轮 7、固定销 8、弹簧 4 和电动机 1 等元件组成。微动装置工作时，电动机 1 带动长轴 2 转动，长轴 2 末端与端面凸轮 7 相连，并随之转动，壳体 6 和可调节套筒 5 可以沿轴向运动。当凸轮转动到回程时，凸轮的工作面推动壳体 6 向右侧运动，壳体内的弹簧 4 推动可调节套筒 5 向右运动。反之，当凸轮转动到推程时，套筒右侧的弹簧 4 推动可调节套筒 5 向左运动。可调节套筒和支座上分别焊接了固定销 8，微动装置通过两固定销驱动外固定架的两段沿轴向往复运动，外固定架再通过钢针驱动骨折段微动。

微动装置通过调整微动频率、微动幅度、微动力对骨折段施加载荷，使骨折段产生微动，以此来改善患者在术后的治疗效果。

5. 滚动导轨

滚动导轨（rolling guide）的导向面之间放置了滚珠、滚针或滚柱等滚动体，使两导轨表面之间为滚动摩擦。因此，其磨损小，定位精度高，灵敏度高，运动平稳可靠，承载能力强，能适应高速运动且大幅降低驱动功率，但结构复杂，制造困难，维护要求高。它适用于工作部件要求移动均匀、动作灵敏以及定位精度高的场合，因此在高精密的机电一体化产品中应用广泛。

如图 2-20 所示，直线滚动导轨（linear rolling guide）由钢球在滑块与滑轨之间做无限滚动循环，使得负载平台能沿着滑轨轻易地以高精度做直线运动，其摩擦系数仅为传统滑动导轨的 1/50，定位精度可达到微米级。

a)

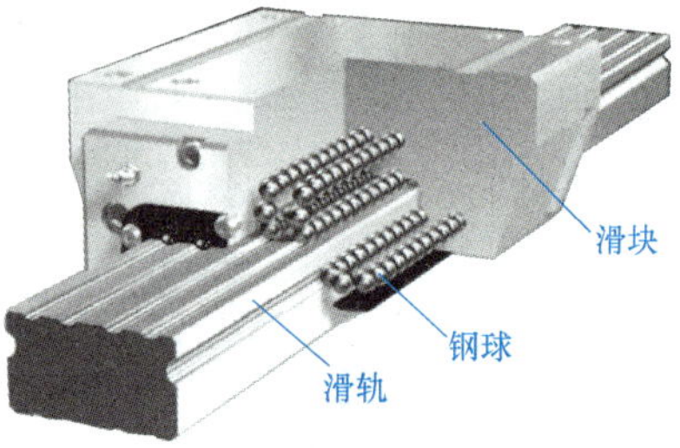

b)

图 2-20　直线滚动导轨

a）实物　b）内部结构

6. 气浮导轨

气浮导轨属于流体介质摩擦导轨的一种，它解决了行程与分辨率的矛盾。气浮导轨的优点是精度高，具有误差均化作用，可用比较低的制造精度来获得较高的导向精度和定位精度；其缺点是保持性和抗干扰性比较差。机电一体化系统中，气浮导轨被广泛使用。

图 2-21 所示为气浮导轨在分步重复照相机精密 X、Y 工作台上的应用——空气轴承导向微动台。它以静摩擦力驱动机构代替进给丝杠，从而消除了间隙。为了减小作用于电动机的静摩擦力矩，驱动杆和工作台都采用了空气轴承导向，它的定位精度可以达到 0.1μm。

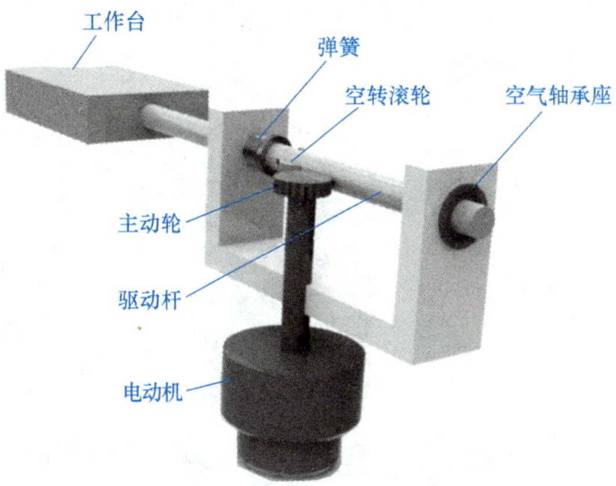

图 2-21　空气轴承导向微动台

扫描右侧二维码完成 2.1 节测试题。

2.1 节测试题

思政拓展：敦煌的熔盐塔式光热电站是全球聚光规模最大的光热电站，更是亚洲装机容量最大的光热电站。该发电站由 1.2 万多面定日镜组成，决定镜子运动精度的关键，就是安装在立柱与镜子之间的 RV 减速器。RV 减速器是一种新兴的传动方式，常用于工业机器人与医疗机器人等对精度要求极高的领域。安装了 RV 减速器的镜子能够精准追逐太阳的步伐，拥有向日葵般追光逐日的本领。扫描右侧二维码观看相关视频，理解传动元件在机电一体化系统中的作用。

中国创造：超级镜子发电站

2.2 伺服与驱动单元

如图 2-22 所示，当天空中出现不明飞行物时，雷达系统会 360° 无盲点对不明飞行物进行探测，并将采集到的数据送至计算机处理，计算出飞行物的飞行速度、相对方位和相对距离，且与标准数据比较，然后发出控制信号，传送给伺服驱动系统，进而带动雷达天线的转台转动，以实现对不明飞行物的实时自动瞄准跟踪。在这个实例中，雷达天线的伺服装置就是伺服与驱动单元，其功能是提供雷达天线转台的转动动力，并实现天线转台的精确转动。伺服与驱动单元的基本组成如图 2-23 所示。

图 2-22　雷达天线自动瞄准跟踪控制系统

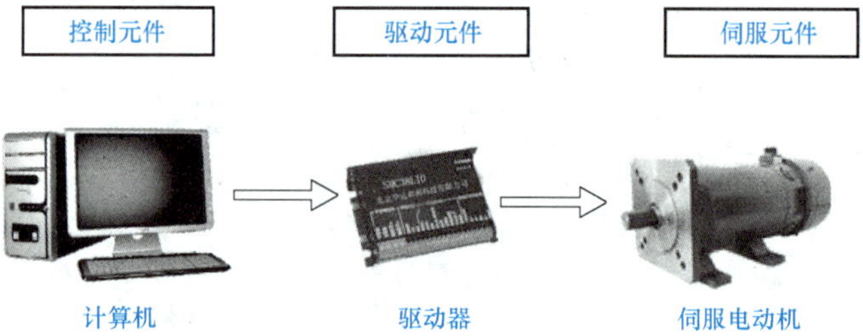

图 2-23　伺服与驱动单元的基本组成

2.2.1　伺服与驱动单元基础

伺服与驱动单元是将输入的其他形式能量转换成机械能的装置，可以根据单元输入的控制指令，产生相应的机械运动，具有性能稳定、动作灵敏、控制精度高等特点。

1．伺服与驱动单元的组成

伺服与驱动单元是由一些功能元件组成的，如图 2-23 所示。

1）控制元件将系统反馈信号与给定的输入信号和指令进行比较，将得到的偏差信号送给驱动元件处理，一般由电子电路或微处理器构成，如图 2-23 中的计算机。

2）驱动元件将控制元件的输出信号进行变换和放大，以驱动伺服元件工作，是单元正常运行的前提和保证。在机电一体化系统中，常采用各种电力电子器件构成驱动电路，如晶闸管（SCR）、绝缘栅双极型晶体管（IGBT）等。

3）伺服元件是伺服与驱动单元中的重要部件，将输入的各种形式能量转换成机械能，以带动系统产生机械动作。在机电一体化系统中，常采用直流伺服电动机、交流伺服电动机和步进电动机作为伺服元件，如图 2-23 中的伺服电动机。

2．伺服与驱动单元的分类

（1）按系统输入能源分类　按系统输入能源不同，伺服与驱动单元可分为电气、液压和气动三种类型。

1）电气伺服与驱动单元是将电气系统中的电磁能转换成机械能的一种能量转换装置，由直流伺服电动机、步进电动机、交流伺服电动机等伺服元件构成，如图 2-24a 所示。

2）液压伺服与驱动单元是将液压系统中的液压能转换成机械能的一种能量转换装置，由液压马达（hydraulic motor）和液压缸（cylinder）等伺服元件构成，如图 2-24b 所示。

3）气动伺服与驱动单元是将压缩空气的压力能转换成机械能的一种能量转换装置，由气缸和气动马达（pneumatic motor）等伺服元件构成，如图 2-24c 所示。

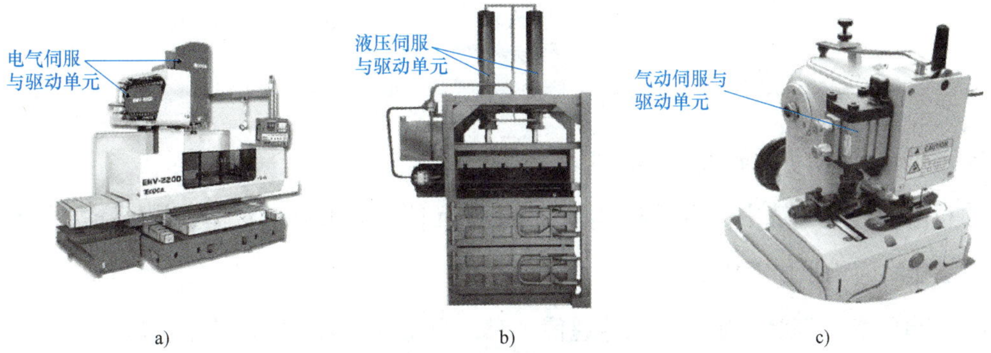

图 2-24　伺服与驱动单元的外形结构

a）电气伺服与驱动单元　b）液压伺服与驱动单元　c）气动伺服与驱动单元

（2）按系统控制方式分类　按系统控制方式不同，伺服与驱动单元可分为开环控制系统和闭环控制系统。

1）开环控制系统。图 2-25 所示的点阵针式打印机的控制系统为开环控制系统（open-loop control system）。当操作者在计算机中发出打印指令（即输入控制信号），打印机的字车步进电动机驱动电路工作，驱动字车步进电动机，使载有打印头的字车移动到需要打印的位置，并通过打印头电磁铁的吸合或释放来控制打印针击打色带，从而完成文件打印。

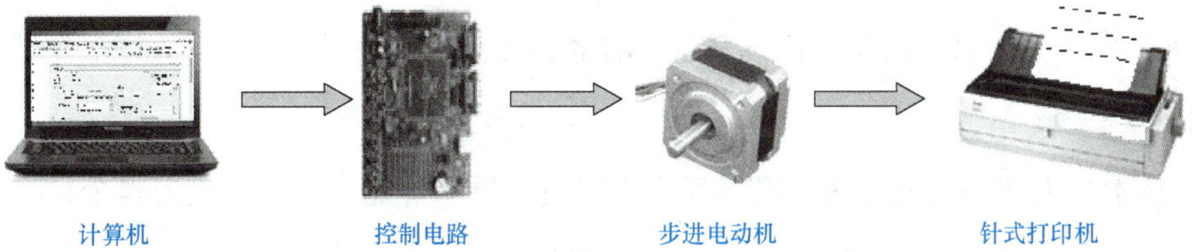

图 2-25　打印头移动开环控制系统

2）闭环控制系统。图 2-26 所示的变频空调的控制系统为闭环控制系统（closed-loop control system）。操作者设定空调温度，此温度设定值与温度传感器检测到的室温值相比，产生的偏差值送至控制板处理，控制板发出控制指令，驱动变频制冷压缩机中的直流无刷伺服电动机工作，从而使制冷压缩机起动，调节空调房间的室温。温度传感器再次检测空调房间的室温，当室温基本达到预设值时，控制板发出控制指令，使制冷压缩机停止工作。在这个实例中，温度传感器构成了对输出量室温的反馈环节。

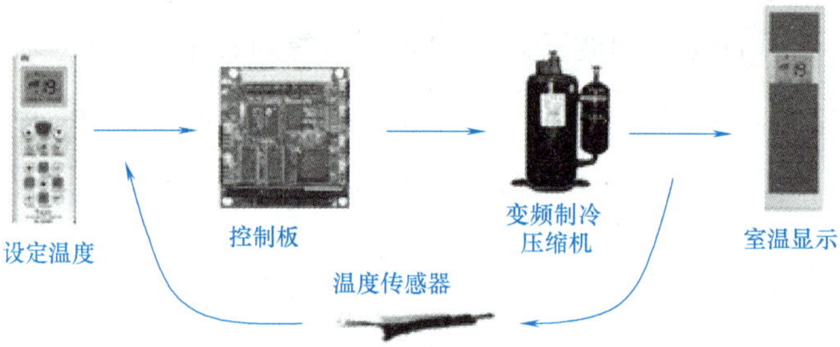

图 2-26　变频空调温度闭环控制系统

3. 伺服与驱动单元的工作要求

在机电一体化系统中，为了使伺服与驱动单元能及时准确地对输入信号和指令产生响应，在工作时应满足如下要求：

（1）精度高　伺服与驱动单元传递信号时，应使输出信号能准确响应输入的信号与指令，输入输出误差尽可能小，以提高系统的控制精度。

（2）惯量小　伺服与驱动单元的小惯量可以保证输出信号随输入信号变化的动态响应速度快，系统灵敏度高。

（3）稳定性好　伺服与驱动单元的稳定性决定了整个机电一体化系统的稳定性。若受到外界干扰影响，伺服与驱动单元能将输出信号的偏差及时修正过来，从而维持输出信号近似不变，那么此单元稳定性就好；否则稳定性差。

4. 伺服与驱动单元的发展方向

伺服与驱动单元是机电一体化产品中的重要组成部分，随着理论与实践趋于成熟，其应用越来越广泛，目前已广泛用于机械制造、冶金、运输、军事、日常生活等许多领域中，其发展方向主要为：

1）技术性能向高精度、高速度、智能化方向发展。智能化发展已成为当今科技发展的主流，伺服与驱动单元也不例外。智能化使伺服与驱动单元不但可通过软件设计来实现硬件控制，还具备自诊断、自监测、自调节的功能，以此来提高系统精度和系统运行速度。

2）单元规模将向高集成、体积小方向发展。将伺服与驱动单元的位置控制环节和速度控制环节进行高度集成，克服了以往控制类型单一的缺点，使功能性增强，还可以有效减少系统占用的空间。

3）控制信号将向数字化方向发展。随着高速微处理器的不断发展，数字式伺服与驱动单元将逐步取代模拟式伺服与驱动单元，这样不仅使系统控制方便，性能稳定，同时通过软件编程可以实现多种附加功能，使伺服与驱动单元更加人性化、智能化，这是模拟系统所无法达到的。

2.2.2　步进电动机

步进电动机（stepper motor）是一种机电执行元件，其作用是将电脉冲信号转换成相应角位移或直线位移信号。当输入一个电脉冲信号时，步进电动机就转过一个角度，脉冲依次输入，电动机就一步步地转动。由于步进电动机的输入信号是电脉冲信号，所以又称为脉冲电动机。图 2-27 所示为步进电动机的外形图。

1. 特点

1）由于输入信号的特殊性，使其易于与计算机通信，可直接实现数字控制。

a)　　b)

图 2-27　步进电动机的外形图

a）反应式步进电动机　b）混合式步进电动机

2）步距值不受外界干扰因素影响。步进电动机的输出角位移与脉冲数成正比；单位时间内输入的脉冲个数越多，脉冲频率越高，转过的角度累积值越大，转速越快，故电动机的转速与脉冲频率成正比。

3）步距误差不长期累积。步进电动机每转一步所转过的实际步距值与理论步距值间会存在误差。随步数增加，总会有一定的误差累积，但每转一圈的累积误差却为零。

4）调速范围大，调速平滑性好。

2. 基本结构

步进电动机的种类较多，按工作原理可分为反应式、永磁式和混合式；按相数可分为二相、三相、四相、五相等。以三相反应式步进电动机为例，其基本结构由定子和转子构成。定子由六个凸极组成，在相对的凸极上套有一相励磁绕组，三相绕组的首端按照通电方式依次接收电脉冲信号，尾端连在一起；转子铁心上冲槽，不放置绕组。

3. 工作原理

图 2-28 所示为三相反应式步进电动机的工作原理，通电方式为三相单三拍 U—V—W—U，其工作过程如下：

1）当只有 U 相绕组通入电脉冲时，在绕组周围会产生磁场，载流导体在磁场中产生电磁力，在电磁力作用下，转子齿 1、3 被吸引，从而转过一个角度，与定子凸极相对，即定子凸极 UU′与转子齿 1、3 相对，如图 2-28a 所示。

2）当 U 相断电，只有 V 相绕组通入电脉冲时，在绕组上也产生电磁力，在电磁力作用下，转子齿 2、4 被吸引，从而逆时针方向转过一个角度，与定子凸极 V′V 相对，如图 2-28b 所示。

3）当 V 相断电，只有 W 相绕组通入电脉冲时，在绕组电磁力作用下，转子齿 3、1 被吸引，从而逆时针方向转过一个角度，与定子凸极 WW′相对，如图 2-28c 所示。

4）当 W 相断电，U 相绕组又重新通入电脉冲时，在电磁力作用下，转子齿 2、4 被吸引，从而逆时针方向转过一个角度，与定子凸极 UU′相对，如图 2-28d 所示。

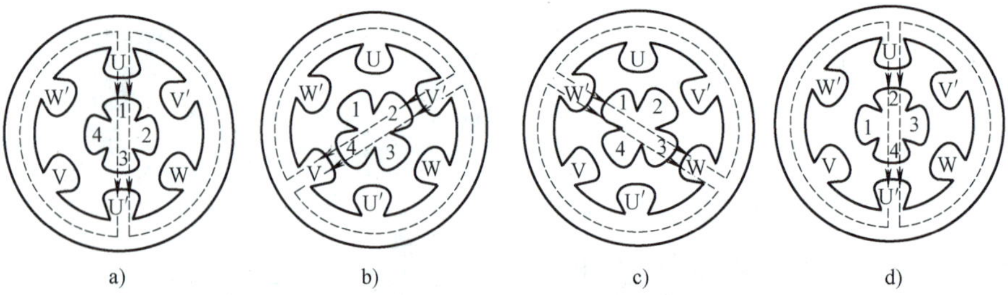

图 2-28　三相反应式步进电动机的工作原理

a）U 相绕组通电　b）V 相绕组通电　c）W 相绕组通电　d）U 相绕组再次通电

原理动画

定子绕组如此地反复通入电脉冲，转子就一步一步地逆时针转动。将转子每前进一步转过的角度称为步距角。

若想使步进电动机改变转动方向，例如顺时针方向转动，需要怎么做？

4. 驱动单元

加到步进电动机控制绕组上的电脉冲信号，是通过步进电动机的驱动单元提供的。图 2-29 所示为三相步进电动机的驱动系统示意图。由计算机等控制器发出脉冲指令，送至变频信号源，由变频信号源输出具有一定频率的脉冲串，脉冲串经环形脉冲分配器按一定规律提供给三相控制绕组，且保持三相脉冲间存在一定的相位差，再经功率放大器将脉冲进行功率放大，从而驱动三相步进电动机动作。

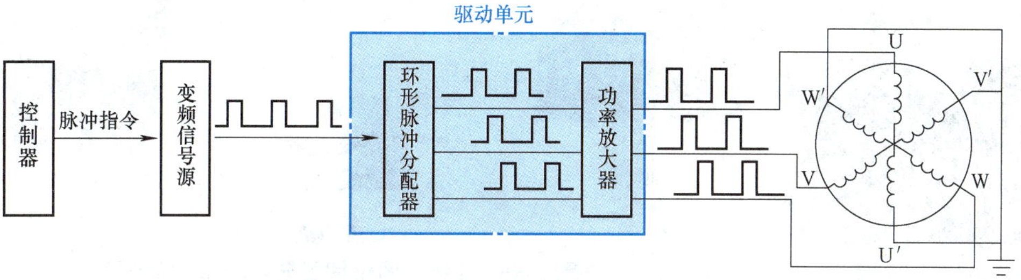

图 2-29　三相步进电动机的驱动系统示意图

驱动单元由环形脉冲分配器和功率放大器组成。环形脉冲分配器将变频信号源发出的控制脉冲，按规定的通电方式进行各相分配，然后送给功率放大器。功率放大器的作用是将环形脉冲分配器的输出信号进行功率放大。因为环形脉冲分配器输出的脉冲信号较弱，电流只有几毫安，功率为几十毫瓦到几百毫瓦，不能直接驱动步进电动机转动，需经功率放大器将信号放大后，再提供给每相定子绕组。

5．应用领域与实例

（1）应用领域　步进电动机最大的优点是可以直接接收数字控制信号。伴随微电子技术和计算机技术的飞速发展，步进电动机的应用也更加广泛。在制造行业中，对于一些简易数控机床的位置控制、速度控制等都采用步进电动机，如数控钻床、经济型数控铣床等；在包装行业中，要求包装用塑料薄膜能定位、定长地固定供给，所以在制袋、充填、封口等加工环节均采用步进电动机控制实现；在计算机外部设备中，如磁盘驱动器、绘图仪等采用步进电动机驱动；在办公系统中，如复印机、打字机、传真机、喷绘机等采用步进电动机控制；在家庭生活中，如落地风扇、绣花机等采用步进电动机控制。除此之外，步进电动机的应用也渗透到机器人、军事、航空航天等一些先进技术领域中。

（2）应用实例　应用二维绘图仪（见图 2-30）在绘图纸上绘制出一个“好”字。首先使用安装在计算机上的单片机编程软件编写一段程序，下载并存入到驱动卡上的单片机中。之后运行程序，使其发出变频脉冲信号，送至驱动单元，驱动 x 轴、y 轴的步进电动机动作，进而带动绘图工作台运动，通过绘图工作台与绘图笔相对移动，这样在绘图纸上“好”字就勾勒出来了，如图 2-31 所示。

图 2-30　二维绘图仪

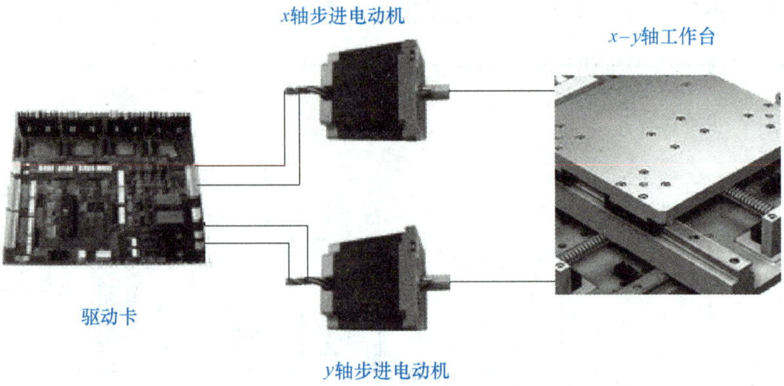

图 2-31　二维绘图仪伺服与驱动单元实物图

2.2.3　伺服电动机

伺服电动机（servo motor）是一种机电执行元件，其作用是将输入的电压信号转换成轴上的转速信号或转角信号，从而带动被控对象动作。

伺服电动机按所接电流种类的不同，可分为直流伺服电动机和交流伺服电动机两种类型，如图 2-32 所示。

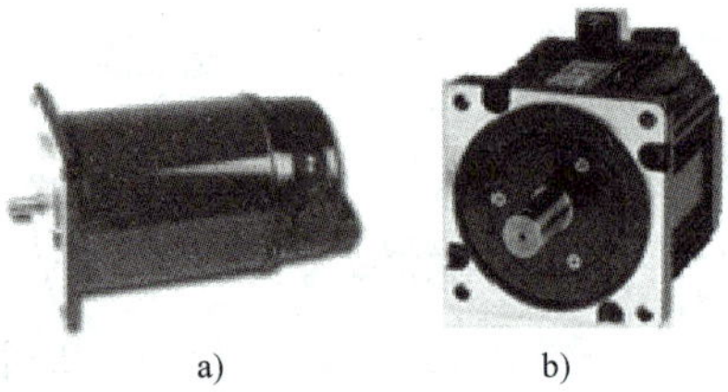

图 2-32　伺服电动机的实物图

a）SZ 系列直流伺服电动机

b）BL（3）系列交流伺服电动机

伺服电动机与普通直流、交流电动机相比，除具有转子惯性小、响应快、过载能力强、可靠性好等特点之外，其最大特点是输出转矩和转速变化受控制电压信号控制，即

1）控制电压信号的有或无 $\xrightarrow{\text{控制}}$ 伺服电动机的起动或停止。

2）控制电压信号的极性 $\xrightarrow{\text{控制}}$ 伺服电动机的转向。

3）控制电压信号的大小 $\xrightarrow{\text{控制}}$ 伺服电动机的转速大小。

1．直流伺服电动机

直流伺服电动机将输入的直流电压信号转换成轴上的转速或转角信号。直流伺服电动机按照不同的标准分类如下：

- 基本类型
  - 按传统的励磁方式
    - 永磁式直流伺服电动机
    - 电磁式直流伺服电动机
      - 他励
      - 并励
      - 串励
  - 按低惯量构成结构
    - 无刷直流伺服电动机
    - 无槽直流伺服电动机
    - 圆盘直流伺服电动机
    - 杯形直流伺服电动机

（1）基本结构与工作原理　以永磁式直流伺服电动机为例，介绍其基本结构与工作原理。伺服电动机与普通直流电动机在结构上相似，都是由定子和转子两部分构成的。

如图 2-33 所示，定子部分是指电动机中固定不动的部分，包括永久磁铁（N 极、S 极）、电刷装置（电刷 A、B）、机座、端盖等。转子部分是指电动机中能够转动的部分，包括转子铁心、转子绕组（线圈 abcd）、换向器（与电刷 A、B 接触的半圆形换向片）、轴、轴承等。为减小转动惯量，应将转子铁心做得细长些。

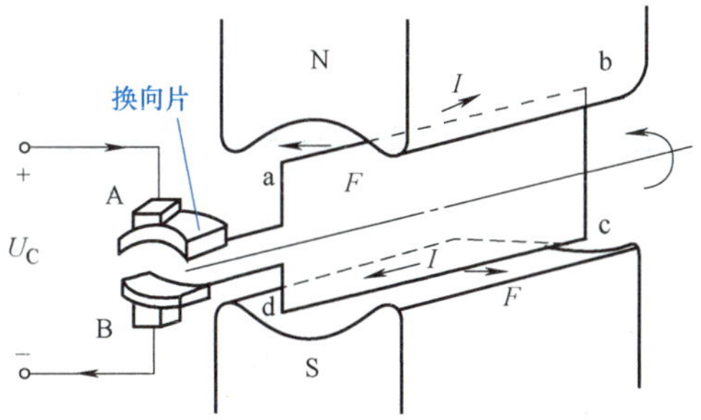

图 2-33　永磁式直流伺服电动机的工作原理

为了使原理图直观清晰，电动机结构被简化了。图 2-33 中，用 N 极、S 极一对永久磁铁作磁极，转子铁心省略未画，在铁心槽里嵌放转子绕组，为使分析方便，假设转子绕组只有一匝线圈 abcd 构成。将转子绕组的首尾两端分别焊在两个半圆形的铜质换向片上，在换向片上下分别安置两个静止不动的电刷 A 和 B，电刷与换向片是摩擦接触的。在电刷 A、B 间连接控制电压信号 U_C。

$\left\{\begin{array}{l}\text{当电刷 A 接电源 } U_C+ \text{ 极}\\ \text{当电刷 B 接电源 } U_C- \text{ 极}\end{array}\right\}$ → 直流电流经换向片、电刷流入线圈 abcd → 载流导体在 N 极、S 极形成的磁场中受到电磁力作用 → 根据左手定则判断 → $\left\{\begin{array}{l}\text{N 极下导体 ab 所受作用力 } F \text{ 方向向左}\\ \text{S 极下导体 cd 所受作用力 } F \text{ 方向向右}\end{array}\right\}$ → 线圈 abcd 逆时针方向转动，换向片也随之转动，从而改变线圈中电流的方向，使线圈沿同一方向连续转动，带动被控对象做旋转运动。

直流伺服电动机中，若将控制电压信号 U_C 改变极性，即电刷 A 接电源“−”极，电刷 B 接电源“+”极，经判断，线圈 abcd 将顺时针方向转动，从而改变电动机转动方向；若调节控制电压 U_C 的大小，就能改变电动机的转速；若采取闭环或半闭环反馈，就可改变电动机的控制精度。

若将控制电压信号 U_C 撤掉，直流伺服电动机是否停止转动？

（2）驱动方法　直流伺服电动机的驱动单元实际上就是一种直流线性功率放大电路，可将直流控制信号直接进行电压和功率放大，从而驱动直流伺服电动机，如图 2-34 所示。

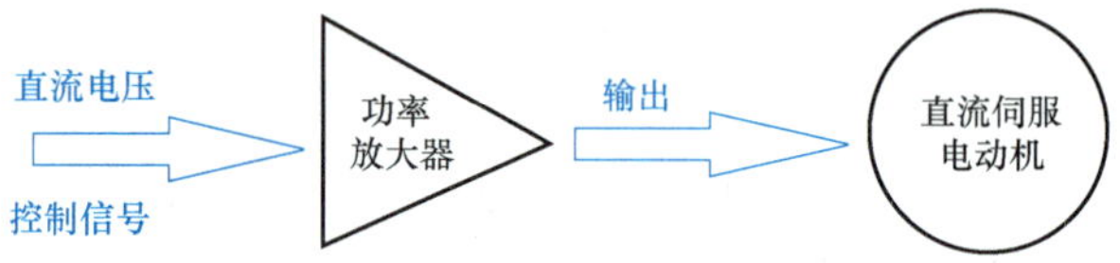

图 2-34　直流伺服电动机驱动单元的构成

通常情况下直流伺服电动机采用专门的驱动模块，可以采用功率电子器件构成驱动模块，如采用晶体管或达林顿晶体管构成，能够实现电动机正、反向运转；也可以采用功率集成电路构成驱动模块，此种方式连接方便，应用简单，目前已被广泛采用。例如，L165 集成电路构成直流伺服驱动电路（L165 是一种通用的功率集成运算放大器），如图 2-35 所示，其电路可驱动 2A 的直流伺服电动机。

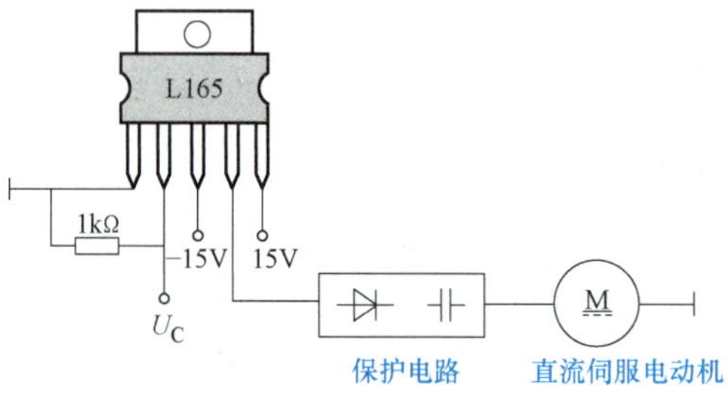

图 2-35　L165 集成电路构成直流伺服驱动电路

（3）应用领域与实例　在冶金工业中，对电弧炼钢炉电极位置、轧钢机轧辊运动位置等控制；在军事国防中，对雷达天线的自动瞄准跟踪控制、防空导弹的制导控制等，采用位置伺服控制系统，使输出轴跟踪给定轴的运动，从而实现高精度的定位或轨迹控制。

图 2-36 所示的直流位置伺服控制系统，由自整角机、相敏放大器、校正装置、功率放大器、直流伺服电动机等元件组成。其中，自整角机是将机械转角转变成电信号的一种感应式角度传感元件，在随动系统中，由自整角发送机和自整角接收机构成。

当自整角发送机转子输入的偏转机械角度为 θ_1 时，根据电磁感应现象，此时接收机转子也发生偏转，设其机械角度为 θ_2。同时，接收机的转子绕组产生交流感应电动势 e_2，e_2 经相敏放大器处理后转换成直流电压，再通过相位校正和功率放大，来驱动直流伺服电动机，使直流伺服电动机带动接收机转子偏转，从而使 θ_2 值逐渐接近 θ_1，直到 $\theta_2=\theta_1$，这样就实现了转子偏转位置的精确控制。

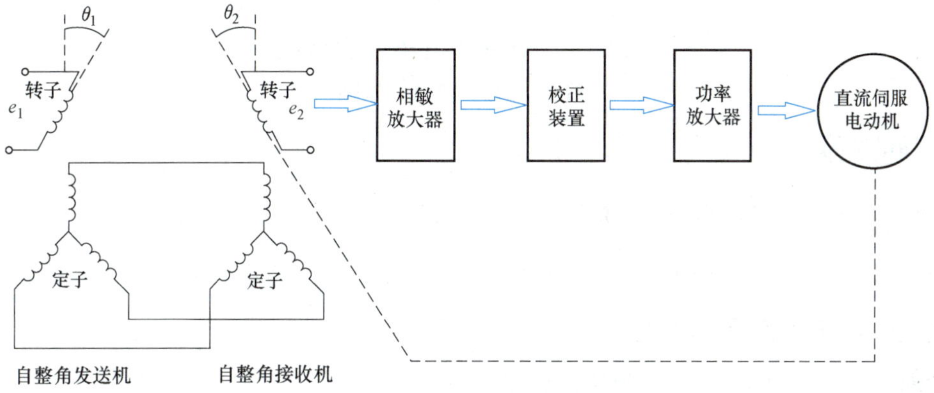

图 2-36　直流位置伺服控制系统的原理图

2. 交流伺服电动机

交流伺服电动机将输入的交流电压信号转换成轴上的转速或转角信号。交流伺服电动机按照不同的分类标准分类如下：

- 基本类型
  - 按转速是否变化
    - 同步伺服电动机
    - 异步伺服电动机
  - 按转子结构
    - 笼型伺服电动机（形状上像装老鼠的笼子）
    - 空心杯形伺服电动机（形状上像喝水的杯子）

（1）基本结构与工作原理　以常用的两相笼型异步伺服电动机为例，其由定子和转子构成。

如图 2-37a 所示，定子主要由定子铁心和嵌放在铁心槽中的两个空间轴线相互垂直的绕组 U_1U_2、V_1V_2 组成；转子主要由转子铁心和笼型转子铜条绕组组成。转动惯量的公式为 $J=mr^2$，式中的 m 和 r 分别为转动体的质量和转动半径。因此，为了减小电动机的转动惯量，提高响应的速度，通常将转子做成细长的形状，以减小转动半径。

两相笼型异步伺服电动机的工作原理示意图如图 2-37b 所示。控制绕组 V_1V_2 两端接入控制电压 U_c，励磁绕组 U_1U_2 电路中串接一个适当的电容 C，接入励磁电压 U_f。调节电容 C 的大小使 $\dot{U}_f$ 和 $\dot{U}_C$ 相位差为 90°（假设 $\dot{U}_C$ 超前 $\dot{U}_f$ 90°）。

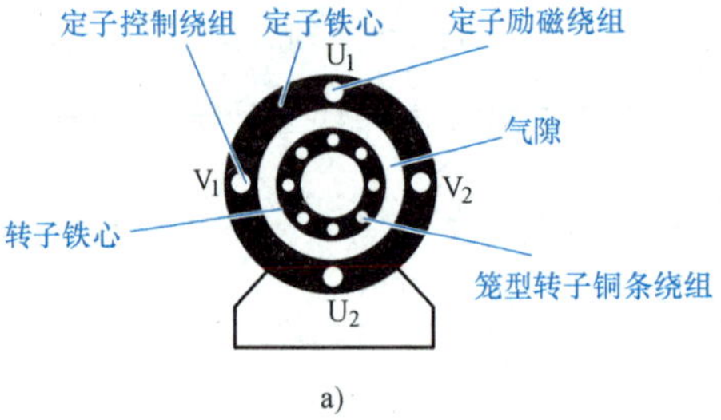

图 2-37　两相笼型异步伺服电动机

a）结构示意图　b）工作原理图

$\dot{U}_C$ 超前 $\dot{U}_f$ 为 90°
U_1U_2、V_1V_2 绕组轴线垂直为 90° } 在电动机气隙中会产生旋转磁场（按照图 2-37b 中绕组的分布，旋转磁场方向为顺时针方向）→旋转磁场转动→磁力线切割笼型转子铜条绕组→绕组中产生感应电动势→形成转子电流→电流与磁场相互作用产生电磁转矩→带动转子以小于旋转磁场的转速转动。

若将控制电压信号 U_C 撤掉，两相异步伺服电动机是否停止转动？

将控制电压信号 U_C 撤掉后两相异步伺服电动机仍会转动，此现象称为“自转”。此时异步伺服电动机就不受控制信号的控制，所以必须消除“自转”现象。方法是增大笼型转子铜条绕组的电阻值。

两相异步伺服电动机若将 $\dot{U}_C$ 滞后 $\dot{U}_f$ 90°，经分析判断，转子将按逆时针方向转动，从而改变电动机的转动方向；若调节控制电压 $\dot{U}_C$ 的幅值或相位，就可改变电动机的转速；若采取闭环或半闭环反馈，就可改变电动机的控制精度。

（2）驱动方法　以两相异步伺服电动机的幅值控制为例，即保持 $\dot{U}_C$ 与 $\dot{U}_f$ 相位差 90° 不变，通过改变 $\dot{U}_C$ 幅值的大小来调节交流伺服电动机的转速。如图 2-38 所示，将电源电压 $\dot{U}$ 经 90° 分相电路分解成控制电压 $\dot{U}_C$ 和励磁电压 $\dot{U}_f$，且保持两者相位差为 90°，将 $\dot{U}_f$ 送给定子励磁绕组，同时将 $\dot{U}_C$ 送至交流调压器改变其幅值大小，然后提供给定子控制绕组。在负载转矩一定时，随着控制电压幅值的变化，电动机的转速发生变化。幅值控制的驱动单元由 90° 分相电路和交流调压器构成。

不同系列、不同功率的交流伺服电动机驱动器各不相同。例如，24W 电动机可选用 ISMD024 系列驱动器，其额定电流可为 1A、3A、5A 等；180W 电动机可选用 ISMD180 系列驱动器，其额定电流为 5A；640W 电动机可选用 ISMD0640 系列驱动器，其额定电流为 8A。图 2-39 为两种交流伺服电动机驱动器的实物图。

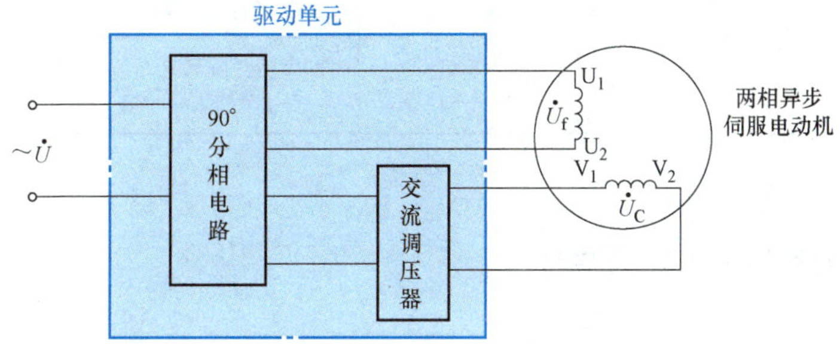

图 2-38 两相异步伺服电动机幅值控制的驱动单元构成

a)　　b)

图 2-39 交流伺服电动机驱动器的实物图

a）ISMD180 系列驱动器　b）ISMD0640 系列驱动器

（3）应用领域与实例　交流伺服电动机作为控制系统的原动机，应用领域十分广泛，如温控系统中阀门的动作、数控机床刀具的运动、飞机船舶的舵机控制、机器人控制、油田抽油机控制等，都可由伺服电动机带动。图 2-40 所示为交流伺服电动机在自动控制系统中的典型应用框图。当交流伺服电动机转动时，套在其轴上的旋转编码器随着转动，此时旋转编码器会将电动机的转速信号转变成脉冲信号，送至驱动器，驱动器根据反馈值与目标值进行比较，调整电动机转子的转动角度，从而带动负载工作。

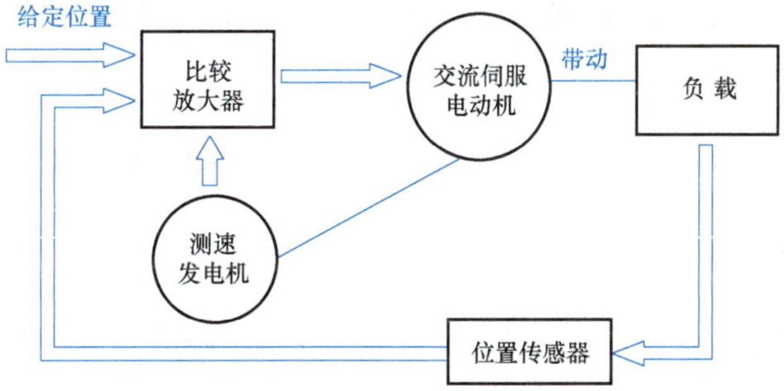

图 2-40 交流伺服电动机在自动控制系统中的典型应用框图

伺服电动机与步进电动机的性能比较见表 2-1。

表 2-1　伺服电动机与步进电动机的性能比较

类型	控制方式	控制精度	矩频特性	过载能力	运行性能
交流伺服电动机	连续电压信号	高（全数字式）	输出恒转矩（额定转速内）	强	闭环控制
步进电动机	电脉冲信号	低	输出转矩随转速升高而下降	弱	开环控制

扫描右侧二维码完成 2.2 节测试题。

2.2 节测试题

思政拓展：在第一台国产电动轮自卸车的研制过程中，技术人员发现电动轮自卸车控制部分的核心部件就是磁放大器，湘电技术攻关组全力突破一个多月，技术人员制造出独创的磁放大器、桥式方向器等关键零部件，显著提高了对电动机转矩控制的动态性能。1977 年，我国第一台 108 吨电动轮自卸车在鞍钢大孤山矿厂投入使用，仅仅 1 个月的时间，这台车的运料总量是其他车辆的三倍以上。扫描右侧二维码观看相关视频。

第一台国产电动轮自卸车

2.3 检测单元

交通检测与监控遍布城市的大街小巷，其功能之一就是检测车辆闯红灯或超速等违章行为，如图 2-41 所示。那么，它是以哪个物理量作为检测对象的，以什么作为检测指标，又是如何拍照取证的呢？通过本节的学习，就可以了解其中的基本原理。

2.3.1 检测单元基础

机电一体化系统能否有效发挥其自动化功能，获得准确信息是首要前提，完成这一任务的环节就是检测单元（detecting unit）。

图 2-41　交通检测与监控

如图 2-42 所示，在人类生物系统中，动作控制过程先是通过眼、耳、皮肤等感觉器官接收外界信息，经大脑判断后产生相应的意识反应，再通过肌肉、骨骼等运动器官实现各种动作。与此对应，机电一体化系统中，其动作控制过程也是先通过传感器接收外界信息，经计算机对这些信息进行处理，再通过执行器实现操作。

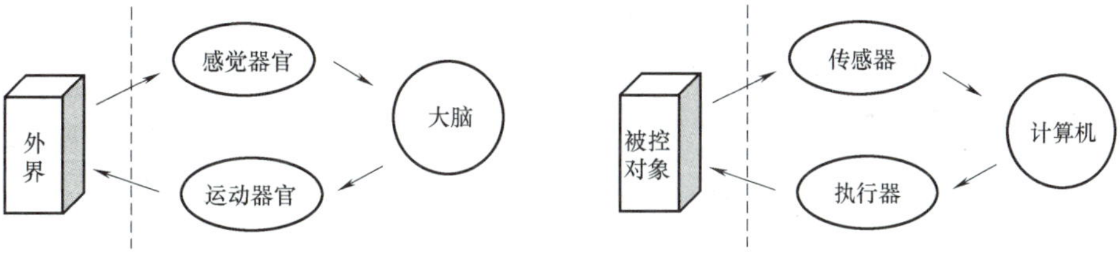

a)　　b)

图 2-42　检测的作用

a）生物系统　b）机电一体化系统

由此看出，传感器与人体的感觉器官相对应，计算机与大脑相对应，执行器与人体的运动器官相对应。这种从外界获得信息，并从中提取有用信息的过程称为检测。传感器是检测过程中的核心元件。

1．传感器的基本用途

传感器（sensor）是机电一体化系统、现代检测技术和自动化控制技术的重要元件之一，已广泛地应用到人类生活中的各个领域。

（1）生产过程　在工农业生产中，对温度、压力、流量、位移、液位和气体成分等物理信号进行检测，从而实现对工作状态的测量与控制。

（2）安全报警与环境保护　利用传感器可对高温、放射性污染以及粉尘弥漫等恶劣工作条件下的过程参量进行远距离测量并发出相应的预警信息，实现安全生产，可用于温控、防灾、防盗等方面的报警系统。在环境保护方面，可用于对大气与水质污染的监测、放射性和噪声的测量等。

（3）自动化设备　传感器可提供各种物理信号检测信息，传感器与计算机结合，设备的自动化程度会有较大提高。

（4）交通运输和资源探测　传感器可用于车辆、道路和桥梁的监测管理，以提高运输效率，防止交通事故；还可用于陆地、海底资源探测，空间环境、气象的测量等。

（5）医疗卫生和家用电器　利用传感器可实现对病患者的自动监护、微量元素的测定、食品的卫生检疫等，如B超检测仪、胃镜检测仪、变频空调器、自动洗衣机、家用加湿器等。

2. 传感器的组成

将被测物理量按照一定规律转换为与之对应的另一种物理量的装置称为传感器，也称为转换器或探测器。其作用是将各种非电物理量转换成其他量，再由接口电路转换成电压量。传感器一般由敏感元件、转换元件、基本转换电路组成，如图2-43所示。

图2-43　传感器的组成框图

（1）敏感元件　该元件直接感受被测量，并以确定的关系输出另一物理量，如弹性敏感元件将应力信号转换为位移量或应变量输出。

（2）转换元件　该元件将敏感元件输出的非电物理量（如位移、应变等），转换成其他参数（如电阻、电感、电容、电荷或电压）。

（3）基本转换电路　该电路将电路参数转换成便于测量的电量，如电压、电流、频率等。

实际上，传感器的组成有的很简单，有的很复杂。有些传感器只有敏感元件，感受被测量时直接输出便于测量的电量；有的则由敏感元件和转换元件组成，无需基本转换电路；有些由敏感元件和转换元件组合，再经基本转换电路才能输出电压量。

3. 传感器的分类

1）按被测物理量，传感器分为位移传感器（displacement sensor）、速度传感器（velocity sensor）、加速度传感器（accelerometer sensor）、温度传感器（temperature sensor）、压力传感器（pressure sensor）等。

2）按工作原理，传感器分为应变式传感器（strain sensor）、压阻式传感器（piezoresistive

sensor）、压电式传感器（piezoelectric sensor）、电感式传感器（inductive sensor）、电容式传感器（capacitive transducer）、光电式传感器（photoelectric sensor）、热电式传感器（thermocouple sensor）等。

3）按转换能量方式，传感器分为能量转换型传感器和能量控制型传感器两类。能量转换型传感器又称为发电型传感器，不需外加电源而将被测量转换成电能输出，如压电式、热电偶、光电式等。能量控制型传感器又称为参量型传感器，需要外加电源才能输出测试电压量，如电阻、电感、霍尔式传感器等以及热敏电阻、光敏电阻、湿敏电阻等。

4）按输出信号形式，传感器分为模拟式传感器和数字式传感器两种类型。模拟式传感器（analog sensor）的输出为模拟电压量。数字式传感器（digital sensor）的输出为数字量，如编码器等。

传感器的分类如图 2-44 所示。

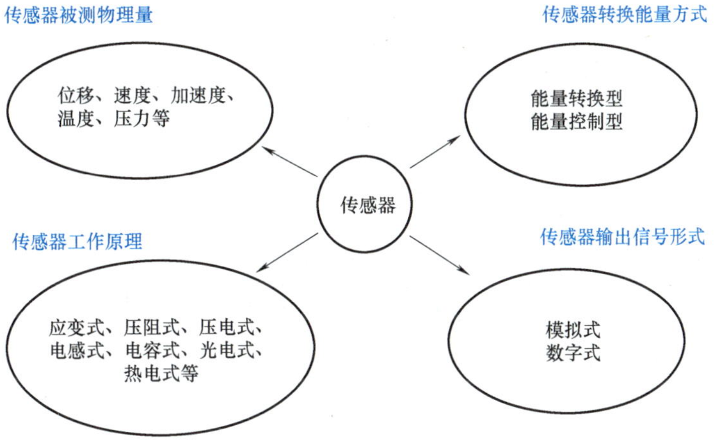

图 2-44　传感器的分类

4. 传感器技术的发展

（1）开发新型传感器　利用物理现象、化学反应和生物效应等基本原理，结合新材料和新工艺，研制具有新原理的传感器，这是发展高性能、多功能传感器的重要途径。

（2）传感器的集成化　集成化是指在同一芯片上或将众多同一类型的单个传感器集成为一维、二维阵列型传感器，或将传感器与调整、补偿等电路结合在一起。半导体、电介质等技术的发展，为传感器集成化设计的进一步发展提供了基础。

（3）传感器的多功能化　多功能化是使传感器同时具有多种检测功能，即在一个芯片上集成多种功能敏感元件或同一功能的多个敏感元件，如复合压阻传感器，一个芯片可同时检测压力和温度，又如 PT 型传感器、PH 型传感器等。

（4）传感器的智能化　智能化的传感器是一种带微型计算机芯片，具备检测、放大、信息处理、人机交互、自诊断和保护等功能的传感器，如智能式 PPT 压力传感器、智能式加速度传感器等。

（5）仿生传感器（biomimetic sensor）自然界中的生物传感器是最为优秀的检测元件，如狗的嗅觉能力远高于人类的嗅觉能力，鸟的视觉能力为人的 8~50 倍。因此，研究它们的机理是传感器应用开发的重要方向之一，如嗅觉传感器、听觉传感器、图像传感器等。

2.3.2 传感器的结构与基本原理

1．线位移检测传感器

（1）电阻式线位移检测传感器　该类传感器有滑线位移式和绕线位移式两种，如图 2-45 所示。滑线位移式检测传感器的结构原理如图 2-45a 所示，电阻丝端电压恒定为 U_i，当待测物体往返运动时，将带动拉杆、电刷运动，电刷在电阻丝上往返滑动，其输出端电压为 U_o，且与位移量成正比。因此，当检测到输出电压的变化量 ΔU_o，就可以获知待测物体的位移量。绕线位移式检测传感器的结构原理如图 2-45b 所示。

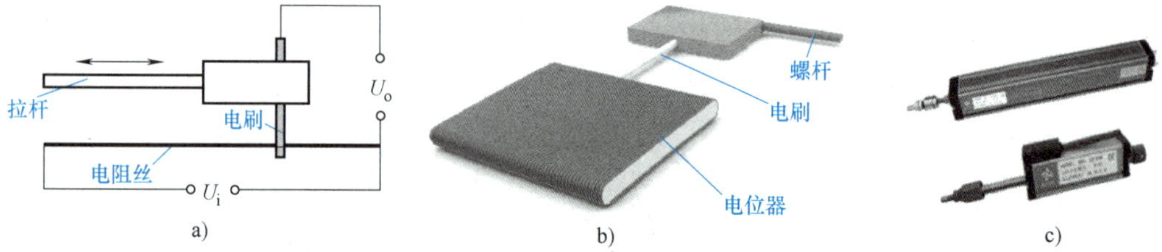

图 2-45　电阻式线位移检测传感器

a）滑线位移式检测传感器的结构原理　b）绕线位移式检测传感器的结构原理　c）实物图

如何提高位移检测传感器的精度？可以采取哪些措施？应用与电阻式检测传感器相同的原理，如何测量角位移（角度）？如何测量位置？

电阻应变计式线位移检测传感器的结构原理如图 2-46a 所示。悬臂梁是等强度的弹性元件，当其自由端承受待测物体的作用力 F 而产生位移时，粘贴在悬臂梁上的应变片的电阻将发生变化，其阻值的变化量与相对位移成正比。通过检测电路将电阻的相对变化量转换成电压和电流的变化量输出，即可表征（计算）物体的位移量，检测任务就完成了。这种传感器的优点是精度高、结构简单、性能稳定；不足之处是动态范围窄。

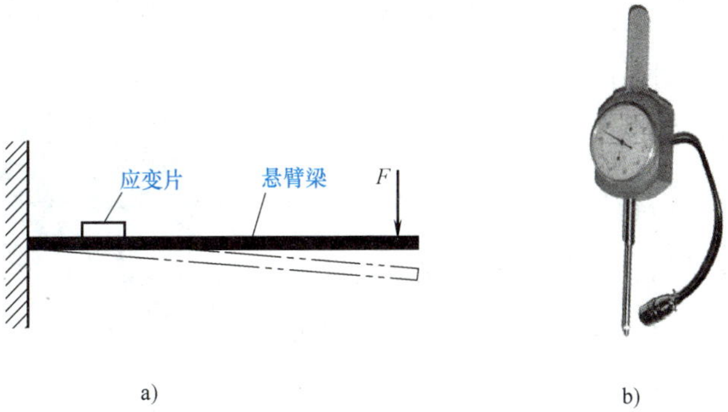

图 2-46　电阻应变计式线位移检测传感器

a）结构原理图　b）百分表式线位移检测传感器

图 2-46b 所示的百分表式线位移检测传感器是如何工作的？

测杆与机测的齿轮相连，又与电测元件悬臂连接，当测杆有位移时，测杆通过弹簧使悬臂梁簧片上的应变片电阻值发生变化，产生应变输出。能否用简图予以表达该传感器的测量原理？

（2）电感式线位移检测传感器　差动电感式线位移检测传感器的结构原理如图 2-47a 所示，两个螺旋形线圈与电桥的两臂相连，并对接在同一圆柱形线圈筒上。磁心能在不锈钢的导向筒中自由移动，磁心和套筒均由导磁材料构成，两者形成磁场回路。当待测物体在磁场中移动时，磁心将受到磁场力的作用而产生位移，切割磁力线产生电动势使电桥失去平衡，其电桥式检测电路输出电压信号，该电压值与待测物体位移成正比。由此可以通过输出的电压值来表示被测物的位移量。这种传感器具有动态范围宽和线性度好的优点，其缺点是有残余电压。其实物图如图 2-47b 所示。

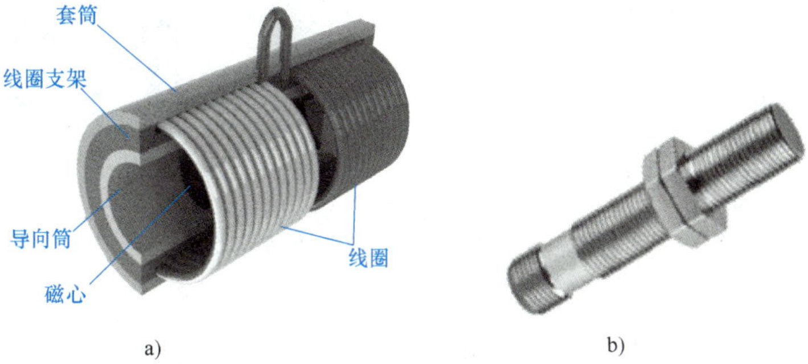

图 2-47　差动电感式线位移检测传感器

a）结构原理图　b）实物图

差动变压器式线位移检测传感器是将被测量转化为绕组的互感变化，其结构原理如图 2-48 所示。一次绕组 W_1 由交流电源励磁，交流电的频率称为励磁频率。二次绕组 W_2 和 W_3 接成差动式，它们反向串接，输出电压 U_o 是两个二次绕组的感应电压差值，故称为差动变压器。当磁心处于整个绕组中心位置时，两个二次绕组的磁阻相等；当磁心移动时，将产生与位移呈线性关系的感应电压 U_o。这种传感器具有分辨率高、线性度好等优点，其缺点是残余电动势较大。

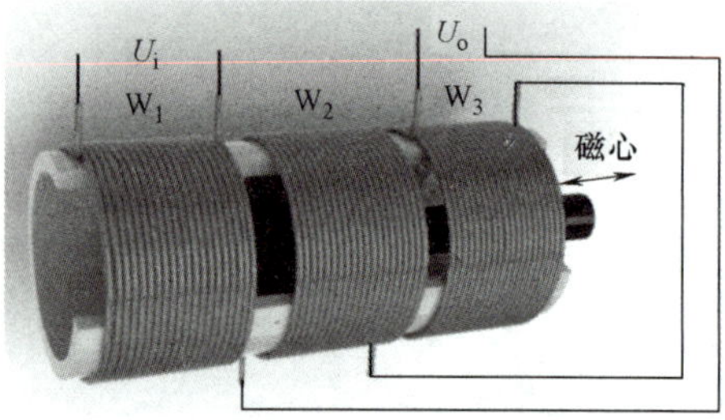

图 2-48　差动变压器式线位移检测传感器的结构原理

（3）电容式线位移检测传感器　平板电容器的电容 C 决定于极板的工作面积 S、极板间介质的介电常数 ε 和极板间的距离 d，这些参数之间有如下关系：

$$C=\frac{\varepsilon S}{d} \tag{2-2}$$

显然，电容器的 S、ε、d 三个参数中的任意一个发生变化，均会引起电容量的变化。通过检测电路，电容量的变化将会引起电路中的电压或电流变化，这样即可转换为电压信号输出，以此来确定位移量的大小和方向。电容式线位移检测传感器具有结构简单、动态性能好、灵敏度和分辨率高等特点。它可用于无接触检测，并可在恶劣环境下工作，可广泛应用于检测位移、振动、角度、速度、加速度、压力等参数。

电容式线位移检测传感器如图 2-49 所示。

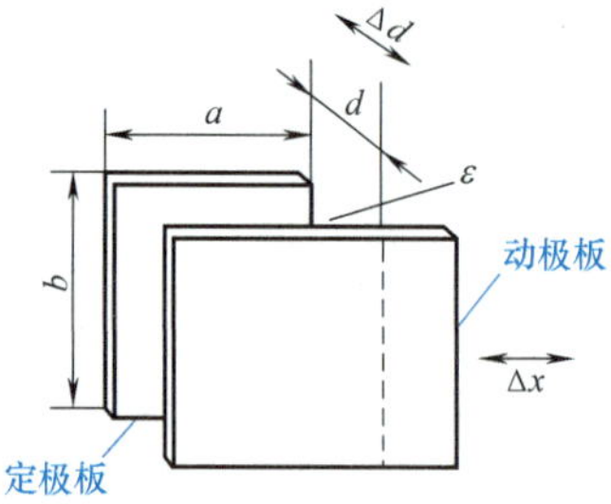

a)

b)

图 2-49　电容式线位移检测传感器
a）原理图　b）实物图

（4）光栅式线位移检测传感器　光栅式线位移检测传感器的结构示意图和测量原理如图 2-50a、b 所示，主要由主光栅和指示光栅组成。光栅上面均匀地刻上许多线纹（即栅线），形成明暗相间的线条，两块光栅平行安装，互相遮挡，其刻线相互倾斜一个很小的角度θ，由于光的干涉作用，会形成莫尔条纹。显然，在两条光栅栅线叠加处透光较强，形成亮条纹；栅缝叠加处透光能力较弱，形成暗条纹。当指示光栅平移时，莫尔条纹将沿着垂直于指示光栅平移方向移动。在光栅尺左端放置光源，右端设置一光电元件接收光信号，亮条纹照射时产生的电信号较强，而暗条纹照射时产生的电信号较弱，由此可以记录明暗条纹经过的次数。若指示光栅移动方向改变，莫尔条纹的移动方向也相应改变。

相邻的两个栅线的距离称为光栅的栅距，设为d，由图2-50b可知，菱形$ABCD$中，由于θ值很小，可以近似认为对角线$AC=2W$，而$CE=d$，则$\sin\frac{\theta}{2}=\frac{d}{2W}$，所以相邻两莫尔条纹的间距$W$为

$$W=\frac{\frac{d}{2}}{\sin\frac{\theta}{2}}\approx\frac{d}{\theta} \tag{2-3}$$

若用计数器记录下光栅上的移动通过的条纹数，即可测试指示光栅相对于主光栅移动的距离。光栅式线位移检测传感器的应用如图2-50c所示。

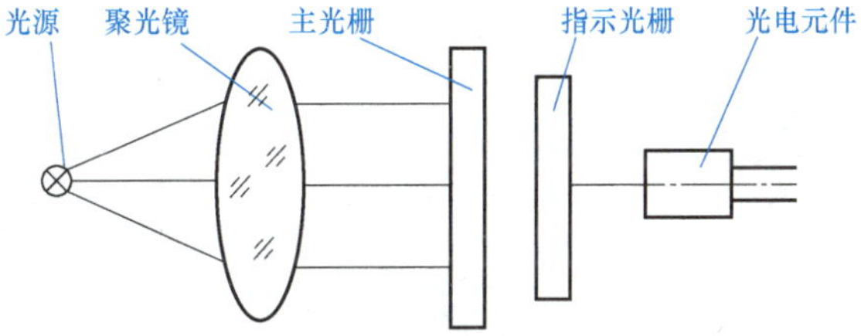

a)

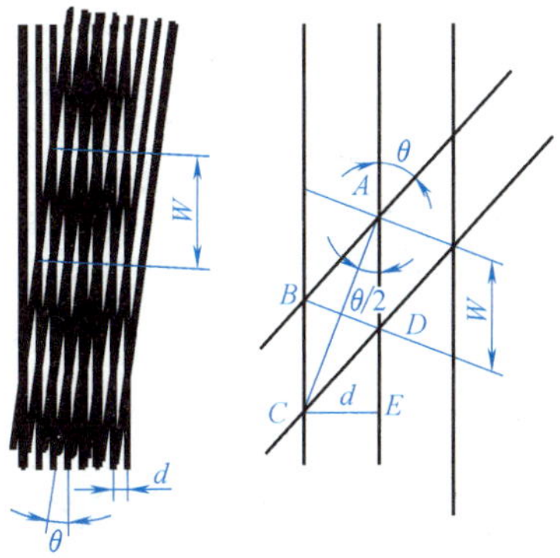

b)

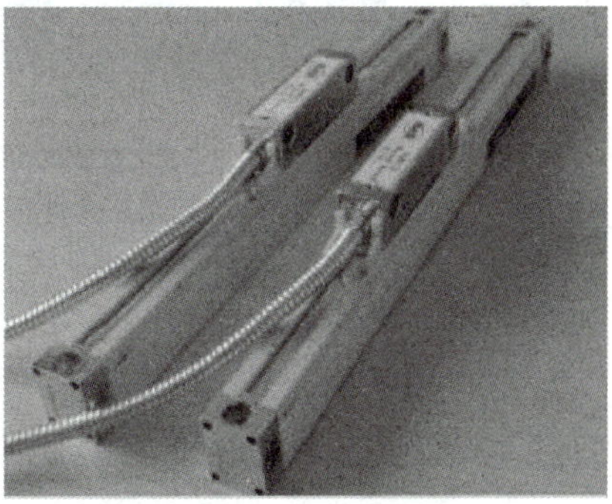

c)

图2-50 光栅式线位移检测传感器

a）结构示意图 b）测量原理 c）实物图

（5）激光式线位移检测传感器　激光式线位移检测传感器中的主要装置是迈克尔逊干涉仪，其工作原理如图 2-51a 所示。激光发生器产生的激光通过透镜组成的准直系统，投射到分束器上，一部分激光透过分束器入射到反射镜 M_2 上，被反射镜 M_2 反射后，经分束器再次反射，投射到光电接收器上；另一部分光反射到反射镜 M_1 上，再被反射镜 M_1 反射后也入射到光电接收器上。因此，投射到光电接收器上的两束光产生干涉，光电接收器检测到最大峰值的干涉条纹被转换为电脉冲信号。当被测物体移动时，干涉条纹产生位移，光电接收器检测到的发光强度发生变化。根据计数系统计数，即可确定相应的位移变化。

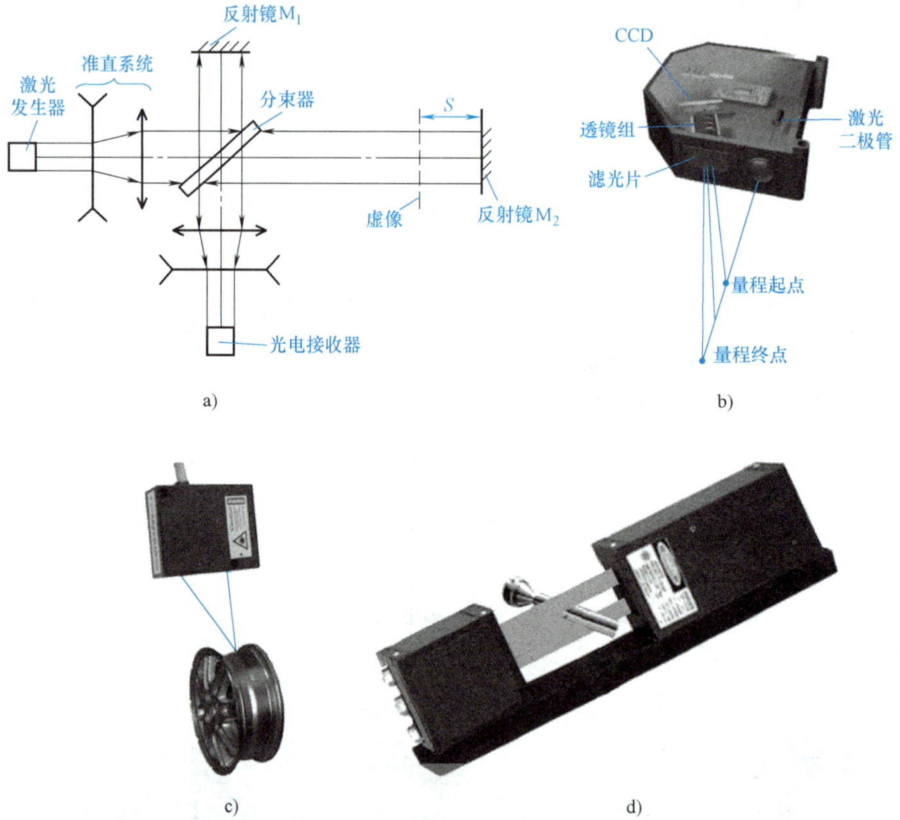

图 2-51　激光式线位移检测传感器

a）迈克尔逊干涉仪工作原理　b）激光传感器结构示意图
c）激光传感器测量轮毂　d）光幕式激光传感器测量直径

如图 2-51b 所示，激光二极管在被测物体表面上投射一个可见光斑，其反射光通过精密的接收光透镜组后，在感光片上成像。当传感器与被测物体间的距离发生变化时，光斑的反射角产生相应变化，此变化最终引起 CCD 感光元件上成像位置的变化。

激光具有较好的方向性、单色性和亮度，因此激光式线位移检测传感器可从较远距离对被测物体进行测量。由于光斑直径小，所以可实现对微小元件的测量。非接触式的测量原理可保证无磨损、高精度的测量，测量过程不会受到干扰。除此之外，激光三角反射测量原理还极为适用于高精度、高分辨率的快速测量。

2. 角位移检测传感器

（1）电阻式角位移检测传感器　电阻式角位移检测传感器的结构原理如图 2-52 所示。传感器的转轴与待测角度的转轴相连，当待测物体的转轴转过一个角度时，电刷在电位器上转过一个相应的角位移，于是在输出端产生一个跟角度成正比的输出电压 U_o。因此，该传感器可以用输出的电压量来表征角位移量。

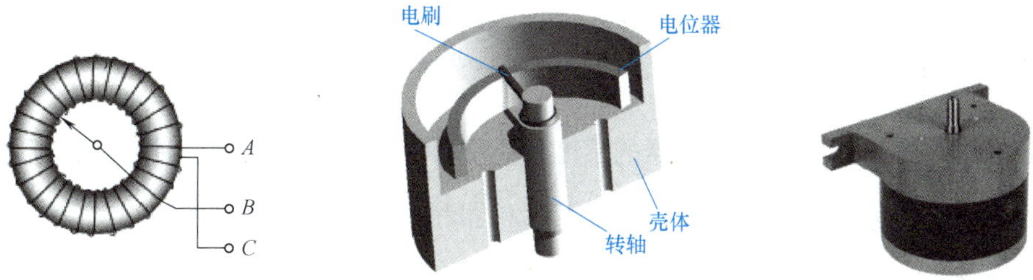

a)　b)　c)

图 2-52　电阻式角位移检测传感器的结构原理

a）工作原理　b）结构示意图　c）实物图

这种传感器具有结构简单、体积小、动态范围宽、输出信号大、抗干扰强和准确度较高等特点，已广泛用于检测各种回转角度和角位移量，适用于转速较低的角位移测量。

电阻式线位移检测传感器与角位移检测传感器的原理是否相同？能否相互转化？如果可以转化，在结构上应做哪些改变？

（2）电感式角位移检测传感器　旋转变压器实际上是一种典型的电感式角位移检测传感器。它实际上是一种具有次级旋转绕组的变压器，当转子转动时，定子励磁绕组与转子输出绕组之间的耦合发生变化，从而使输出电压按正弦、余弦或线性函数关系变化。与普通变压器的原理相似，普通变压器的输入、输出绕组相对固定，其输出电压与输入电压之比是常数。旋转变压器的励磁绕组和输出绕组分别装在定子和转子上，故输出电压随转子位置而定。

图 2-53 所示为正余弦旋转变压器的工作原理。当交变绕组 D_3D_4 开路，在励磁绕组 D_1D_2 上加交流励磁电压 U_{S1} 时，励磁绕组中产生电流 I_{S1}，在气隙中建立一个与转子位置无

关的交变磁通 Φ。若 Φ 在气隙按正弦分布，则输出绕组 Z_1Z_2 和 Z_3Z_4 上感应电压与角度之间的关系如下：

$$\begin{cases} U_{o1}=k_u U_{S1}\cos\theta \\ U_{o2}=k_u U_{S1}\sin\theta \end{cases} \tag{2-4}$$

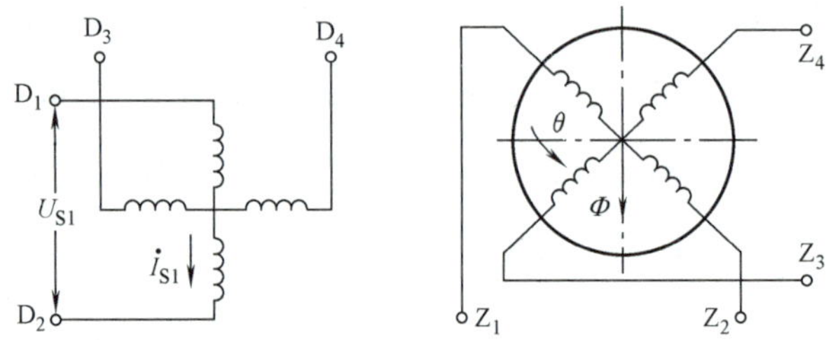

图 2-53　正余弦旋转变压器的工作原理

D_1D_2—励磁绕组　D_3D_4—交变绕组　Z_1Z_2—余弦输出绕组　Z_3Z_4—正弦输出绕组

旋转变压器式角位移检测传感器的精度较高、可靠性好，能完成多种功能，已广泛应用于自动解算系统、远距离同步传输系统以及移相器和坐标变换器等设备当中。

（3）电容式角位移检测传感器　电容式角位移检测传感器的工作原理如图 2-54 所示，当可动极板产生角位移时，电容器的工作面积发生变化，通过检测电路检测出电容量的变化，即可确定角位移量。电容式角位移检测传感器的动态范围为 0.1″ 至几十度，分辨率约为 0.1″ 。这种传感器结构简单、体积小、质量轻、功耗低、灵敏度高，不产生干扰磁场。因此，该传感器广泛应用于精密测量角度，如高精密陀螺和摆式加速度计。

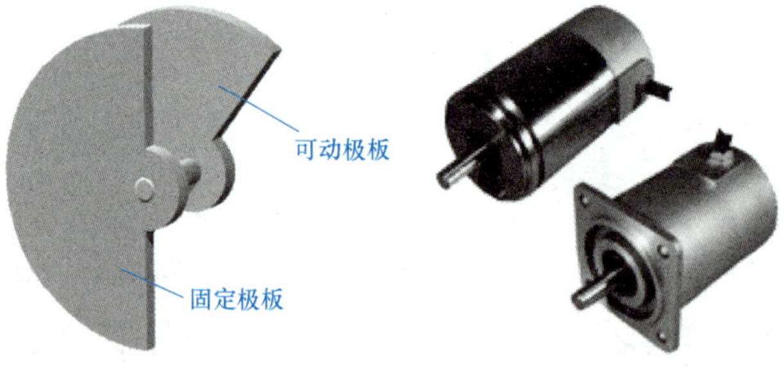

图 2-54　电容式角位移检测传感器

a）原理图　b）实物图

（4）光电式角位移检测传感器　光电式角位移检测传感器是一种非接触式电位器，它用光束代替电刷，其工作原理和结构如图 2-55 所示。

光电电位器主要是由电阻体、光电导层、导电电极组成的。这种传感器先在基体上沉积一层光电导层，然后在光电导层上再沉积一条电阻体和一条导电电极，两者之间留有一个窄的间隙。平时无光照时，电阻体和导电电极之间由于光电导层电阻很大而呈现绝缘状态。当光束照射在电阻体和导电电极的间隙上时，由于光电导层被照射部位的亮电阻很小，使电阻体被照射部位和导电电极导通，电位器的输出端就有电压，输出电压的大小与光束位移照射到的位置有关，从而将光束位移转换为电压信号输出。所以，固定在待测角度的转轴上的光束（又称光电刷）随转轴在窄缝转动时，就输出与角度成正比的电信号。

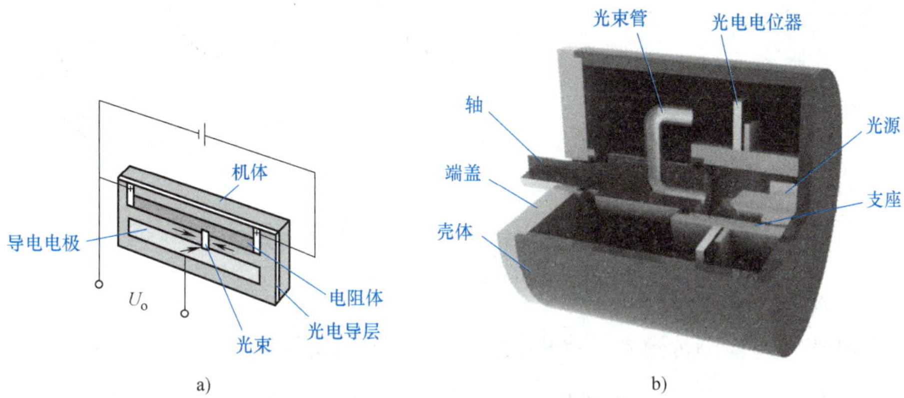

图 2-55　光电式角位移检测传感器

a）工作原理图　b）结构图

光电式角位移检测传感器没有金属丝电刷造成的摩擦力矩，具有分辨率高、寿命长、扫描速度快等优点；但其缺点是接触电阻较大，输出信号要经过阻抗匹配交换器才能被使用。

3. 转速检测传感器

（1）电容式转速检测传感器　电容式转速检测传感器的结构原理如图 2-56 所示，当电容极板与齿顶相对时，电容量最大；而电容极板与齿隙相对时，电容量最小。当齿轮旋转时，电容量发生周期性变化，通过电路即可得到脉冲信号，频率计显示的频率表示每秒测量的齿数数量，可转化为转速大小。设齿轮齿数为 z，则由计数器得到的频率数计算出测量转速为 $n=60f/z$。

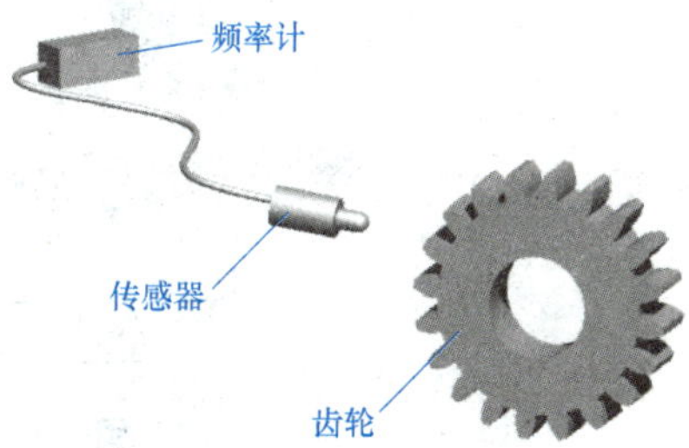

图 2-56　电容式转速检测传感器的结构原理

（2）电感式转速检测传感器　电感式转速检测传感器的结构原理如图 2-57 所示，它与电容式检测传感器的结构原理相似，测量方法为每个轮齿接近一次，传感器输出一个 5V 方波信号。当齿轮旋转时，由测速表记录方波的数量，可显示转速大小。设齿数为 z，由测速

表测的频率计算出测量转速为

$$n=60f/z \tag{2-5}$$

目前已生产的电感式转速检测传感器的测量范围为 600~6000r/min，测量点间距为 2~10mm，测量误差小于 0.01%。

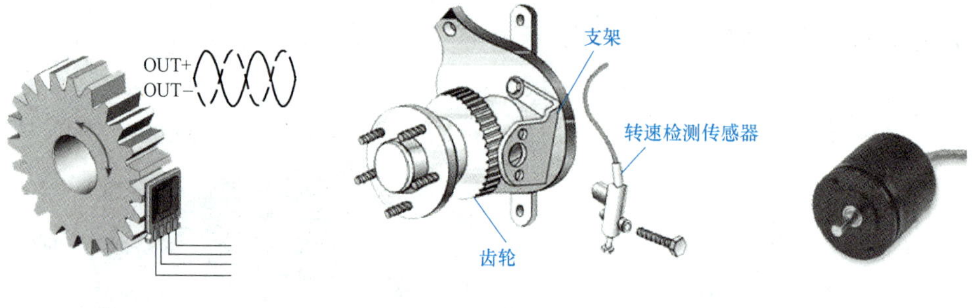

a)　　b)　　c)

图 2-57　电感式转速检测传感器的结构原理

a）原理图　b）汽车后轮转速测量装置的结构　c）实物图

（3）光电式转速检测传感器　光电式转速检测传感器的结构原理如图 2-58 所示，输入轴与待测轴相连接，光通过开孔圆盘和缝隙板照射在光敏元件上。开孔圆盘上有 20、30、60 个小孔，开孔圆盘转一周，光敏元件接收光的次数等于盘上的开孔数。若开孔数为 20，记录过程时间为 t，总脉冲数为 N，则转速为 $n=60N/(20t)$。

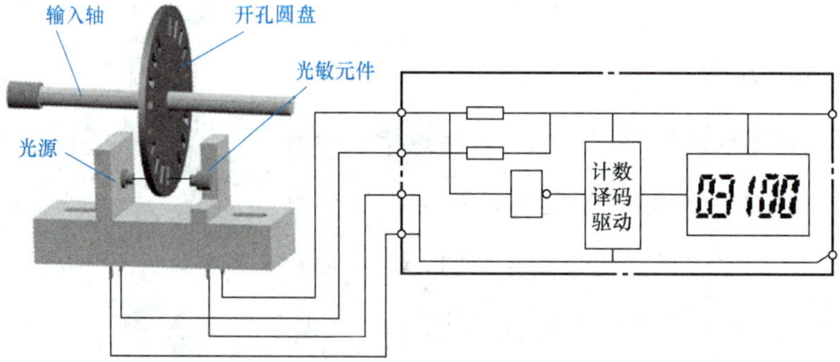

图 2-58　光电式转速检测传感器的结构原理

4. 加速度检测传感器

图 2-59 所示为压电式加速度检测传感器的结构原理图。当传感器承受振动体的加速度时，通过质量块产生相对位移，也就是压电片的变形量为 x_m-x，在压电片的线性弹性范围内，有

$$F=k(x_m-x) \tag{2-6}$$

式中　F——作用在压电片上的力，单位为 N；

k——压电片的弹性模量，单位为 N/mm。

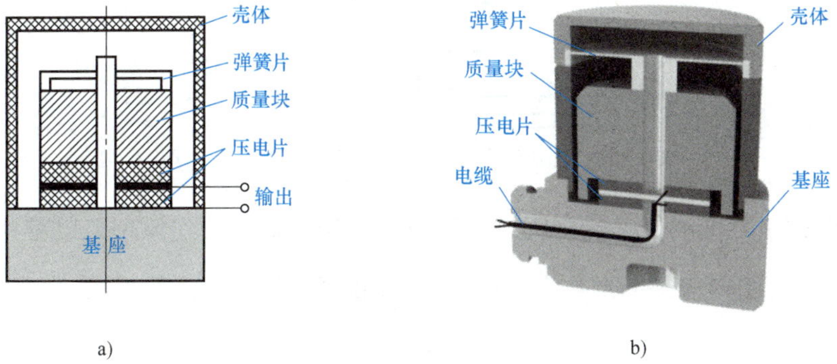

图 2-59　压电式加速度检测传感器的结构原理

a）结构原理图　b）简化模型

而压电片表面所产生的电量，（单位为 C）与作用力成正比，即

$$\left.\begin{aligned} Q &= dF = dk(x_{\mathrm{m}} - x) = dm\ddot{x} \\ \frac{Q}{\ddot{x}} &= \frac{dk}{\omega_{\mathrm{n}}^{2}} \end{aligned}\right\} \tag{2-7}$$

式中　d——压电元件的压电常数，单位为 C/N；

m——质量，单位为 g；

ω_{n}——传感器的固有角频率，$\omega_{\mathrm{n}} = \sqrt{k/m}$；

$\ddot{x}$——加速度，单位为 mm/s^2。

通过式（2-7）得到压电式加速度检测传感器的电荷与振动体加速度之间的关系，可将被测体的加速度转化为容易测量和处理的电量。压电式检测传感器的高频响应特别好，它的测量频率上限可达几千赫，甚至十几千赫。

5. 压力检测传感器

压力是工业生产、科学研究、国防科技、生物医疗等各个领域经常测量的重要参数，也是日常生活中经常遇到的最基本、最重要的检测参数。

按传感器的工作原理，压力检测传感器可分为电阻应变式、压阻式、压电式、电感式、电容式等。

（1）电阻应变式压力检测传感器　图 2-60 所示为电阻应变式压力检测传感器的结构原理。它主要由弹性敏感元件、应变片、传力膜片组成。应变片用黏合剂粘贴在弹性体上，当受外力作用时，应变片随弹性体一同变形，其电阻值也随之变化，通过测量电桥把电阻值变化转换成电压或电流变化输出，即可反映被测压力值的大小。

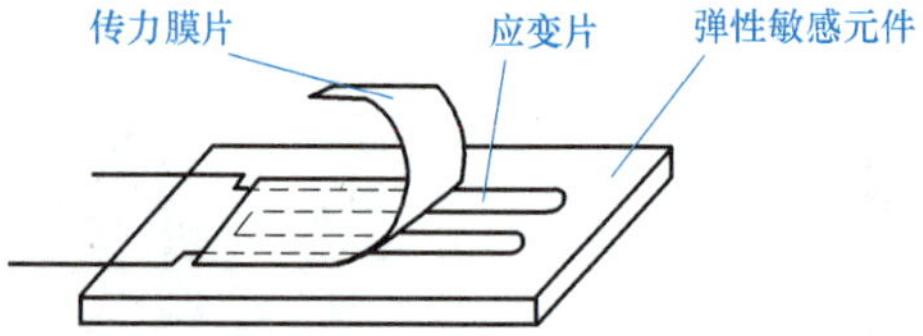

图 2-60　电阻应变式压力检测传感器的结构原理

（2）压阻式压力检测传感器　压阻式压力检测传感器的工作原理是以某些材料的压阻效应为基础的。压阻效应是指半导体材料沿某一轴向受到应力而产生应变时，其电阻率发生变化。

压阻式压力检测传感器的核心部件是一块圆形的单晶硅膜片，用集成电路工艺在膜片上布置四个扩散电阻，组成惠斯通电桥。如图 2-61 所示，硅膜片被支承在一个圆形硅杯上，将两个气腔隔开。一端接被测压力，另一端接参考压力。当存在压差时，硅膜片产生变形，由于硅的压阻效应使两对电阻的阻值发生变化，电桥失去平衡而输出电压，电压与硅膜片两边的压力差成正比。

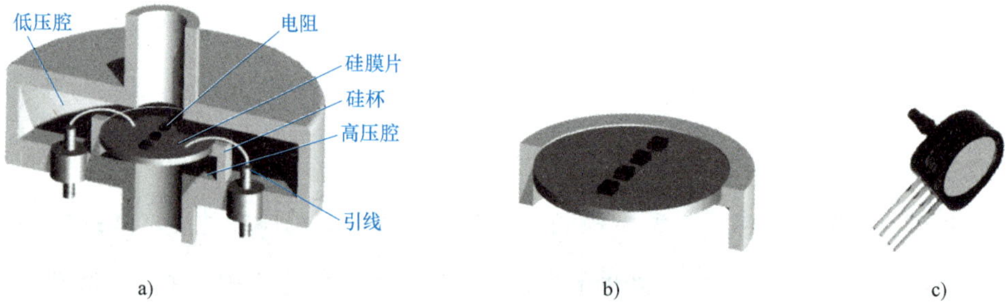

图 2-61　压阻式压力检测传感器

a）结构示意图　b）硅杯及硅膜片　c）实物图

（3）压电式压力检测传感器　压电式压力检测传感器的工作原理是以某些材料的压电效应为基础的，如图 2-62 所示。所谓压电效应是指物质在机械力作用下发生变形时，内部产生极化现象，而在其表面上产生电荷，去掉外力时，电荷立即消失。

1）当晶片受到 x 方向的压力作用时，电荷 q_x 只与作用力 F_x 成正比，而与晶片的几何尺寸无关。

2）当晶片受到 y、z 方向的压力作用时，产生的电荷 q_y、q_z 不仅与作用力 F_y、F_z 有关，而且与晶片的几何尺寸有关。

根据这一现象，通过检测电荷，并将其转化为电压量，再经过放大输出后，即可显示压力的大小。

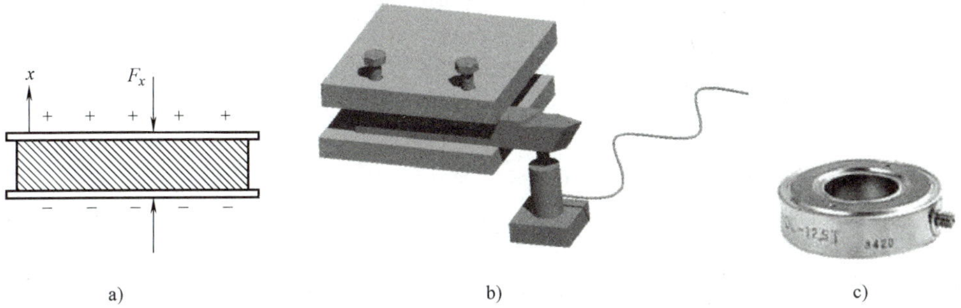

图 2-62　压电式压力检测传感器

a）原理图　b）测量切削力　c）实物图

6. **温度检测传感器**

温度检测传感器是一种将温度变化转换为电参量变化的传感器。将温度变化转换为热电动势变化的传感器称为热电偶，将温度变化转换为电阻变化的传感器称为热电阻。此外，还有可通过测量物体热辐射能量得出物体表面温度的传感器，如红外测温仪等。

（1）热电偶式温度检测传感器　热电偶的基本工作原理是热电效应。对于均质导体，当两端温度不相等时，导体内的自由电子将从高温端向低温端扩散，在其两端形成电动势，该电动势称为温差电动势，此现象称为热电效应。

热电偶所用导体多为金属，如铜 - 康铜、镍铬 - 镍硅等，两导体的连接处称为接点，如图 2-63 所示。用热电偶测温时，一个接点置于被测温度 T 处，称为测量接点或热端；另一个接点恒定于某一参考温度 T_0，称为参考接点或冷端。如果两接点的温度不同，回路中就会产生电动势，接在回路中的毫伏计便会发生偏转；两接点温度相差越大，指针偏转也越大。

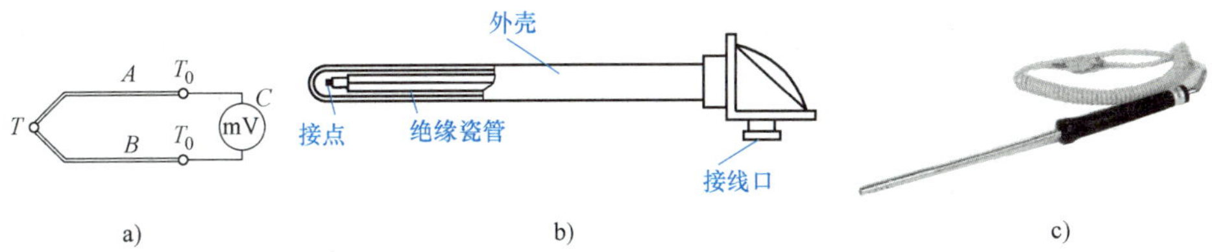

图 2-63　热电偶式温度检测传感器

a）原理图　b）普通型热电偶结构　c）实物图

（2）集成温度检测传感器　集成温度检测传感器是一种将感温元件、放大电路、温度补偿电路等功能集成在一块极小芯片上的温度检测传感器。跟传统的热电阻、热电偶相比，它具有线性度好、灵敏度高、体积小、稳定性好、输出信号大等优点，是其他温度检测传感器无法比拟的。它的输出形式可以分为电压型和电流型两种，电压型的灵敏度一般为 10mV/℃，电流型的灵敏度为 1μA/℃。它还具有绝对零度时输出电量为零的特性，利用这一特性，可以很容易地测量热力学温度值。集成温度检测传感器的测温范围一般为 −50~150℃，主要用于环境空间温度的检测、控制，以及家用电器中温度检测、控制和补偿。

7. 流量检测传感器（flow sensor）

图 2-64 所示为车用空气流量检测传感器的结构示意图，其作用是将空气流量转换成电信号送给电控单元，该信号作为决定喷油量的基本信号之一。叶片式空气流量计由空气流量计和电位器两部分组成。

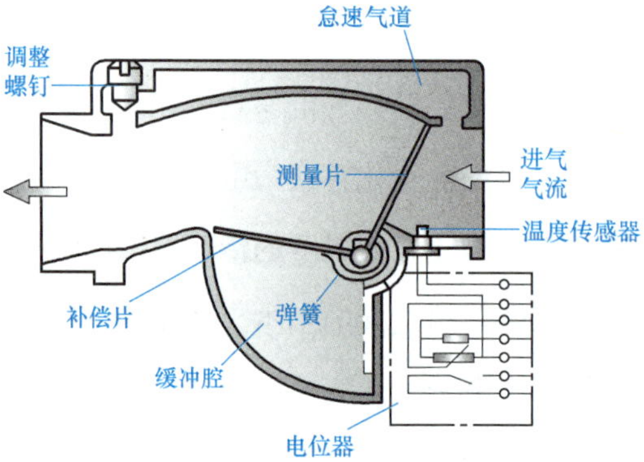

图 2-64 空气流量检测传感器的结构示意图

发动机工作时，进气气流经过空气流量计内腔孔道并推动测量片转动，使其开启，测量片开启角度反映出进气量的变化。在测量片轴上连着一个电位器，电位器的滑动臂与测量片同轴同步转动，把测量片开启角度的变化转换为电阻值的变化。电位器通过导线、连接器与电子控制单元（electronic control unit，ECU）连接。ECU 根据电位器电阻的变化量或作用在其上的电压的变化量，测得发动机的进气量。空气流量检测传感器内还有一个进气温度传感器，用于测量进气温度，为进气量作温度补偿。

8. 其他信号检测传感器

（1）光电编码器（photoelectric encoder） 光电编码器是一种通过光电转换将输出轴上的机械几何位移量转换成脉冲或数字量的传感器，是目前应用较多的传感器之一。如图 2-65 所示，光电编码器是由光栅盘和光电检测装置组成的。光栅盘是在一定直径的圆板上等分地开通若干个长方形孔，由旋转光栅和固定光栅组成。旋转光栅与电动机同轴，与电动机同速旋转，发光二极管的光线经过光栅后，光敏元件即可检测输出脉冲信号，通过计算每秒光电编码器输出脉冲的个数，就能得出当前电动机的转速。此外，为判断旋转方向，码盘还可提供相位相差 90° 的两路脉冲信号。

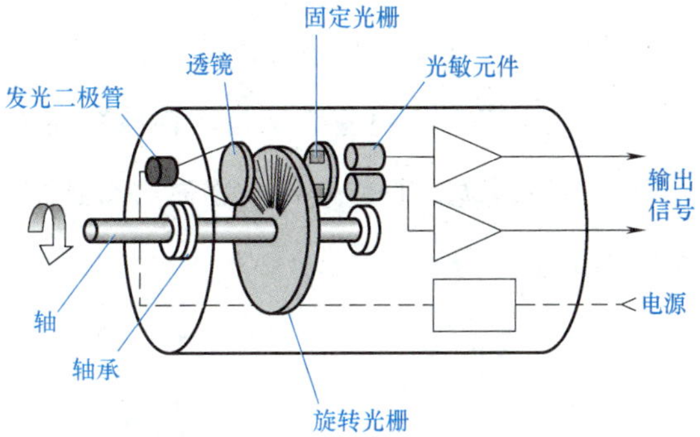

图 2-65　光电编码器的结构原理

原理动画

光电编码器可以对角度、长度、速度、位置等量进行测量。

（2）超声波传感器（ultrasonic sensor）　超声波传感器又称为超声波探头或超声波换能器，如图 2-66 所示。超声波探伤是根据超声波穿透工件后能量变化的状况来检测工件内部质量的。当工件内无缺陷时，接收能量大，仪表指示值大；当工件内有缺陷时，部分能量被反射，接收能量小，仪表指示值小。根据这个变化可把工件内部的缺陷检测出来。

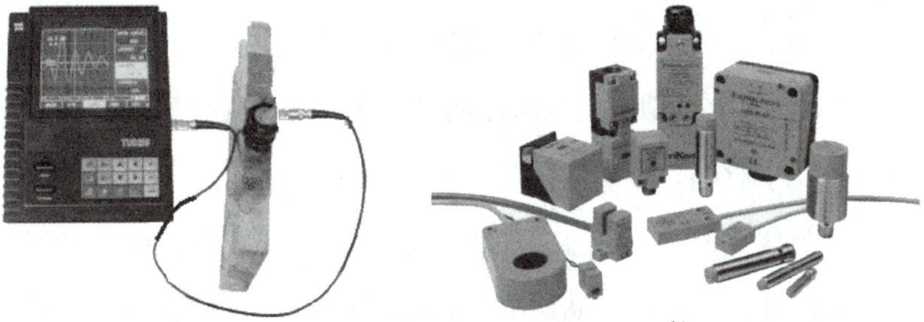

a)　　b)

图 2-66　超声波传感器

a）超声波探伤　b）超声波传感器的实物图

（3）视觉传感器（vision sensor）　最常用的视觉传感器是三维摄像机，它对景物进行扫描，把一幅幅图像信号变成电压信号，再由计算机对这些检测信号进行相应处理，进行图像识别，提取有用信息。

当光线透过摄像管前的透镜后，物体在光导电膜构成的靶上成像，靶上各点的导电性能与该点所受光照强度成比例，因而可以看作在靶上有一幅电子图像，摄像管阴极发出的射线经聚集后射在靶上，然后通过靶和覆盖于靶前的透明导电膜、限流电阻，与电源阳极闭合，从而产生与该聚焦点相对应的电流。通过摄像管偏转扫描系统，对靶逐点扫描，取出各点变化电流，就得到该画面的时间序列图像信号。若采用光电二极管构成阵列，外来光线通过透镜照在该阵列上，形成一幅图像，每一只光电二极管即为一个像素，只要按顺序逐点取出各个光电二极管的信号，也能得到该图像的时间序列信号。

在图2-67中，一条传送带上布置两个摄像头来自动检测容器上的标签，确定未贴标签容器的位置，并将此信息送给控制系统，对传送带上物体进行跟踪，将其从传送带上抓起、分流，并送往预定去处重新贴标签。

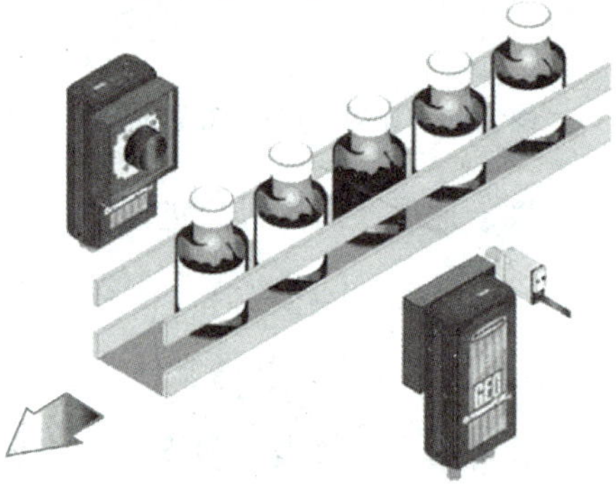

图2-67 视觉传感器在自动贴标生产线上的应用

（4）听觉传感器（auditory sensor） 机器人用来感知和辨别在气体、液体或固体中传递的声波所使用的传感器，称为听觉传感器。最常见的听觉传感器是电容式声波传感器（即传声器）。如果要使传感器具有类似于人的听觉的识别声音的功能，则其必须具有声音的波形分析、声音分解、声信号存储、声模型存储、声信号识别等功能；若还希望将经过传感器检测处理的信号输出，则需要添加声音合成等功能模块。为实现该功能，需要预先将该讲话者的发音，按特征值记录于模型记录存储器中，随后就可以按具体参数来确定输入的声音。

（5）滑觉传感器（slip tactile sensor） 机器人在用手抓住物体时，被抓物体由于自重，将在重力作用方向或沿作用于物体的外力方向上产生滑动，对于这种滑动的感觉称为滑觉。通过对滑动量的检测，来决定最佳握力的应用值，以便在不损伤物体的前提下，牢牢地把它抓住。目前使用较为普遍的滑觉传感器主要有光学脉冲式、电磁振动式、机械滚轮式、全方位式等。

图2-68所示为电磁振动式滑觉传感器的结构简图及应用，它的测量端用一个直径为0.5cm的钢球接触被抓物体表面。若被抓物产生滑动，则会引起测量端部产生振动，振动通过连杆传向振动子，振动子振动产生磁通变化，因而在线圈中感应出交流输出信号。它有不

受滑动方向限制的特点，对有限区域的滑觉检测是很有效的，但由于是点接触，钢球必须对准被测握力面。

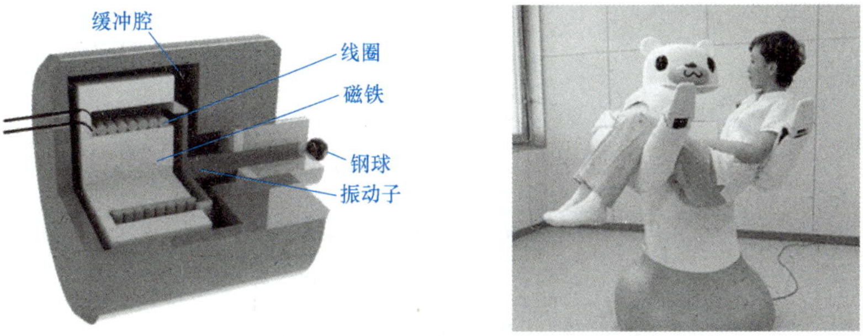

图 2-68　电磁振动式滑觉传感器的结构简图及应用

2.3.3　数据采集与处理

传感器可以把工作装置中的被控量作为电信号分辨检测出来，那么这些电信号是何种形式的？是否能够满足系统需求？传送到什么地方？这些工作就是数据采集与处理。如图 2-69 所示，数据采集与处理一般要经过以下几个阶段：数据采集、信号放大、信号转换、数据传输等。

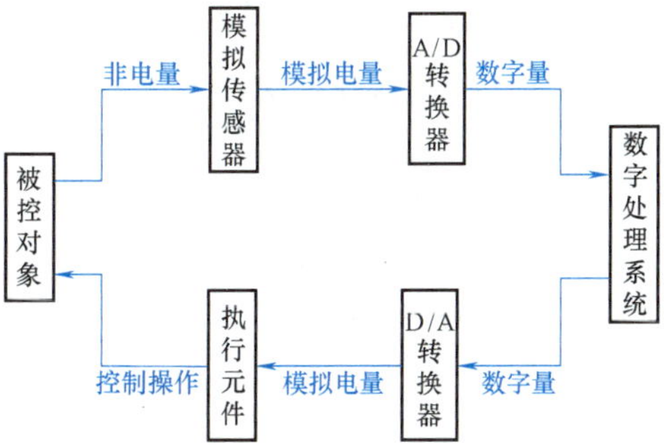

图 2-69　数据采集与处理过程

1. 数据采集

数据采集（data acquisition）是指利用传感器从系统外部的被测单元中获取一定的信息（如物理量、化学量等），转换为有效电信号并输入到系统内部的过程。例如，摄像头、传声器等传感器都是数据采集工具。

数据采集技术广泛应用在各个领域，它是计算机与外部物理世界连接的桥梁。通过模块化硬件、应用软件和计算机的结合，可达到测量各种物理现象的目的。传感器采集的数据不一定能够满足系统需要，因此要按照需要进行必要的形式转换、放大、运算、传输等工作，这就是数据处理。

惠斯通电桥（wheatstone bridge）是传感器电路中最为普及的基本电路，它可以把电阻、电感、电容等元件参数转换成电压或电流，而且电路简单、精度高。

图 2-70 所示为直流电桥的原理图，R_1、R_2、R_3、R_4 是电桥的桥臂电阻，R_L 是被测电阻，U_i 是电源。当 R_L 趋于无穷大时，电桥的输出电压 U_o 为

$$U_o = U_i\left(\frac{R_3}{R_1+R_3} - \frac{R_4}{R_2+R_4}\right) \tag{2-8}$$

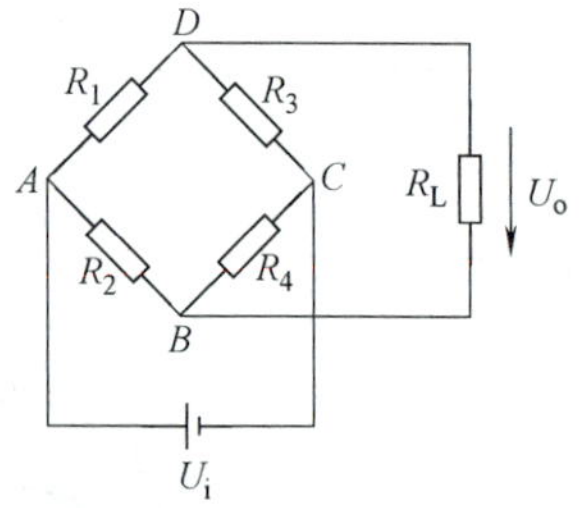

图 2-70　直流电桥的原理图

电桥平衡时，U_o=0，据式（2-8）可以得到电桥平衡的条件，即

$$R_1R_4=R_2R_3 \tag{2-9}$$

当电桥不平衡时，形成惠斯通电桥。例如 R_1 为传感器，其余电阻都为固定值，传感器工作时其阻值变化为 ΔR_1，此时电桥输出电压为

$$U_o = U_i\left(\frac{R_1+\Delta R_1}{R_1+\Delta R_1+R_2} - \frac{R_3}{R_3+R_4}\right) \tag{2-10}$$

当 $R_1=R_2=R_3=R_4=R_0$，且 $R_0 >> \Delta R_1$ 时，电桥的理想输出为

$$U_o = \frac{\Delta R_1}{4R_0}U_i \tag{2-11}$$

可见，惠斯通电桥的理想输出与工作桥臂电阻的变化率为近似的正比关系。所以，在输入电压 U_i 及固定桥臂电阻 $R_1=R_2=R_3=R_4=R_0$ 已知的情况下，测定出输出电压 U_o，就可以获得单桥臂电阻的变化值 ΔR_1，由此便采集到了被测量的电压信号。

根据此原理，还可以设计出开尔文电桥电路、全桥电路。

2. 信号放大

传感器的输出信号一般比较微弱，在多数情况下都需要进行放大处理，信号放大（signal amplifier）依靠放大电路来实现。检测单元中的放大电路，除特殊情况外，一般都由运算放大器构成。

运算放大器（operational amplifier）简称“运放”，是可以对电信号进行运算，具有很高放大倍数的电路单元。在实际电路中，通常结合反馈网络共同组成某种功能模块。

反相运算放大器原理图如图 2-71 所示，它有一个输入端和一个输出端。当电压 u_i 加在输入端和公共端之间，且其实际方向高于公共端时，则输出电压 u_o 的实际方向自公共端指向输出端，即两者的方向正好相反。这里的公共端是电压为零的点，它相当于电路中的参考结点。输入电压和输出电压的关系为

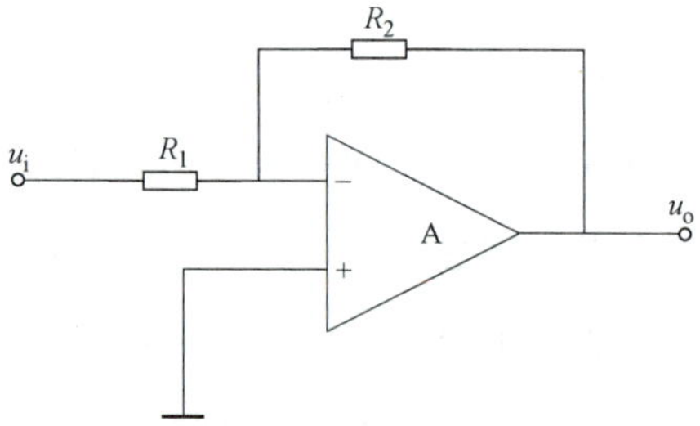

图 2-71　反相运算放大器原理图

$$u_o = -\frac{R_2}{R_1}u_i \tag{2-12}$$

3. 信号转换（signal conversion）

传感器采集输出的信号通常为连续变化的量，因此首先要将这些模拟量转换为数字量，或者将数字量转换为模拟量，然后才可以在机电一体化系统中进行传输、运算、处理、显示等。

将模拟信号转换为数字信号的过程称为模 - 数转换，即 A-D 转换，把实现 A-D 转换的电路称为 A-D 转换器（analog to digital converter，ADC）。将数字信号转换为模拟信号的过程称为数 - 模转换，即 D-A 转换，把实现 D-A 转换的电路称为 D-A 转换器（digital to analog converter，DAC）。

由于模拟量在时间上是连续的，而数字量在时间上是离散的，所以转换时要在时间上对模拟信号进行离散化，还要在数值上进行离散化，一般步骤为：采样、保持、量化、编码。

采样（sampling）是将时间域或空间域的连续量转化成离散量的过程，一般根据采样定理确定采样频率。量化（quantization）是将采样电压转化为数字量最小数量单位 Δ 的整数倍的过程。编码（encoding）是将量化结果用代码表示出来。量化误差是由于模拟量不一定能被 Δ 整除所忽略的部分。

例如：要将 0~1V 的正弦模拟电压转换为 3 位二进制编码。首先对其进行采样处理，如图 2-72 所示。对于正弦模拟信号 $U_i(t)$，在控制信号的作用下，每隔一定时间（$T_s-\tau$）采样一次，持续时间为 τ，获得的采样信号为 $U_o(t)$，如图 2-72b 所示。取电压的最小量化单位为 Δ=1/8V，0~1/8V 的电压以 0×Δ 表示，依此类推，将所有采样信号分成 8 个部分，编码结果如图 2-72c 所示。可见量化误差最大为 1/8V。

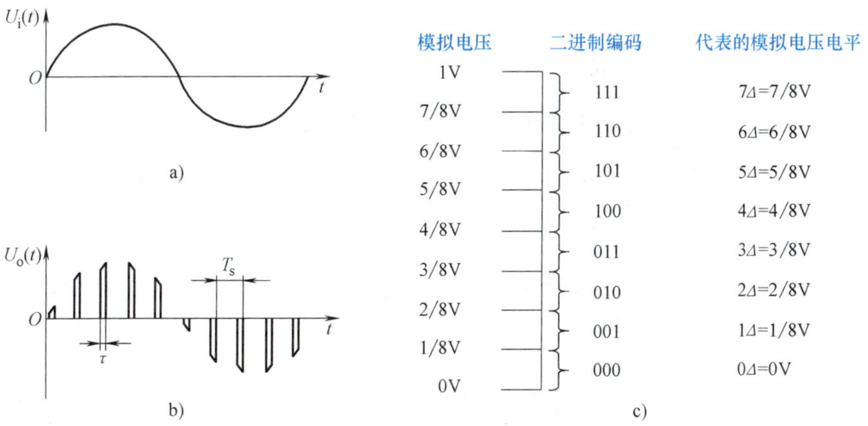

图 2-72　A-D 转换的过程原理

a）模拟信号　b）采样信号　c）量化与编码

4. 数据传输

检测单元数据传输（data transmission）的任务是将被测模拟量，如位移、压力、流量、温度等非电量，经过传感器、放大器、A-D 转换器后输入给微机，主要应用接口技术实现，如图 2-73 所示。

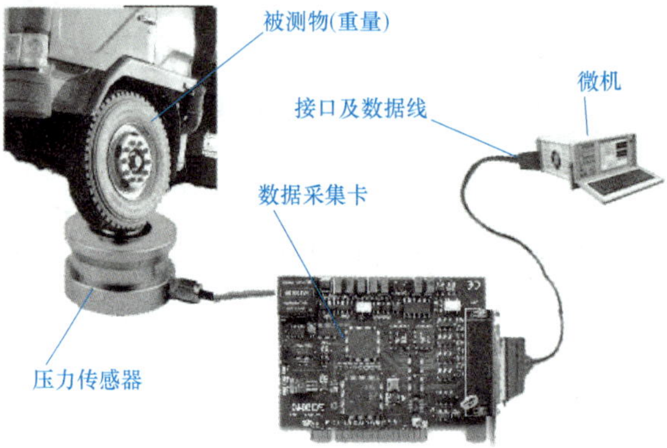

图 2-73　数据传输过程示意图

2.3.4　虚拟仪器

随着微电子技术、计算机技术、软件技术、网络技术的高度发展及其在电子测量技术与仪器中的应用，新的测试理论、测试方法、测试领域和仪器结构不断涌现，在许多方面已经突破了传统仪器的概念，测量仪器的功能和作用也发生了质的变化。在这种背景下，美国国家仪器公司（national instruments，NI）在 20 世纪 80 年代最早提出了虚拟仪器（virtual instrument，VI）的概念。

虚拟仪器就是在通用计算机平台上，根据用户需求自行定义、设计仪器的测试功能，让使用者在操作这台计算机时，就像是在操作一台自己设计的测试仪器一样。这打破了传统仪器由厂家定义、用户无法改变的工作模式，用户可以根据自己的需求，设计自己的仪器系统，在测试系统和仪器设计中尽量用软件代替硬件，充分利用计算机技术来实现并扩展传统测试仪器的功能。简言之，“软件就是仪器”。

不论是何种测试仪器，其组成都可以概括为信号采集与控制单元、信号分析与处理单元、结果表达与输出单元三部分。

虚拟仪器主要完成三种功能：第一，利用计算机显示器模拟传统仪器的控制面板，以多种形式输出检测结果；第二，利用计算机软件实现信号数据的运算、分析、处理；第三，利用 I/O 接口完成信号的数据采集（data acquisition，DAQ）、测量、调理，如图 2-74 所示。

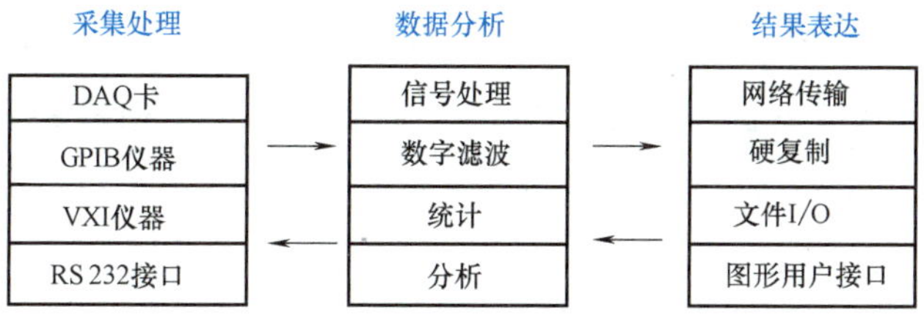

图 2-74　虚拟仪器的内部功能划分

1. 虚拟仪器的组成

虚拟仪器由硬件平台和应用软件两部分组成。

（1）虚拟仪器的硬件平台　虚拟仪器的硬件平台包括计算机硬件和测控功能硬件两部分。计算机硬件平台可以是各种类型的计算机，如台式计算机、便携式计算机、工作站、嵌入式计算机等，它管理着虚拟仪器的硬件资源。测控功能硬件主要完成被测输入信号的采集、放大、A-D 转换等功能。不同的总线对应不同的 I/O 接口硬件设备，如 PC 总线的数据采集卡、GPIB（general purpose interface bus）仪器、VXI（VME bus extensions for instrumentation，VME 总线对仪器的扩展）总线仪器模块、串口总线仪器等。

下面以 PC-DAQ 型虚拟仪器的硬件平台为例进行介绍。如图 2-75 所示，这种系统除了计算机外，测控功能硬件主要包括传感器、信号调理电路、数据采集卡等。通过传感器检测被测量信号，根据需要对信号进行调理，A-D 转换后，经 I/O 接口送入数据采集卡，而数据采集卡插在计算机的 PCI 插槽中。这样，通过数据采集卡就将计算机与外部测控硬件连接起来，采集到的模拟或数字信号便于计算机进行分析、处理、显示等。

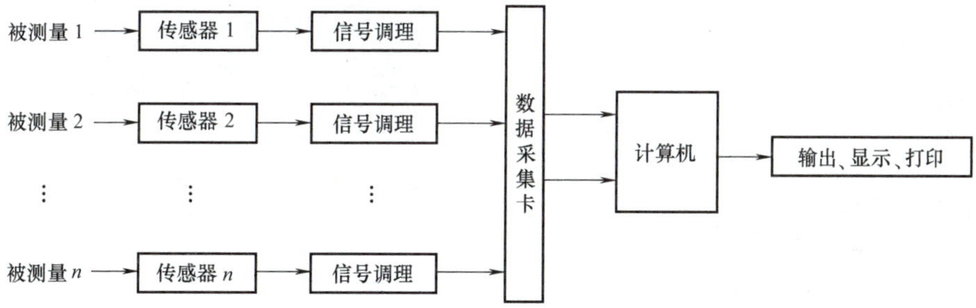

图 2-75　PC-DAQ 型虚拟仪器的基本结构框图

（2）虚拟仪器的应用软件　给定计算机运算能力和必要的仪器硬件之后，构造和使用虚拟仪器的关键在于应用软件。虚拟仪器的应用软件由两部分组成，即应用程序和 I/O 接口驱动程序。虚拟仪器的应用软件需要完成三个任务：提供一个集成开发环境，提供一个与仪器硬件的高级接口，提供一个与虚拟仪器用户的接口（即友好的软件界面）。

集成开发环境由应用软件完成，由虚拟仪器软件开发工具实现，主要有两类软件：文本式编程语言类，如 Visual C++、Visual Basic、Labwindows/CVI 等；图形化编程语言类，如 LabVIEW、HPVEE 等。I/O 接口的驱动程序主要完成特定外部硬件设备的扩展、驱动与通信。

2. LabVIEW 虚拟仪器系统开发环境简介

LabVIEW 提供了一种程序开发环境，使用图形化编程语言，有一个可完成多种任务的庞大函数库。LabVIEW 的函数库中包括数据采集、GPIB、串口控制、数据分析、数据显示、数据存储等多种功能函数，还有传统的程序调试工具，如设置断点、以动画方式显示数据及其程序的结果、单步执行等。虚拟仪器使得用户在计算机屏幕上用鼠标和键盘就可设置参数、观察波形，取代以往的在传统仪器面板上调节旋钮、观察曲线等操作，更为快捷方便。它主要由前面板（front panel）、框图程序（block diagram）、图标和连接器（icon and connector）三部分组成。

（1）前面板　前面板是虚拟仪器的交互式用户界面，外观和功能都类似于传统仪器面板，用户的输入数据通过前面板传递给框图，计算和分析结果也在前面板上以数字、图形、表格等各种不同方式显示出来。虚拟仪器的前面板如图 2-76 所示。

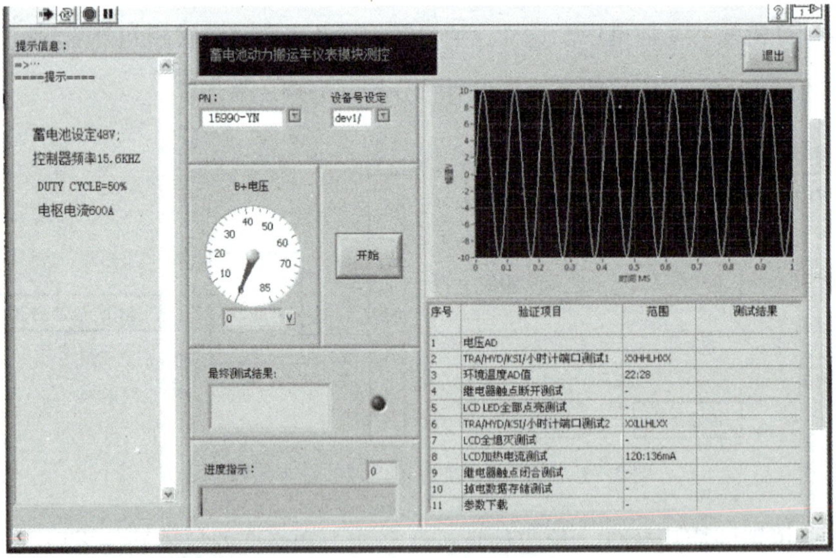

图 2-76　虚拟仪器的前面板

（2）框图程序　LabVIEW 用框图代替了传统的程序代码，源代码不是文本而是框图，编程的过程即是使用图形符号表达程序行为的过程。虚拟仪器的程序框图如图 2-77 所示。

LabVIEW 的框图中使用了丰富的设备和模块图标，这些图标与科学家、工程师们习惯的大部分图标基本一致，这使得编程过程和思维过程非常相似。多样化的图标和丰富的色彩也给用户带来不一样的体验和乐趣。

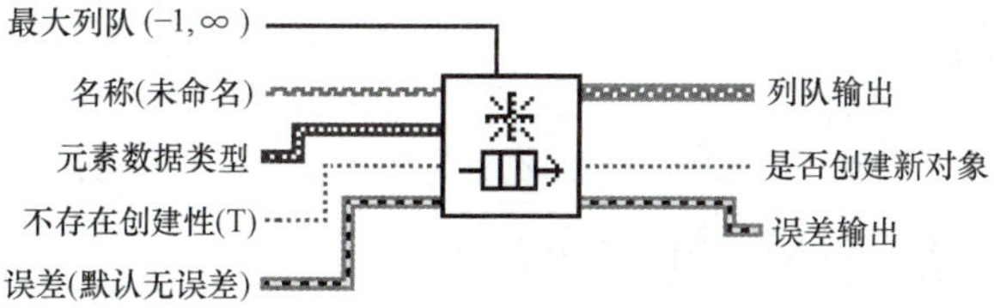

图 2-77　虚拟仪器的程序框图

（3）图标和连接器　图标是虚拟仪器的图形符号，连接器则用来定义输入和输出，每一个虚拟仪器都有图标和连接器。用户要做的工作就是恰当地设置参数，并连接各个子虚拟仪器。编程的一般步骤是使用鼠标选取合适的模块、连线和设置参数的过程，与烦琐枯燥的文本编程相比更为简单、生动和直观。图 2-78 所示为虚拟仪器的图标和连接器以及编程过程。

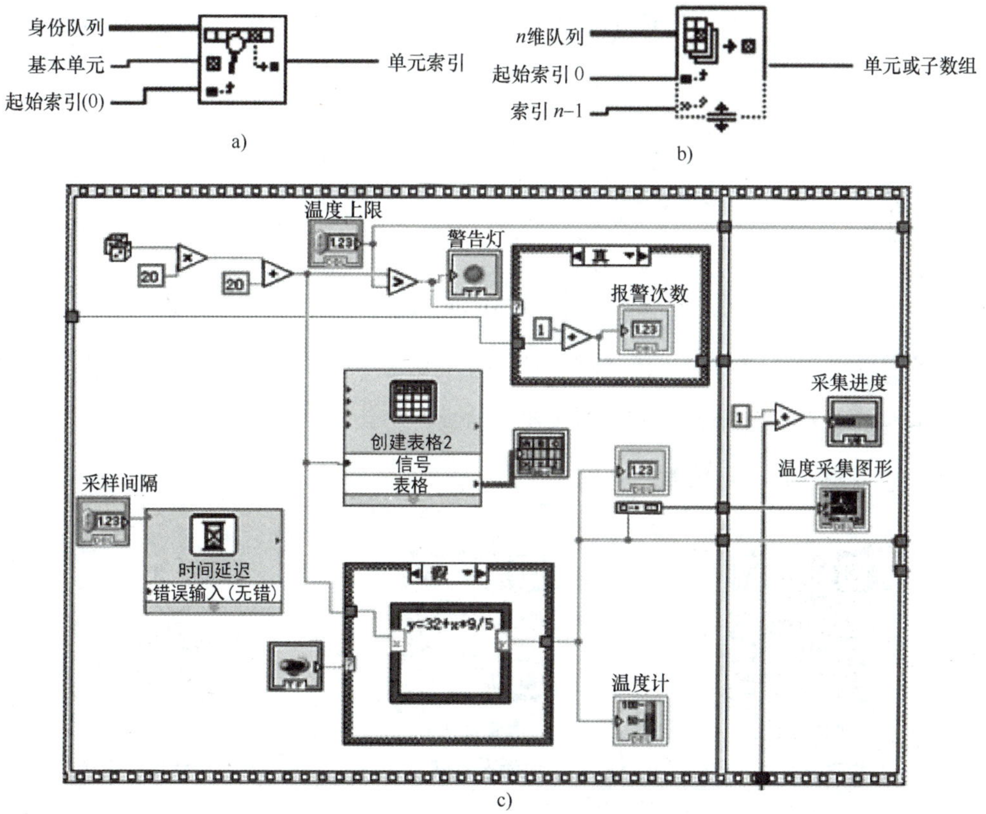

图 2-78　虚拟仪器的图标和连接器以及编程过程

a）图标　b）连接器　c）通过连线进行编程

如果将虚拟仪器与传统仪器进行类比，前面板就像是仪器的操作和显示面板，提供各种参数的设置和数据的显示；框图就像是仪器内部的印制电路板，是仪器的核心部分；而图标和连接器可以比作电路板上的电子元器件和集成电路，保证了仪器正常的逻辑和运算功能。

3. 虚拟仪器的应用

虚拟仪器技术在电子测量、电力工程、物矿勘探、医疗、振动分析、声学分析、故障诊断及教学科研等诸多领域中都有极为广泛的应用。

在电子和通信工程中，虚拟仪器可用于电子测量和信号分析；在自动化检测领域内，虚拟仪器可用于数据采集和控制；在航空航天学科里，虚拟仪器可用于监测和分析火箭或卫星传递来的复杂数据，如美国航天航空局（NASA）用其进行火星探险；在基础学科的研究中，虚拟仪器可用于设计实验系统，如用于生化领域中监测薄膜分子的相互作用，以及医学领域中研究嗅觉和视觉。

扫描右侧二维码完成 2.3 节测试题。

2.3 节测试题

思政拓展：外骨骼机器人的设计离不开人体运动的精准数据的测量，无人驾驶汽车中使用大量车载传感器感知周围环境信息，乌东德水电站中的“智能通水系统”和“智能喷雾控制系统”都属于典型的检测系统，扫描下方二维码观看相关视频，了解机电一体化系统中的检测单元的功能。

中国创造：外骨骼机器人

中国创造：无人驾驶

中国创造：乌东德水电站

2.4 控制单元

在我国，应用楼宇智能化的建筑不断出现，目前在北京、上海、广州等一线城市的高档住宅中已得到普遍应用。那么楼宇的供水供电系统和防盗防灾报警系统等是如何实现控制的呢？学习本节内容后，答案就能知晓。

2.4.1 控制单元基础

1. 控制单元的作用

控制单元是依据机电一体化系统的控制要求，由一些控制元件组成的，其作用是将输入信号与输出信号之间建立起一定的对应控制关系。

2. 控制单元的分类

控制单元大体有两种分类方法：按自动控制方式分类和按调节规律分类。

（1）按自动控制方式分类　自动控制方式是指在无人直接参与的情况下，利用控制装置使被控对象按照给定规律自动变化的控制方式。自动控制方式可分为以下几种类型：

1）按单元的结构形式可分为开环控制和闭环控制。例如：交通警察根据路口车流量大小改变红绿灯交替时间、公共汽车车门根据操作指令实现开关动作等为开环控制；汽车倒车雷达实时检测车尾与障碍物的距离并将此信号反馈给驾驶人来控制倒车操作等为闭环控制。

2）按给定值的变化形式可分为定值控制、随动控制和程序控制。例如：粮仓内的恒温控制、居民楼的恒压供水等为定值控制；雷达天线的瞄准跟踪控制、高档轿车的随动转向大灯等为随动控制；全自动洗衣机的洗衣流程控制、机器人动作控制等为程序控制。

3）按系统构建的数学模型可分为线性控制和非线性控制。例如：巡航导弹高度控制、机械手运动控制等为线性控制；环境污水处理控制等为非线性控制。

（2）按调节规律分类　调节规律可分为 PID 控制、前馈控制、最优控制、自适应控制、自学习控制等。例如：电动机转速控制、烟草生产线控制等为 PID 控制；工业锅炉除氧器压力控制、复卷机调速控制等为前馈控制；输油管道最优控制、并联混合动力电动汽车最优控制等为最优控制；巡航导弹安全性控制、船舶的自动驾驶控制等自适应控制。控制单元的分类如图 2-79 所示。

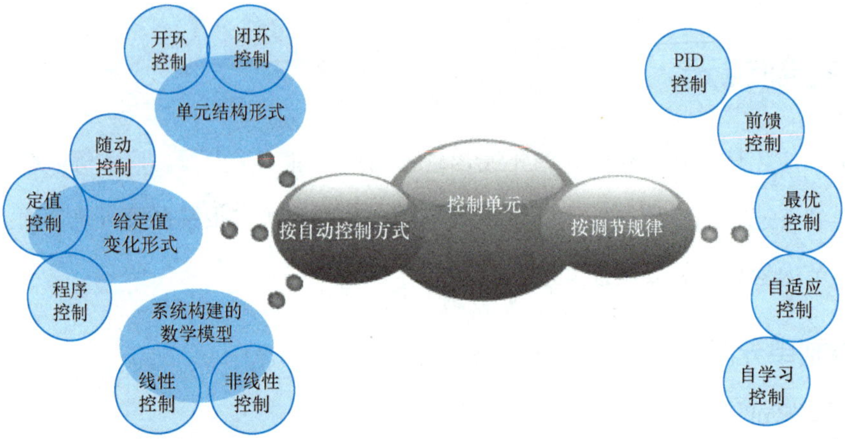

图 2-79 控制单元的分类

3. 控制单元的基本性能要求

（1）稳定性 稳定性是指系统抗干扰能力的强弱。当系统受到外界干扰时，其输出量偏离原值，旧的稳态被破坏，在新的条件下输出量经调节近似趋于原值，系统又达到新的稳态。这是控制单元最基本的性能要求。

（2）快速性 快速性是指系统动态过程的时间，即系统响应速度的快慢程度。一般希望控制单元的动态过程时间越短越好，动态过程形式越平稳越好。

（3）准确性 准确性是利用系统动态过程结束进入稳态时，被控量实际值与期望值之间的差值大小来衡量的。一般希望控制单元的稳态误差越小越好。

实际上，控制单元的稳定性、快速性和准确性是相互制约、相互影响的，当过分强调某一性能时，其他性能就会受到牵制。例如，若要求其稳定性很高时，则响应速度就会变慢，快速性变差，而且稳态误差变大，准确性降低。

4. 控制单元的组成

控制单元是由什么元件组成的呢？首先来看一个例子。图 2-80 所示为“穿针引线”的控制过程。针和线是输入信号，针孔和线的相对位置是输出信号。通过人的眼睛检测针孔和线的实际位置，将信息反馈给大脑进行处理，大脑发出指令传递给肌肉，肌肉带动手动作，来调节针孔和线的相对位置。在这个控制过程中，人的大脑就是控制单元。

控制单元相当于人的大脑，用来处理各种信号并发出控制指令。它是将检测单元的输出信号与系统输入给定信号进行比较，得到偏差信号，再将偏差信号进行一定的运算处理，输出结果送至执行单元。常用的控制器有单片机、PLC、DSP、工控机、现场总线等，如图 2-81 所示。2.4.2 小节将对以上控制器进行详细介绍。

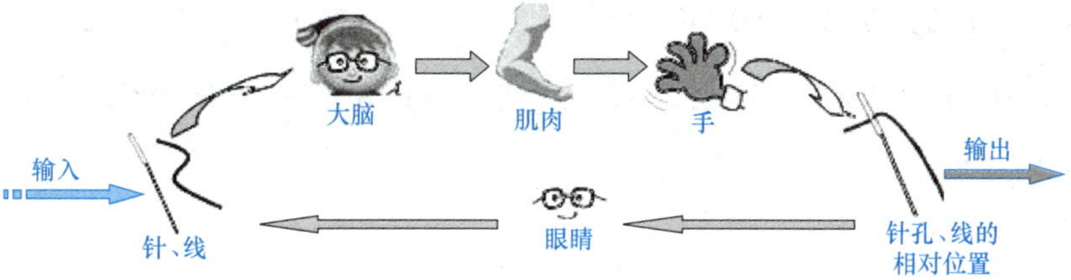

图 2-80　“穿针引线”的控制过程

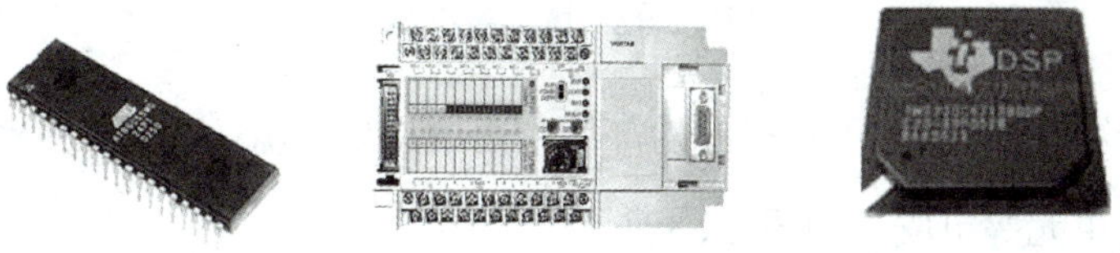

a)　　　　b)　　　　c)

图 2-81　常用控制器

a）单片机　b）PLC　c）DSP

5. 控制单元的发展历程和方向

控制单元先后经历了以下几个发展阶段：

1）20 世纪 40~50 年代形成了经典控制理论，适用于单输入单输出系统，主要类型有线性控制理论、采样控制理论等。

2）20 世纪 60~70 年代形成了现代控制理论，适用于多输入多输出系统，主要类型有最优控制理论、随机控制理论、适应控制理论等。

3）20 世纪 80 年代形成了智能控制理论，适用于传统控制理论难以解决的复杂控制系统，如航空航天控制系统、机器人控制系统等，主要类型有模糊控制、神经网络控制、专家控制等。

随着计算机技术和网络技术的迅猛发展，不但需要各种控制单元更趋于成熟和完善，而且还要求控制单元之间能进行通信和远程控制，这就给控制单元提出了挑战。因此，提升控制单元的通信能力，增强其稳定性，提高其可靠性是控制单元今后的发展目标与方向。

2.4.2　常用控制器

1. 单片机

将微处理器、存储器、I/O 接口电路集成在一片电路芯片上，就构成了单芯片微型计算机，简称单片机（single chip microcomputer，SCM），如图 2-82 所示。当前常用的单片机产品有 Intel 公司的 80C31、80C32、80C51、80C52、87C51、87C52 等，ATMEL 公司的 AT89C51、AT89C52、AT89C2051 等，STC 公司的 STC89C51、STC89C52、STC89C54 等，ST 公司的 STM32 等。

图 2-82　单片机产品

（1）单片机的基本结构　单片机的内部结构由中央处理器（CPU）、存储器、时钟电路、I/O 口和基本功能单元等组成，如图 2-83 所示。

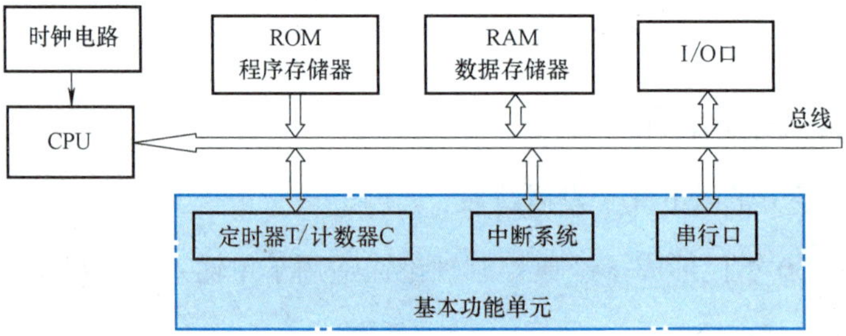

图 2-83　单片机的基本结构

（2）单片机的引脚封装　单片机的引脚封装形式有两种：双列直插（DIP）式封装和方形封装。如图 2-84 所示，AT89C51 的双列直插式封装有 40 个引脚，与其他 51 系列单片机的引脚是兼容的。这 40 个引脚可分为 I/O 端口线、电源线、控制线、外接晶体线四部分。

I/O 端口分为 P0 口、P1 口、P2 口和 P3 口，其简介如下。

P0 口有 P0.0~P0.7 八条端口线，是一个三态双向 I/O 口。它有两种使用功能：一种是作通用 I/O 口；另一种是当系统外扩存储器时，作系统扩展的地址 / 数据总线口。

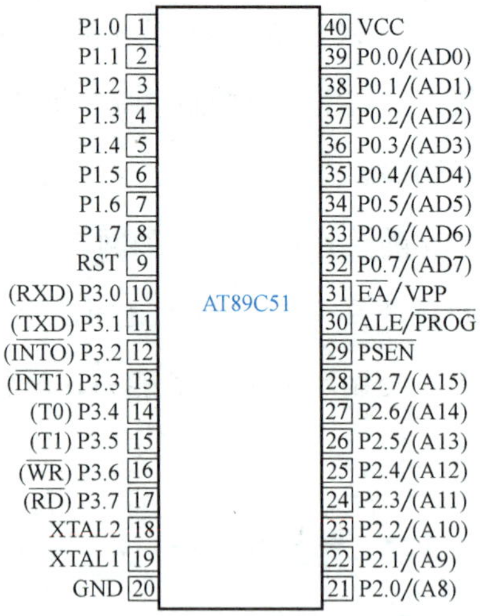

图 2-84　AT89C51 的双列直插式封装

P1 口有 P1.0~P1.7 八条端口线，是一个准双向口，只作通用 I/O 口。

P2 口有 P2.0~P2.7 八条端口线，也是一个准双向口。它有两种使用功能：一种是当系统不扩展外部存储器时，作通用 I/O 口；另一种是当系统外扩存储器时，作系统扩展的地址总线口。

P3 口有 P3.0~P3.7 八条端口线，是一个多用途的准双向口。它有两种使用功能：一种是作通用 I/O 口；另一种是作控制和特殊功能口，此时八条端口线所定义的功能各不相同。

（3）单片机的特点　单片机的特点有：性价比高；系统结构简单，使用方便；芯片集成度高，可实现模块化；可靠性高，可达到 10^6h 无故障；体积小、价格低，应用灵活。

（4）单片机的应用领域　目前单片机凭借突出的特点，在生产、生活中得到了广泛应用。在仪器仪表领域，如高精度数控恒流源、电能收集充电器等设备；在医用设备领域，如呼吸机、监护仪等设备；在军事领域，如导弹导航装置、航天测控系统等系统；在通信领域，如无线对讲机、手机等设备；在交通运输领域，如汽车 GPS 导航、ABS（防抱死制动系统）等；在家用电器领域，如空调、婴儿看护器、感应水龙头等设备；在工业生产领域，如电流、电压、温度、湿度等参数采集与处理系统，数控机床、工业机器人等系统。

（5）单片机的编程语言　单片机常用的编程语言有 4 种：汇编语言、C 语言、PL/M 和 BASIC 语言。汇编语言是借用助记符来表示的机器语言，占用存储空间少，程序执行效率高，但不易移植。单片机 C 语言具有移植性好、兼容性好的特点，同一程序可在多种单片机上执行，且开发周期短，已成为程序设计的主流语言。

（6）单片机的接口　单片机应用系统常需要连接键盘、显示器、打印机、A/D 和 D/A 转换器等外部设备（简称“外设”），所以单片机与外设的接口设计非常重要。

常用的显示器有 LED（发光二极管）、数码管、LCD（液晶显示屏）等。LED 显示器的工作方式有两种：静态显示方式和动态显示方式。动态显示的特点是将所有位数码管的段选线（a、b、c、d、e、f、g）并联在一起，由 P0 口控制；C0、C1、C2、C3 位选线由 P2 口控制，来决定哪一位数码管有效。图 2-85 所示为 4 位数码管构成的 LED 屏动态显示电路。

在控制系统中，存在连续变化的模拟量，如温度、速度、电压、电流、压力等，而计算机只能处理数字量，这就需要将模拟量转换成数字量或者数字量转换成模拟量，即出现了单片机的 D/A 和 A/D 转换接口。

典型的 D/A 转换器芯片 DAC0832，是一个 8 位、有 20 个引脚、双列直插式封装的芯片。如果只有一路模拟量输出，或虽有几路模拟量但并不要求同步输出时，可采用图 2-86 所示的连接方式。

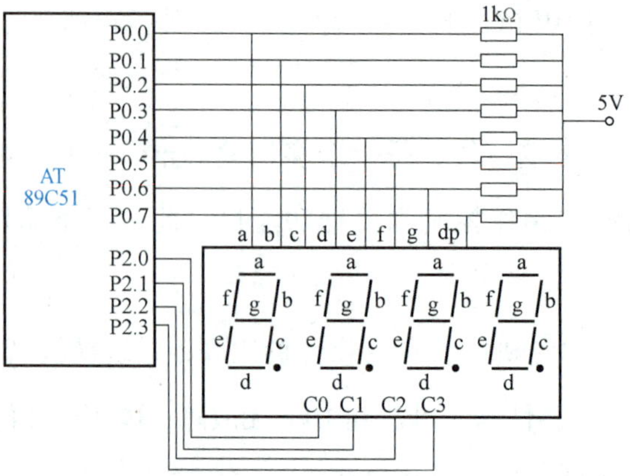

图 2-85 4 位数码管构成的 LED 屏动态显示电路

典型的 A/D 转换器芯片 ADC0809，是一个采用 8 位 8 通道逐次逼近式、28 个引脚双列直插式封装的芯片。若多片 ADC0809 与单片机连接，可采用图 2-87 所示的连接方式。

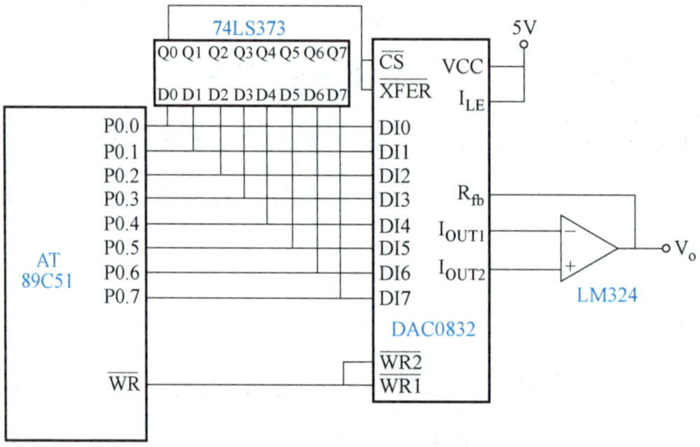

图 2-86 AT89C51 与 DAC0832 的连接方式

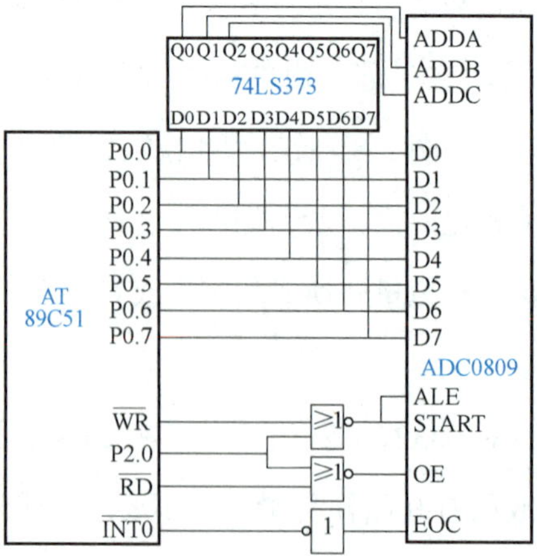

图 2-87 AT89C51 与 ADC0809 的连接方式

（7）单片机的应用实例　这里以仓储多点温度采集系统为例进行介绍。系统以 AT89C51 微处理器为控制核心，通过 3 个温度传感器监测粮仓内不同点处的温度，并借用液晶显示屏实时显示采集到的温度值。若温度检测值超过预设值，则发出声光报警。图 2-88 所示为多点温度采集系统的原理框图。

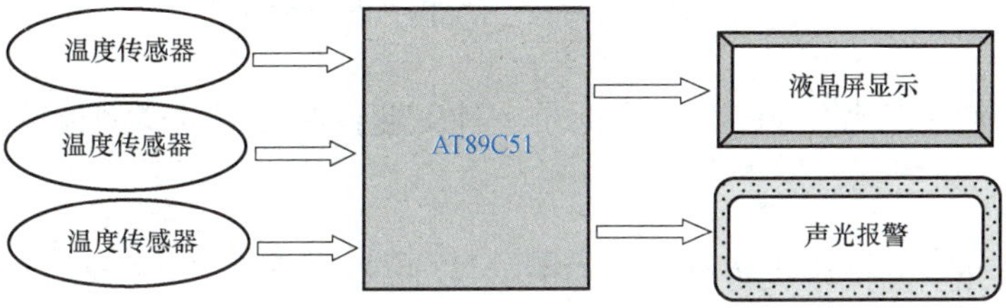

图 2-88　多点温度采集系统的原理框图

图 2-89 所示为多点温度采集系统，由硬件和软件两部分组成。硬件部分包括电源电路、温度采集电路、显示电路和报警电路。软件部分为系统程序。主程序流程图如图 2-90 所示。

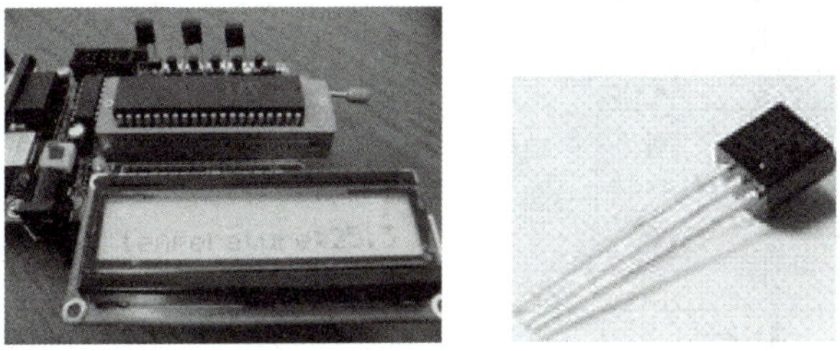

a)　　b)

图 2-89　多点温度采集系统

a）系统实物　b）温度传感器

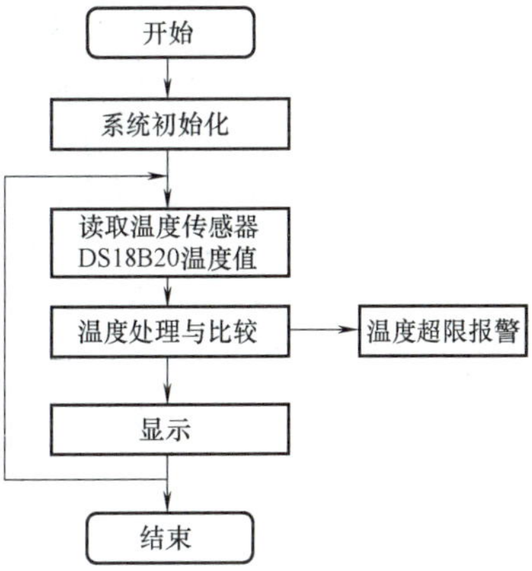

图 2-90　主程序流程图

通常情况下，51 系列单片机都包括哪些种类？

2. PLC

可编程序控制器（programmable logic controller，PLC）是在继电器接触器控制和计算机控制的基础上发展起来的，是以微处理器为控制核心，融合了自动控制技术、半导体集成技术、计算机技术和通信技术等为一体的新型通用的工业自动控制装置。图 2-91 所示为 PLC 产品。

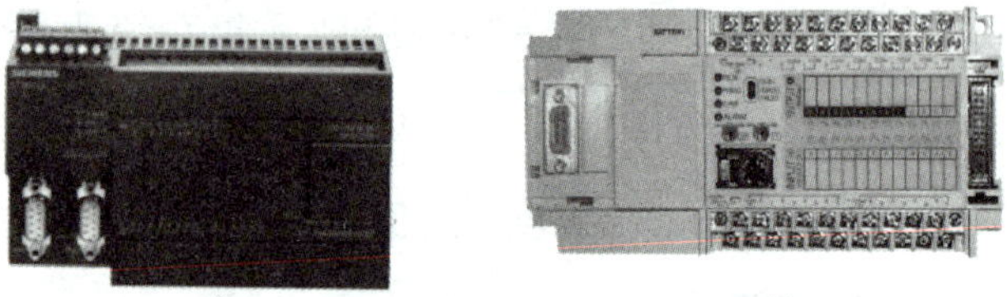

a)　　b)

图 2-91　PLC 产品

a）西门子 S7-200PLC　b）松下 FP1-C24PLC

（1）PLC 基本组成结构　PLC 实质上是一种工业控制专用的微型计算机，由硬件和软件构成。

PLC 硬件部分主要由中央处理器（CPU）、存储器、输入 / 输出接口电路和电源组成，如图 2-92 所示。

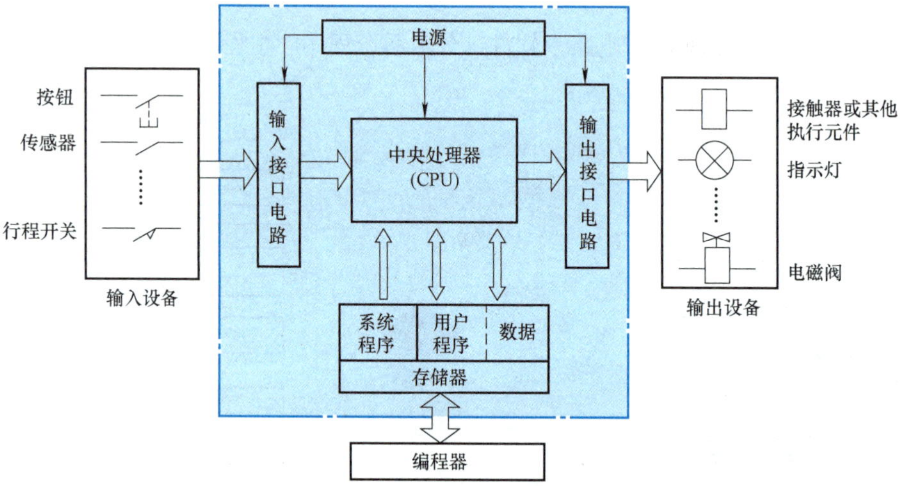

图 2-92　PLC 硬件部分的结构

PLC 软件部分主要指 PLC 程序，包括系统程序和应用程序两部分。系统程序是指系统管理程序、监控程序、用户指令解释程序等，是 PLC 出厂前已固化在里面的，用户不能更改；应用程序也称为用户程序，是用户根据系统控制要求而编制的 PLC 程序。PLC 的标准编程语言有顺序功能图、梯形图、功能块图、指令表和结构文本 5 种。现在应用最多的是梯形图语言，其优点是形象直观、逻辑关系明显。

图 2-93 所示为三相异步电动机的自锁控制梯形图及指令表。X0、X1 为输入继电器，Y0 为输出继电器。

PLC 的编程手段有两种：一种是利用手持编程器进行程序编辑，另一种是利用编程软件在计算机上进行程序编辑。

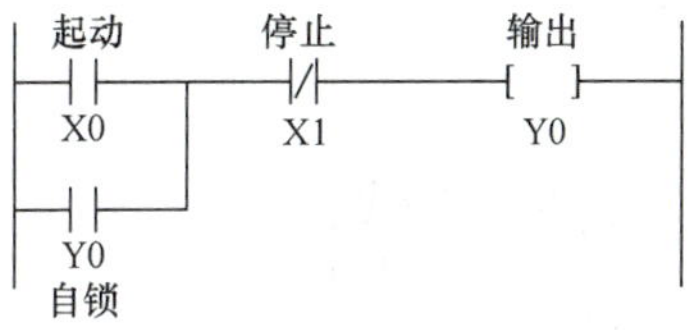

a)

地址	助记符	操作数
0	ST	X0
1	OR	Y0
2	AN/	X1
3	OT	Y0
4	ED	

b)

图 2-93 三相异步电动机的自锁控制梯形图及指令表

a）自锁控制梯形图 b）指令表

（2）PLC 的主要控制功能及特点 PLC 的主要控制功能包括定时 / 计数、数据处理、步进控制、运动控制、过程控制、数 - 模转换、监控、扩展、远程输入 / 输出、通信联网。PLC 的工作特点是可靠性高、可操作性强、设计周期短、体积小、能耗低。

（3）PLC 的工作方式 PLC 采用循环扫描的工作方式，即 PLC 周而复始地执行工作过程，直至切换到停止状态。PLC 的一个工作过程分为四个阶段：内部处理阶段、输入刷新阶段、程序执行阶段和输出刷新阶段。内部处理就是执行系统的内部管理程序，执行时间与用户程序运行时间相比，要短得多。为了理解方便，忽略内部处理阶段，只考虑输入刷新、程序执行、输出刷新三个阶段，所以近似地把完成三个阶段的时间称为一个扫描周期，如图 2-94 所示。

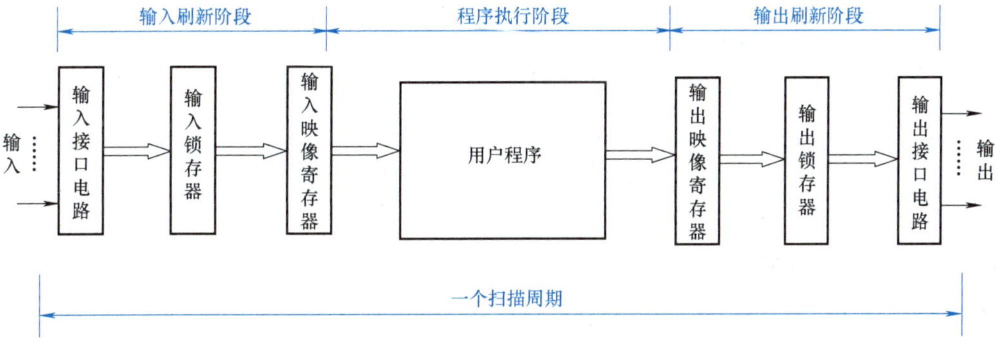

图 2-94 PLC 的工作过程

（4）PLC 的通信与网络 这里以松下 FP1 系列 PLC 为例，介绍 PLC 的通信与网络功能。PLC 的通信方式大体分为三种：

1）FP1 与计算机之间的通信。FP1 经 RS422/RS232C 适配器用编程电缆同计算机进行通信，图 2-95 所示为其接线图。

2）FP1 与 PLC 的通信。通常用一台大型或中型的 PLC 作为主机，来控制多台小型的 PLC，再由这些小型的 PLC 直接控制现场设备。如 FP1 可以通过 I/O 链接单元与大、中型

PLC 进行通信。在图 2-96 中，FP5 或 FP3 是上位机。

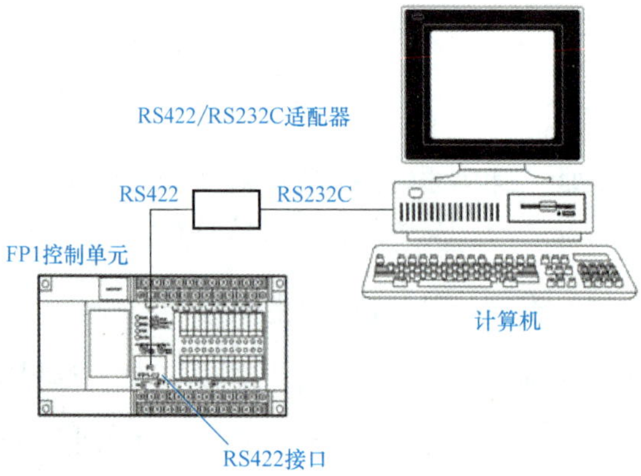

图 2-95　FP1 与计算机之间的 1∶1 通信方式接线图

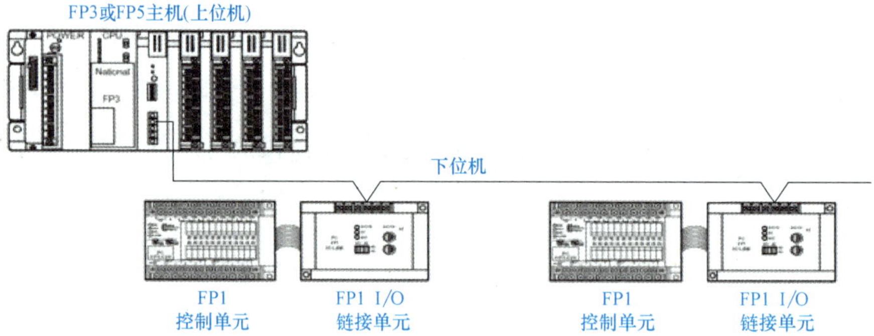

图 2-96　FP1 与 FP3、FP5 通信方式接线图

3）FP1 与外围设备之间的通信。FP1 可以与智能终端、条形码判读器、EPROM 写入器和打印机等配有 RS232 串行通信口的外围设备方便地进行通信。但通信的前提条件是，需预先对其通信方式、通信速率等给予设定，且必须符合松下电工公司专用的通信协议，如图 2-97 所示。

（5）PLC 的应用领域与实例　PLC 的应用领域如图 2-98 所示。

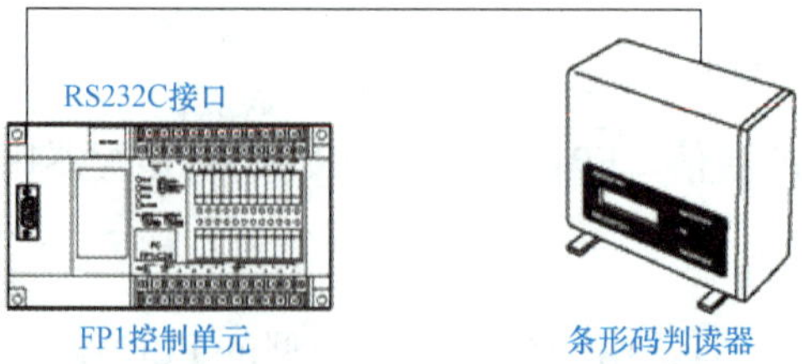

图 2-97　FP1 与条形码判读器连接图

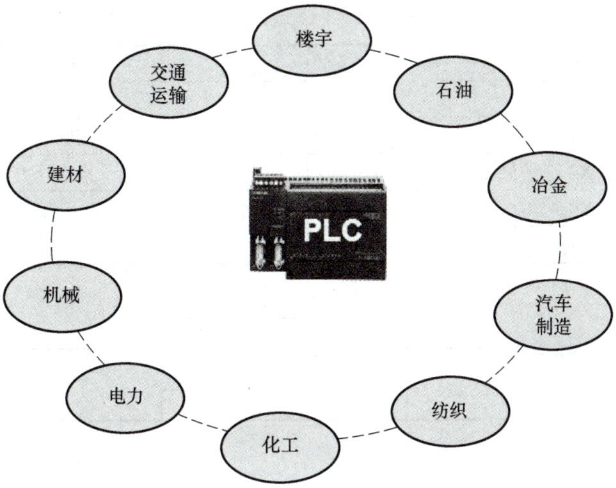

图 2-98 PLC 的应用领域

这里以警报系统（见图 2-99）为例，介绍 PLC 的应用。系统的控制要求如下：

图 2-99 警报系统示意图

过程一：当控制系统发生故障时，能及时报警，即警灯闪烁，警铃响。

过程二：当操作人员发现报警时，按响应开关以示响应。这时，警灯变为常亮，警铃停响。

过程三：故障排除，报警信号撤销，警灯灭。

过程四：按下检查开关，警灯亮，否则警灯坏，应更换。

设计方案：采用 FP1-C14 型 PLC 进行分析。

1）分析控制要求和控制过程。控制系统中警灯的变化过程为警灯闪烁→常亮→灯灭，警铃的变化过程为警铃响→停响。

2）确定输入、输出信号并分配 I/O 点数。I/O 地址分配见表 2-2。

根据输入、输出信号画出控制系统的时序图，如图 2-100 所示。

3）编写梯形图程序。编写程序时根据控制要求，逐项依次编写。

过程一：当控制系统发生故障时，能及时报警，即警灯闪烁，警铃响。

表 2-2　I/O 地址分配

I/O 地址分配	连接的外部设备
X0	报警信号 SB1
X1	响应开关 SB2
X2	检查开关 SB3
Y0	警灯
Y1	警铃

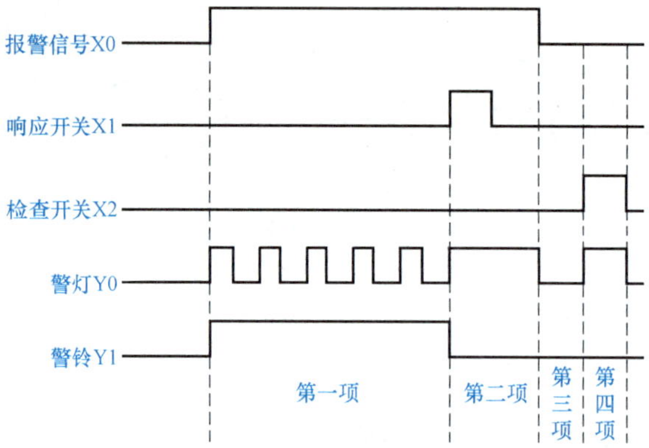

图 2-100　控制系统的时序图

也就是：当 X0 置“1”态时控制系统发生故障，警灯 Y0 闪烁，警铃 Y1 常响。通过内部继电器 R901B 控制 Y0 线圈可实现警灯闪烁，R901B 以 0.2s 为周期重复通 / 断动作；警铃常响就是将 Y1 线圈得电，处于置“1”态。由于 X0 一直处于置“1”态，所以不需要添加自锁环节。此段梯形图如 2-101a 所示。

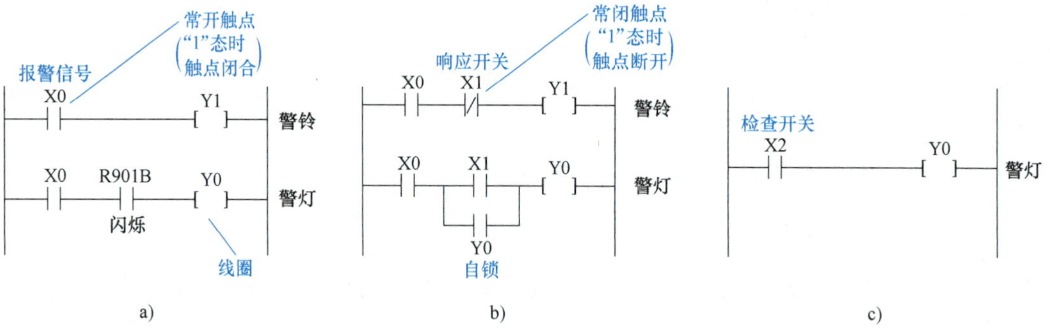

图 2-101　各项控制要求的梯形图程序

过程二：当操作人员发现报警时，按响应开关以示响应。这时，警灯变为常亮警铃停响。

也就是：操作人员按响应开关，就是 X1 为置“1”态，松开响应开关 X1 为置“0”态。警灯由原先的闪烁变为常亮，即 Y0 线圈变为置“1”态，且松开响应开关也一直置“1”态，需要添加自锁环节；警铃停响是 Y1 线圈由原先的“1”态得电，变为“0”态断电。此段梯形图如 2-101b 所示。

过程三：故障排除，报警信号撤销，警灯灭。

也就是：报警信号 X0 由原先的“1”态变为“0”态，此时警灯 Y0 线圈原先的“1”态得电，变为“0”态断电。由图 2-101b 所示，能实现 X0 置“0”态，Y0 线圈断电置“0”态。

过程四：按下检查开关，警灯亮，否则指示灯坏，应更换。

也就是：在故障排除后，按下检查开关 X2，X2 置“1”态，警灯亮，Y0 线圈得电置“1”态；松开检查开关 X2，X2 置“0”态，警灯不亮，Y0 线圈断电置“0”态，不需要自锁环节。此段梯形图如 2-101c 所示。

4）修改、整理、完善程序。将图 2-101a、b、c 所示三个梯形图中的警灯 Y0 程序整理合并，得到图 2-102a 所示的梯形图。但是整理后图 2-102a 中的程序是错误的，因为当 X0 置“1”闭合，根据控制要求 Y0 应该闪烁，但由于 Y0 自锁存在，会使 Y0 线圈一直处于通电状态，将 R901B 触点短路，失去作用，这样第一项控制要求难以实现。所以，借用内部继电器 R0，首先实现响应开关 X1 动作时的 Y0 自锁，此时 R0 代表 X1 和 Y0 自锁，如图 2-102b 所示。将图 2-102a、b 所示警灯程序再次整理完善后如图 2-102c 所示。

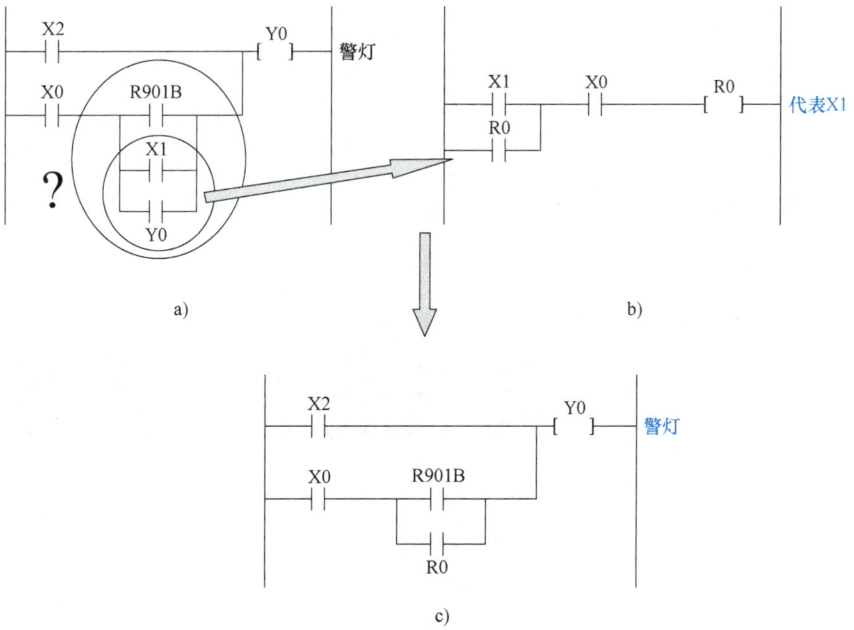

图 2-102　整理后的警灯程序

将图 2-101a、b、c 所示三个梯形图中的警铃 Y1 程序整理合并，得到图 2-103a 所示的梯形图。图中 X1 触点已被 R0 所代替，如图 2-102b 所示。所以警铃程序再次整理完善后如图 2-103b 所示。

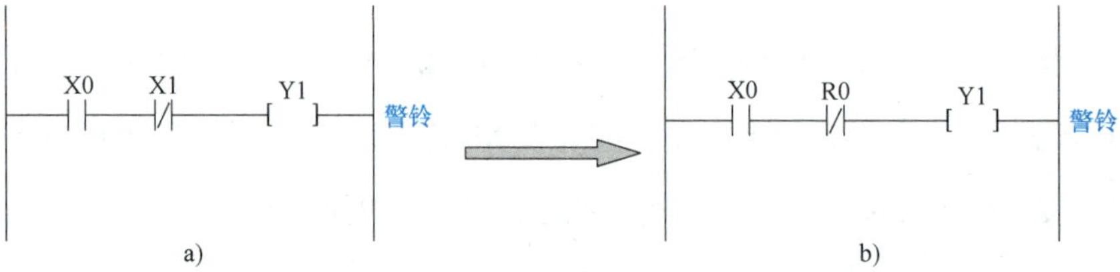

图 2-103　整理后的警铃程序

将图 2-102b、c 和图 2-103b 中的程序遵循一定的编写规则进行整合，就得到了系统的最终控制程序，如图 2-104 所示。

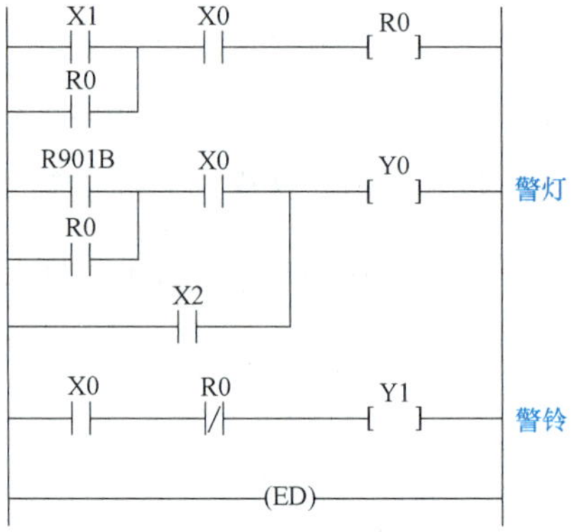

图 2-104　报警系统梯形图

5）PLC 接口。PLC 输入端子接线示意图如图 2-105a 所示，相对应的实物接线图如图 2-105b 所示。PLC 输出端子接线示意图如图 2-106a 所示，相对应的实物接线图如图 2-106b 所示。

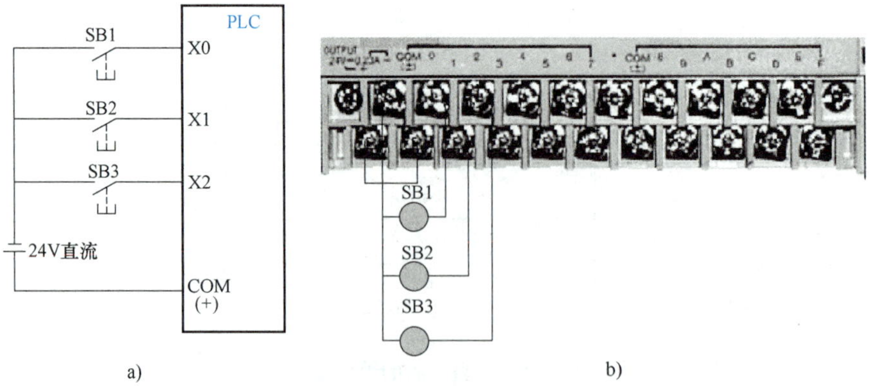

图 2-105　FP1-C14 PLC 输入端子接线图

a）PLC 输入端子接线示意图　b）PLC 输入端子实物接线图

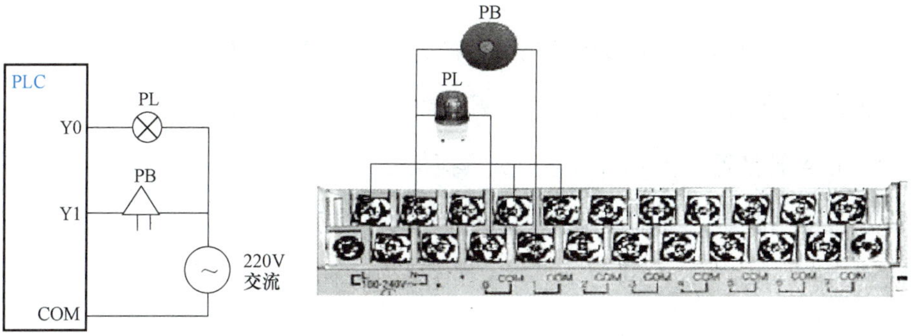

a)　　　　　　　　　　b)

图 2-106　FP1-C14 PLC 输出端子接线图

a）PLC 输出端子接线示意图　b）PLC 输出端子实物接线图

单片机与 PLC 的应用范围有何不同？

3．DSP

数字信号处理器（digital signal processor，DSP）是一种专门用于数字信号处理运算的、具有特殊内部结构的可编程微处理器。

（1）DSP 的特点　在单指令周期内可完成一次乘法和一次加法运算；程序存储器和数据存储器独立编址、独立访问，具有独立的程序总线和数据总线，采用流水操作，使得每条指令的取指令、译码、取数和执行等步骤可以重叠并行执行；片内存储器处理速度快，可以多块存储器并行访问；具有特殊的 DSP 指令，专门为实现数字信号处理的算法设置；具有快速中断处理和 I/O 支持能力；可以大规模集成，可靠性高，处理速度快。

（2）DSP 的系统构成及工作过程　一个典型的 DSP 系统包括抗混叠滤波器、A/D 转换器、DSP 芯片、D/A 转换器和抗镜像滤波器等，如图 2-107 所示。输入信号可以是电、声音、视频等信号。输出信号是连续的模拟信号。

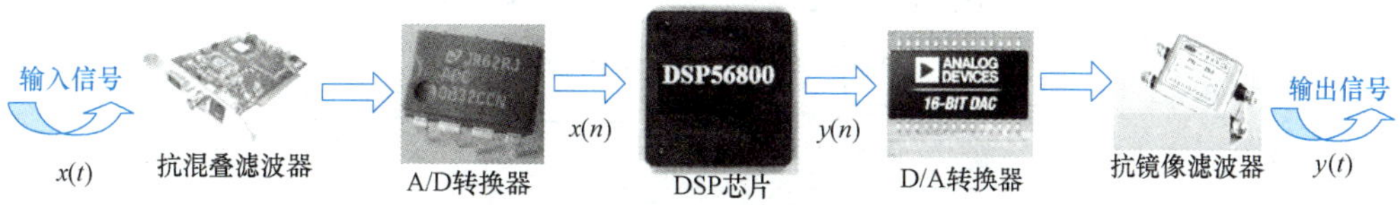

图 2-107　DSP 系统典型结构图

DSP 系统的工作过程：

1）将输入模拟信号 $x(t)$ 经过抗混叠滤波器，滤除高于折叠频率的分量，以防止信号频谱的混叠。

2）通过 A/D 转换器，将滤波后的信号转换为采样形式表示的数字信号 $x(n)$。

3）DSP 对数字信号 $x(n)$ 进行处理，得到数字信号 $y(n)$。

4）通过 D/A 转换器，将 $y(n)$ 转换成模拟信号。

5）由抗镜像滤波器滤除高频分量，得到连续的模拟信号 $y(t)$。

（3）DSP 的应用领域　DSP 的应用领域如图 2-108 所示。

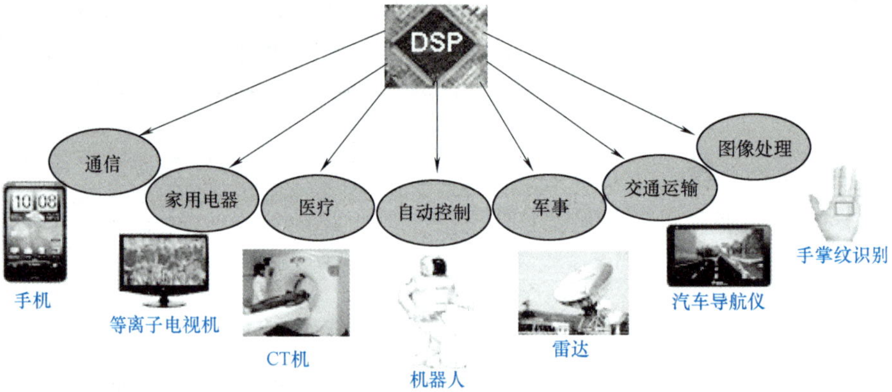

图 2-108　DSP 的应用领域

（4）DSP 的接口　这里以 TI 公司的 TMS320C54x 为例来介绍 DSP 接口。C54x DSP 是典型的哈佛结构，主要由中央处理器（CPU）、内部总线、特殊功能寄存器（SFR）、数据存储器（RAM）、程序存储器（ROM）、I/O 端口、主机并行接口（HPI）、串行接口、定时器和中断系统等部分构成。它与主机设备间的接口连线如图 2-109 所示。

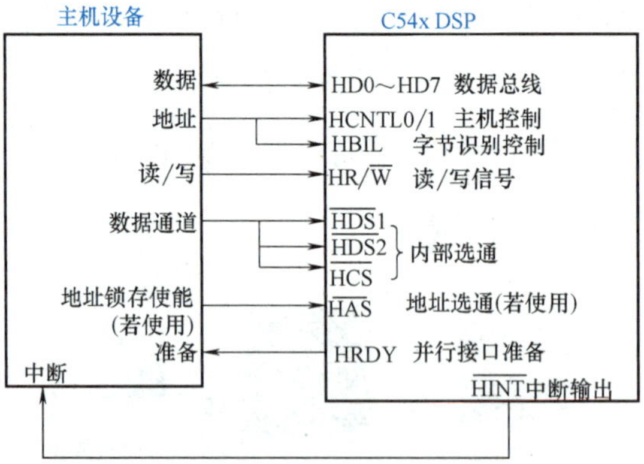

图 2-109　C54x DSP 与主机设备间的接口连线

（5）DSP 的编程语言　DSP 有汇编语言、C 语言和混合编程三种编程方式。汇编语言程序执行速度快，但开发周期长，移植性和可读性差；C 语言程序不仅保证了较快的运行速度，同时缩短了开发周期，提高了程序的移植性和可读性；取两种编程语言的优点，实现混合编程。

单片机与DSP的区别是什么？

4. 工控机

工控机（industrial personal computer，IPC）是工业控制计算机的简称，是为工业现场应用而设计的计算机。

（1）功能及特点　工控机的主要功能有数据处理、顺序控制、周期性巡回检测、直接数字控制、监控、反馈指导操作、通信联网等。工控机的特点是实时在线检测与控制、工作时间长、可靠性高、工作环境适应性好、编程语言丰富、扩展空间大、输入/输出能力强。

（2）组成　工控机主要由全钢机箱、无源底板、工业电源、CPU卡，以及鼠标、键盘、显示器、硬盘等附件组成。

（3）应用领域　工控机虽然是专为工业控制现场而设计的，但在许多生活领域也得到了广泛应用，如楼宇监控系统、路桥收费系统、柜台收银机等。

5. 现场总线

现场总线（fieldbus）是将各个分散的现场设备作为网络节点连接起来，实现现场设备之间以及现场设备与高级控制系统之间双向数字式通信的标准总线。图2-110所示为现场总线在工厂自动化系统中的应用举例。

（1）现场总线的特点

1）全数字通信，传输精度高，消除了模拟信号的瓶颈现象。

2）适应工业应用环境，既是通信网络，又是自控网络。

3）设备间有互操作性和互换性。使用统一的通信标准，使设备间可以互相控制和操作；相同类型的设备可以互相替换。

4）实时性强，可靠性高，安全性好。

5）传输的数据及其相关信息多为短帧传送。

6）通信传输速率低，传输距离远。

（2）主流现场总线

1）基金会现场总线FF：功能强大，实时性好，主要用于流程控制。

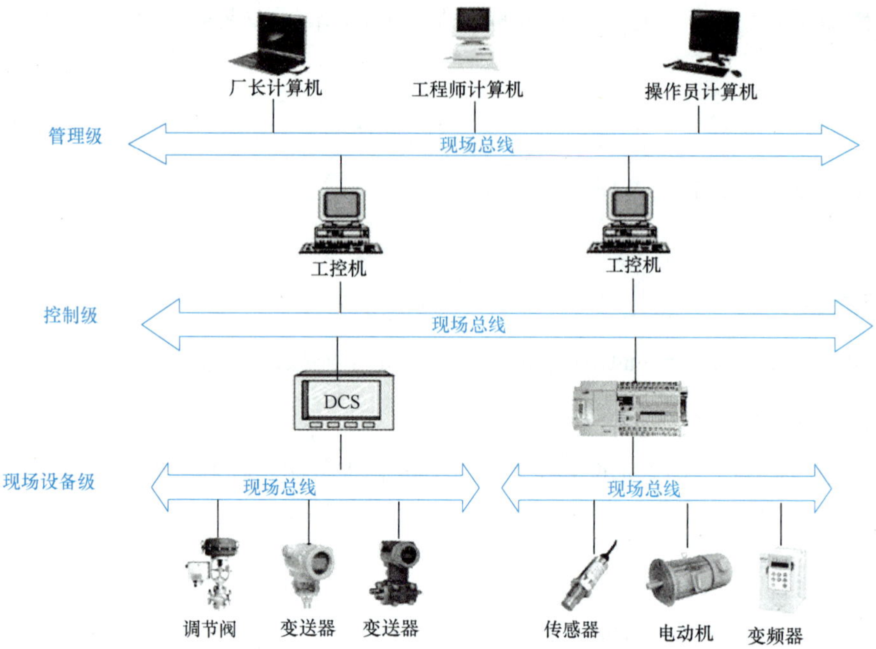

图 2-110 现场总线在工厂自动化系统中的应用举例

2）控制器局域网 CAN：采用短帧结构，抗干扰能力强，主要用于汽车检测控制。

3）LonWorks：支持多介质通信，支持低速率网络，可在重负载下保持优良网络性能，主要用于楼宇自动化、保安系统等。

4）DeviceNet：是一种基于 CAN 的通信技术，主要用于构建底层控制网络，在车间级现场设备（传感器、执行器等）和控制设备（PLC、工控机）间建立连接。

5）Profibus：Profibus 系列总线由 Profibus FMS、Profibus DP、Profibus PA 三部分组成。Profibus FMS 用于实现车间级主站间通用的通信，向用户提供较多选择性的通信服务；Profibus DP 用于自动控制系统与设备级分散的 I/O 之间高速通信，即插即用，高效低成本；Profibus PA 专为过程自动化而设计。

6）Hart：在现有模拟信号传输线上实现数字信号通信，属于模拟系统向数字系统转变的过渡产品。

7）CC-Link：在工控系统中，可以将控制和信息数据同时高速传输的开放式现场网络，广泛用于半导体生产线、自动化传送线、食品加工线以及汽车生产线等各个现场控制领域。

8）InterBus：用于控制系统与工业传感器和执行器类现场设备之间的串行通信，可以实现从现场级到管理级的纵向集成，并能实现各级的横向集成，从而构成分布式全集成自动化控制系统，主要用于汽车制造、机械、造纸、冶金、轻工等领域的过程控制。

9）ControlNet：在工业自动化系统中，用作控制层网络，实现控制器、工控机等设备之间的通信，具有高度确定性、可重复的高速控制和实时性的特点。

2.4.3　控制原理与策略

1．控制原理

自动控制系统主要有两种基本的控制方式：开环控制和闭环控制。

（1）开环控制　开环控制（Open-loop control）是指系统输入量对输出量实行单方向的控制，并不对输出量结果进行检测。输入量对输出量实行的是顺向的单一控制，不存在对输出量的检测环节，没有将输出量结果检测后送至输入端，即不存在反馈环节。

以直流电动机调压调速系统为例说明开环控制。直流电动机电源由三相正弦交流电源经晶闸管三相桥式可控整流电路整流，并通过平波电抗器来平稳电路电流的脉动后提供，晶闸管触发电路采用单结晶体管的负阻特性来构成。图 2-111 所示为开环直流调压调速系统。图 2-111b 中，U_g 为给定电压信号，α 为晶闸管的触发延迟角，U_d 为晶闸管整流电路输出电压的平均值，I_a 为直流电动机回路的电流，U_d 与 α 成余弦关系变化。系统的调节过程如下：

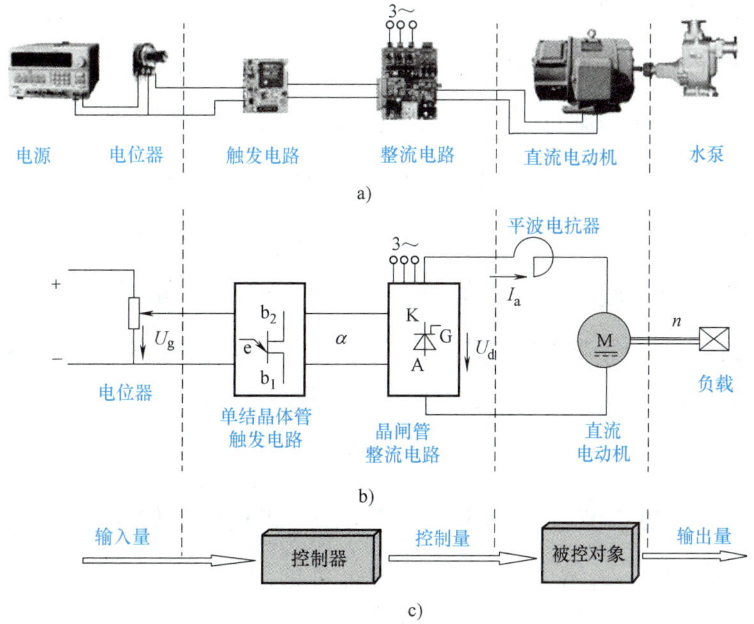

图 2-111　开环直流调压调速系统

a）实物图　b）原理框图　c）系统框图

1）对干扰信号的调节。当系统受到外界干扰时（如电源电压波动、负载变化等），假设直流电动机所带负载增加→回路电流 I_a 增大→电动机的转速 n 降低。可见，系统受外界影响较大，不能恢复到原状态。

2）对给定信号的调节。当给定电压信号 U_g 变化时，假设 U_g 增加→晶闸管触发延迟角 α 减小→晶闸管整流电路输出电压平均值 U_d 增大→直流电动机转速 n 升高。可见，直流电动机转速随给定信号的变化而变化。

由开环直流电动机调压调速系统的原理框图，可以推导出开环控制系统的系统框图，如图 2-111c 所示。由此归纳出开环控制的优点是系统结构简单，维修方便，成本低，不存在稳定性问题；缺点是抗干扰能力差，控制精度低，对外界干扰产生的偏差没有自动补偿修正功能。

（2）闭环控制　闭环控制（closed-loop control）是指系统对输出量结果进行检测，并将检测信号进行变换后送至系统输入端，与输入量比较后进行控制，直至将系统扰动产生的偏差修正过来。闭环控制中，不但输入量可以对输出量进行控制，而且输出量还影响输入量；存在对输出量的检测环节；将输出量结果检测后送至输入端，存在反馈环节。

仍以直流电动机调压调速系统为例。图 2-112 所示为闭环直流调压调速系统。与直流电动机同轴连接一台直流测速发电机，其作用是将测得的电动机转速 n 转变为电压信号 U_{TG}，且两者在理想状态下呈线性变化。取 U_{TG} 的一部分分压 U_f 作为反馈信号送至放大器输入端，与给定信号 U_g 相比较，得到的偏差信号 ΔU（$\Delta U=U_g-U_f$）经放大器放大输出为 U_K。这就构成了一个负反馈，而且是转速的负反馈。系统的调节过程如下：

1）对干扰信号的调节。当系统受到外界干扰时，假设直流电动机所带负载增加→ I_a 增大→转速 n 降低→测速发电机输出电压 U_{TG} 减小→分压 U_f 减小→电压偏差 ΔU 增大→放大器输出电压 U_K 增大→ α 减小→ U_d 增大→转速 n 升高→维持电动机转速基本保持不变。

不仅负载变化引起的转速偏差能被修正，像三相电源电压波动、放大器零漂等引起的转速偏差也能被修正过来，也就是包围在反馈环内的扰动能够得到有效抑制。可见，系统受外界影响较小。

2）对给定信号的调节。当给定电压信号 U_g 变化时，假设 U_g 增加→偏差 ΔU 增大→ U_K 增大→ α 减小→ U_d 增大→转速 n 升高。可见，直流电动机转速随给定信号的变化而变化。

由闭环直流电动机调压调速系统的原理框图，可以推导出闭环控制系统的系统框图，如

图 2-112b 所示。由此归纳出闭环控制的优点是存在反馈环节，系统总是力图补偿和修正扰动产生的偏差，使包围在环内的主通道上的扰动能够得到有效抑制，控制精度高；缺点是系统结构复杂，在偏差修正过程中需要一定时间才能将输出量补偿过来，易引起超调现象，系统稳定性受到影响。

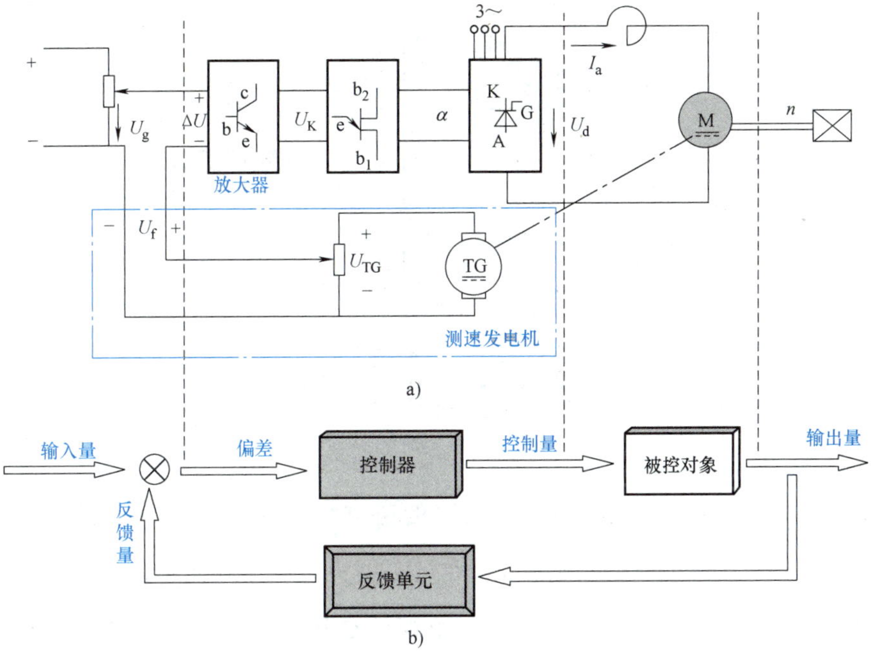

图 2-112　闭环直流调压调速系统

a）原理框图　b）系统框图

下列现象是开环控制还是闭环控制？

自动门开关控制系统、游泳池注水定时控制系统、游泳池注水水位控制系统、火灾自动报警系统、电饭煲煮饭控制系统、家用电冰箱制冷控制系统。

2．控制策略

（1）PID 控制　比例（P）、积分（I）和微分（D）（proportion integration differentiation，PID）控制是以系统的偏差为自变量，通过比例运算、积分运算、微分运算计算出控制量。系统偏差 $\Delta u(t)$ 与控制量 $u(t)$ 之间的关系可表示为

$$u(t) = K_p \Delta u(t) + \frac{1}{T_i}\int \Delta u(t)\,dt + T_d \frac{d\Delta u(t)}{dt} \tag{2-13}$$

式中　K_p——比例系数；

T_i——积分系数；

T_d——微分系数。

图 2-113 所示为 PID 控制的原理框图。

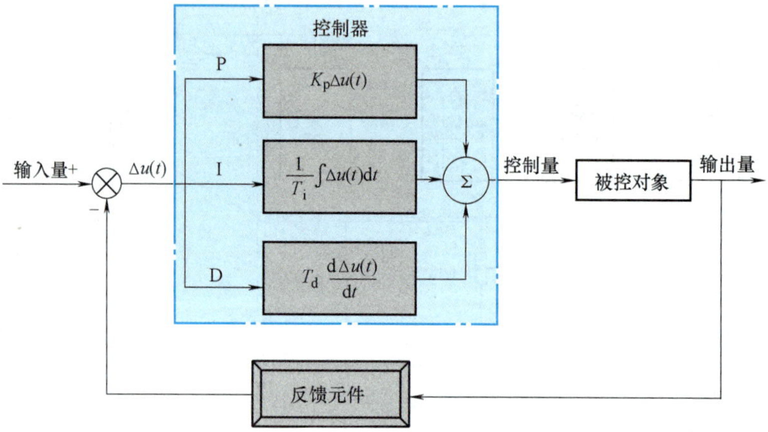

图 2-113　PID 控制的原理框图

以调节浴缸水温为例，小明希望洗澡时的浴缸水温为 38℃，浴缸的水龙头带有热水阀和冷水阀，可以分别向浴缸内注水，通过温度计可以实时测量浴缸的水温。小明将冷水阀调整在一个适当的流量保持不变，单纯通过热水阀的流量调整，来控制浴缸的水温。

1）比例控制。当浴缸的水温低于 38℃时，实时水温与设定水温存在偏差 $\Delta u(t)$，小明顺时针旋转热水阀某个角度 θ，以增大水龙头的热水流量。如果浴缸的水温高于 38℃时，则逆时针旋转热水阀某个角度 θ，减少水龙头的热水流量。热水阀的转角 θ 与温度偏差 $\Delta u(t)$ 之间存在比例关系，上述控制可以看作是比例控制。

比例控制的控制量与偏差成比例关系变化，系统响应速度快，调节时间短，会存在稳态误差。K_p 小，控制作用弱，偏差大；K_p 大，控制作用强，易造成系统稳定性降低。

2）积分控制。小明发现热水阀角度的调整对于水温的控制非常关键，对于选定的某个角度 θ 值，很难保证浴缸水温精确控制在 38℃，水温只能控制在 38℃附近，浴缸的水温偏差 $\Delta u(t)$ 没有完全消除，即存在稳态误差。于是，小明采用了对热水阀进行微调的方法，来消除水温偏差。只要存在偏差，就连续微调热水阀的角度，直到水温恒定在 38℃。上述热水阀的微调整过程可以视为积分控制。

积分控制的控制量与偏差成积分关系变化，控制量不但与输入偏差大小有关，而且还与偏差存在时间长短有关。只要偏差存在，控制量就会不断累积，直到偏差为零，累积停止，所以积分控制可以消除稳态误差。但是具有明显的滞后性，对系统稳定性影响大，所以积分控制很少单独使用，一般与比例和微分控制配合使用。例如，在 PI 控制调节初期，比例部分起主导作用，保证系统快速响应；在 PI 控制调节后期，积分部分起主导作用，随时间延长控制量增大，经反馈环节使稳态误差进一步减小，直到为零，最终消除稳态误差，保证稳态精度。T_i 小，积分作用强；T_i 大，积分作用弱。

3）微分控制。经过上述调整，如果热水管的温度是恒定的，小明便可以安心洗澡了。但是，热水阀的出水温度是变化的，导致浴缸的水温波动较大，即浴缸内水温偏差 $\Delta u(t)$ 是变化的。这时，小明需要根据偏差 $\Delta u(t)$ 的变化趋势及时调整热水阀的角度，这个过程可以视作微分控制。例如，尽管浴缸的水温尚未达到 38℃，但如果浴缸内水温上升过快，小明需要及时调整热水阀的角度，提前减少热水阀的热水流量，以免出现水温超过 38℃的现象。

微分控制是控制量与偏差成微分关系变化，控制量的大小只与偏差变化速度有关，而与偏差大小和偏差是否存在无关，所以不能消除误差，但可以预测误差变化的趋势，具有超前调节功能。

PID 控制是比较理想的控制策略，既具有比例控制快速响应的优势，又具有积分控制消除稳态误差，及微分控制实现超前调节的功能。调节初期，微分控制起作用，抑制偏差的变化幅度和速度；比例控制起作用，快速消除偏差。调节后期，积分控制起作用，逐渐消除掉稳态误差。T_d 大，微分控制作用强；T_d 小，微分控制作用弱。

通过上述例子，可以发现 PID 控制的关键是 PID 参数的设定，在设定参数时，常常遵循某些经验规律。

PID 参数设定的经验规律是什么呢？

（2）智能控制　智能控制（intelligent control）是控制理论发展的一个新阶段，是多学科交叉的新领域，是人工智能（artificial intelligence）与控制理论结合的新产物。它主要用来处理传统控制难以解决的复杂性、不确定性的控制问题。例如，对被控对象的控制难以用精确的数学模型来描述，存在模型不确定性。

智能控制方法主要有模糊控制、神经网络控制、专家控制等。

1）模糊控制。模糊控制（fuzzy control）基于计算机模仿人的模糊决策和推理的控制思想，以人类专家对被控对象或过程的控制策略为控制依据，运用模糊集合、模糊语言变量、模糊推理的理论知识，将精确量与模糊量相互转换，从而让计算机代替人实现对系统的自动控制。模糊控制器由模糊化、模糊推理、规则库和去模糊化四个功能模块组成。输入的精确量经过模糊化模块转换为模糊量，再依据模糊控制规则，经过模糊推理模块得到控制量的模糊值，然后经去模糊化模块转换为精确的输出量，提供给被控对象。模糊控制器的一般结构如图 2-114 所示。

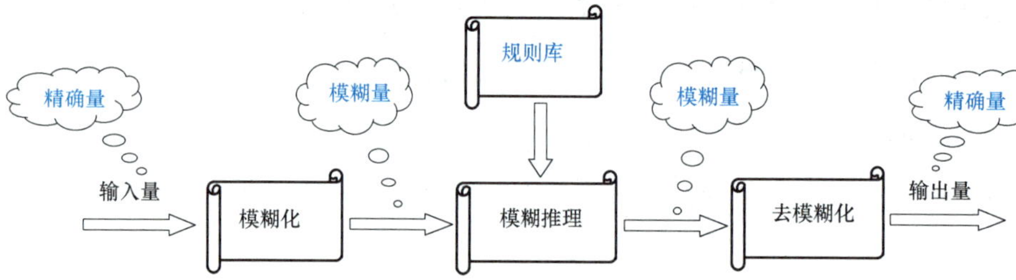

图 2-114　模糊控制器的一般结构

目前，模糊控制技术在工业控制过程或者产品中得到广泛应用，尤其在家用电器、机器人、汽车等领域已取得了阶段性的成功，今后在航空航天、生物、医学等领域还会有更宽阔的发展前景。

这里简单分析模糊控制在家用吸尘器中的应用。家用吸尘器的工作过程是当风机高速旋转时，叶轮中叶片不断对空气做功，使空气高速排出风机。此时在吸尘器内部瞬间形成真空，与外界大气产生压差。在压差作用下，吸嘴处的空气就会不断补充进来，灰尘、脏物随空气被吸入内部，经过滤尘器，灰尘、脏物留在滤袋里，空气排出吸尘器外。压差越大，风量越大，吸力越大。模糊控制吸尘器的设计如下：

① 模糊控制吸尘器的参量。输入量是灰尘量、灰尘湿度、工作接触面；输出量是吸力。

② 将各参量模糊化，形成模糊量。灰尘量是以多、一般、少来衡量；灰尘湿度是以大、中等、小来衡量；工作接触面是以木质、瓷质、棉毛质、皮质来衡量；吸力是以大、中、小来衡量。

③ 形成模糊控制规则。这是一个三输入、单输出的模糊控制系统。总结人操作的控制经验，归纳控制规则（以工作接触面是木质为例），见表 2-3。

④ 进行模糊推理。吸尘器吸力大小直接影响工作效果，应避免因吸力小而遗漏掉脏物，

或因吸力大而将周围物品吸入。吸力大小近似与灰尘量、灰尘湿度成正比，且随棉毛质、木质、皮质、瓷质的顺序依次逐渐减弱。

表 2-3　木质接触面控制规则

灰尘湿度	灰尘量		
	多	一般	少
	吸力		
大	大	大	中
中等	大	中	中
小	中	中	小

由此，可以得到图 2-115 所示的模糊控制吸尘器的结构原理。

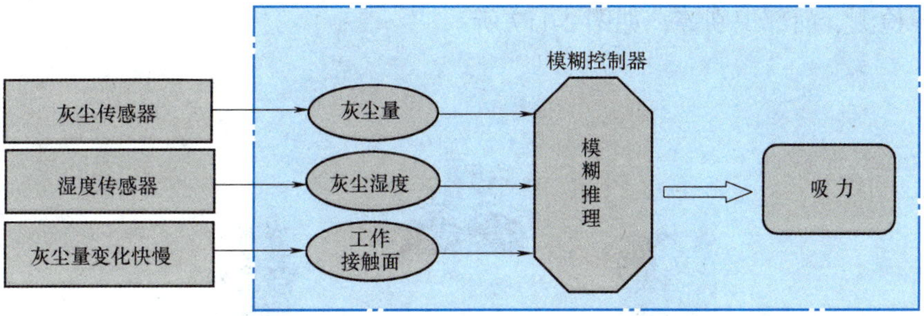

图 2-115　模糊控制吸尘器的结构原理

2）神经网络控制。神经网络控制（neural network control）是神经网络与自动控制相结合而形成的一门综合性学科，是基本不依赖于模型的一类控制，能解决复杂的非线性、不确定系统的控制问题，是智能控制的一个重要分支。

神经网络是一种模仿人脑神经系统结构与功能建立起来的模型，是由大量模拟生物神经元的人工神经元互连而成的网络，具有某些仿人的特征和功能。例如，它具有并行处理、分布式存储、自组织自学习与自适应能力等特征，还具有联想记忆、分类与识别、优化计算、知识处理等基本功能。

人工神经元是神经网络的基本结构单元。图 2-116 所示为一种常见的神经网络结构示意图。图中，输入层神经元负责接收外界的输入信息，并传递给隐含层；隐含层是神经网络的中间信息处理层，可为一层或多层；输出层神经元负责接收最后一个隐含层神经元传递来的信息，经处理后向外界输出处理结果。

神经网络的功能特性由其拓扑结构和连接权重决定。神经网络的控制结构不同，设计方法不同，适用的场合也不同。常见的控制结构有直接逆控制、内膜控制、PID 控制、自校正控制、预测控制、再励学习控制等。

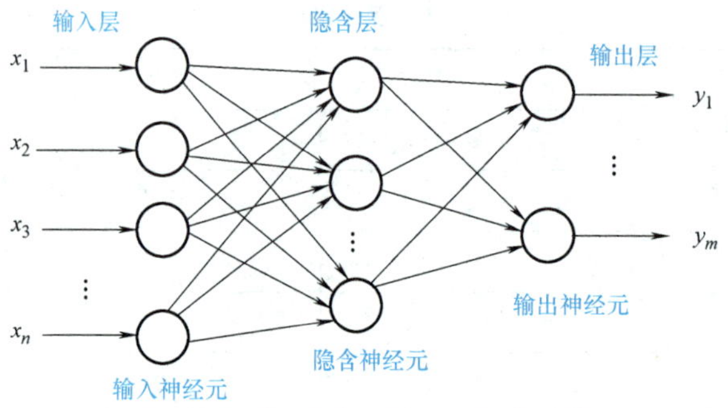

图 2-116　一种常见的神经网络结构示意图

目前，神经网络已广泛应用到许多领域，如图像处理、电子对抗、海底矿井探测、疾病诊断、故障检测、面部识别等，如图 2-117 所示。

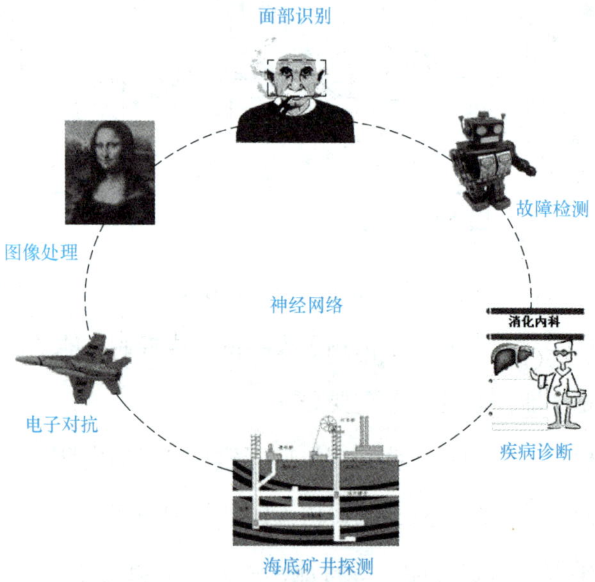

图 2-117　神经网络的应用实例

3）专家控制。专家控制（expert control）是将专家系统思想与自动控制理论、技术相融合，实现在未知环境下仿效专家的经验，对系统进行控制。专家系统实质上是一个智能计算机程序，其运用某个领域专家的知识和经验，来模拟专家思维解决难题。

专家控制器的基本结构由知识库、实时推理机、控制算法库、信息获取与处理模块四部分构成，如图 2-118 所示。专家控制的应用范围较广，如温室控制、造纸生产和机器人设计等，如图 2-119 所示。

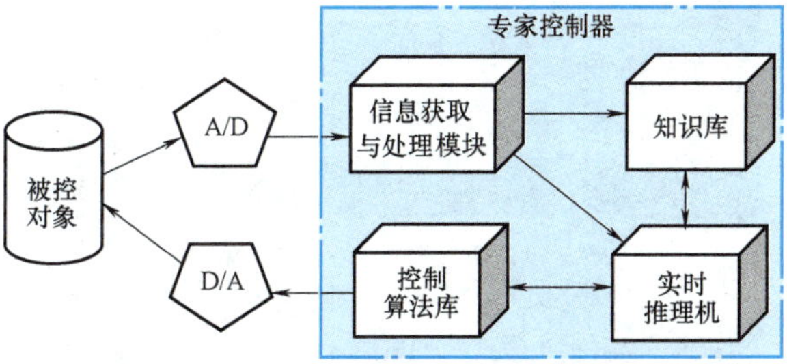

图 2-118　专家控制器的基本结构

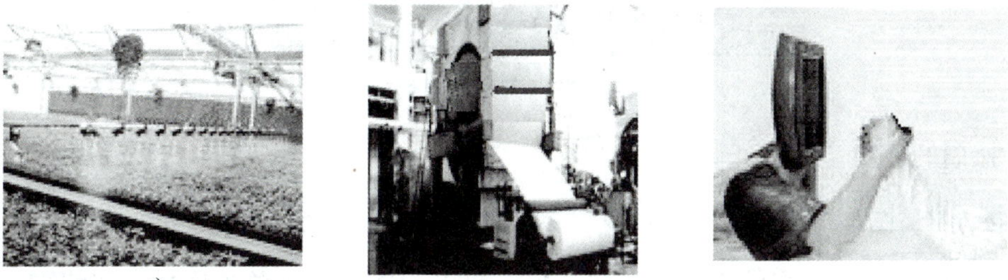

a)　b)　c)

图 2-119　专家控制的应用实例

a）温室控制　b）造纸生产　c）机器人设计

模糊专家控制、专家模糊控制、模糊神经网络控制、神经网络专家控制等几种控制有何不同？

扫描右侧二维码完成 2.4 节测试题。

2.4 节测试题

2.5 接口技术

在生活中，常用到自动存取款机，如图 2-120 所示。那么，作为机电一体化产品，自动存取款机的各个单元之间是如何连接的？能够在外观上观察到哪些接口？在机器的内部还有哪些接口？通过本节的学习，读者将可以回答上述问题。

图 2-120　自动存取款机

1．接口的作用

机电一体化产品是由各个技术单元组成的综合系统，各个单元之间通过接口（interface）构成一个完整的机电一体化系统。机电一体化系统各个单元之间的物质、信息和能量通过接口进行传递和交换，保证系统的整体性和高效运行。如果机电一体化各单元的性能都非常优越，但各个单元之间的接口性能不良的话，则会出现系统局部优越而全局并不优越的现象，导致机电一体化产品的整体性能大打折扣。因此，接口性能是影响机电一体化产品性能和质量的关键因素之一。从这个角度来看，机电一体化产品的设计可以视为两个阶段，根据产品功能要求选择和设计出系统的各组成单元进行系统的接口设计。

2．接口的分类

（1）按控制器分类　以控制器为出发点，通常将机电一体化接口分为人机接口和机电接口两大类，如图 2-121 所示。

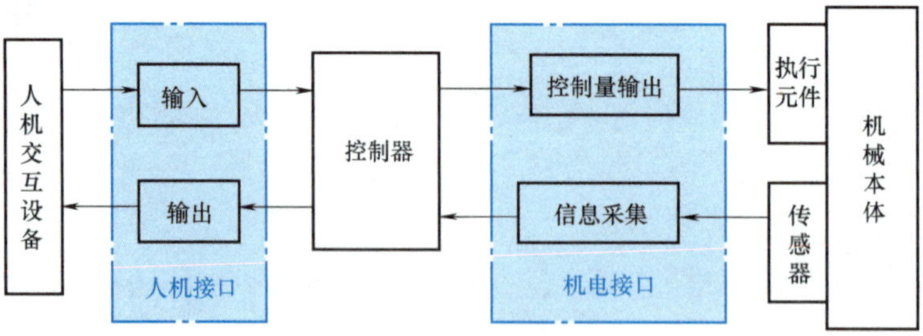

图 2-121　机电一体化系统的接口

1）人机接口是操作人员与机电一体化系统进行信息交换的接口，人机接口包括输入接口和输出接口两大类。操作人员通过输入接口向系统输入操作指令，实现对机电一体化系统的人为控制和干预。在机电一体化系统中，常用的输入设备有按钮、键盘、触摸屏、拨码盘、读卡器等，此外还有指纹识别、声音识别、瞳孔识别、人脸识别等生物特征输入设备。机电一体化系统通过输出接口显示系统的运行状态，为操作人员提供系统信息。常用的输出设备有状态指示灯、显示器、打印机和扬声器等。

2）机电接口是指机电一体化产品中控制器与机械系统之间的接口。由于机械系统和控制系统在性能上不同，两者之间不可能仅仅凭借导线直接连接，而是需要通过接口进行调整、匹配和缓冲，才能实现系统之间信息、能量和物质的传递和交换。例如，采用热电偶作为温度传感器，因为热电偶产生的是连续的电流，属于模拟信号，这就需要进行 A-D 转换，将连续的模拟信号变换成单片机能够识别的数字信号，才能输入单片机。

（2）按信息和能量传递方向分类　按照信息和能量传递的方向，机电接口可以分为信息采集接口和控制量输出接口两类。控制器通过信息采集接口接收传感器的信号，经过运算处理获得系统的运行状态，并发出相应的控制指令，控制信号通过控制器输出接口实现执行元件的动作。例如，通过单片机控制电磁阀的通断动作，需要将单片机发出的指令信号放大，以便于驱动电磁阀的线圈。

2.5.1　人机接口

1．人机接口的设计原则

（1）专用性　机电一体化产品的种类繁多，产品的功能需求不一致，产品的结构和尺寸千差万别，从而对产品人机接口的设计提出了不同的要求。因此，机电产品人机接口的设计要根据产品的具体要求而定，接口设备和尺寸不是固定的。例如，简单的机电产品只需要按键和指示灯即可，而复杂的机电产品则需要键盘和显示器。

（2）低速性　控制器的运行速度较快，而人机接口设备的工作速度相对较低。因此，在人机接口设计时，需要考虑控制器与接口设备间的速度匹配，以提高系统的工作效率。

（3）宜人性　现代机电产品不仅应当具有较高的技术性能，而且还要具有良好的使用性能，产品的设计需要符合人机工程学的要求。人机接口是操作人员与机电产品进行人机交互的重要渠道，需要考虑人的生理和心理因素，做到工作效率与人体健康、操作安全和方便的统一。例如，显示装置的设计是输出接口的重要内容，其设计必须符合人类感觉系统传递信息的特点。显示装置的形状、尺寸、标记、布局、色彩等因素的设计，应该便于操作人员观察和识别。因此，人机接口的设计要综合考虑技术性能、人的生理和心理特征以及产品的总体美观。

2. **输入接口**

以键盘为例介绍输入接口的设计。键盘是一种常开型按钮开关，是一种常用的机电输入设备。当需要操作者输入较多的指令时，可以选择键盘作为输入接口，键盘中的每一个按键都是一个常开开关电路，通常为机械弹性开关。键盘可以分为独立式和矩阵式两类，以下主要介绍独立式键盘的工作原理。

图 2-122 所示为典型的按键接口电路，当按键 S 未被按下时，单片机的 P1.0 输入为高电平 5V；当按键 S 被按下时，单片机 P1.0 输入低电平 0V。图中的电阻 R 为上拉电阻，其作用是将单片机的 P1.0 输入电位提高在一个较高的电平，同时避免单片机输入噪声信号，增强系统的抗干扰能力。

独立式键盘主要用于需要少数几个按键的机电设备。图 2-123 所示为独立式键盘的接口电路和键盘图，各个按键相互独立与一条输入线连接，各个按键的工作状态互不影响。独立式键盘电路简单，但是如果按键数量较多时，需占用较多的 I/O 端口。当某一个按键被按下时，则该按键对应的端口输入低电平，输入状态为 0；当无按键按下时，单片机的输入为高电平，输入状态为 1。单片机系统程序定时读取端口状态，便可以判断出键盘的状态。

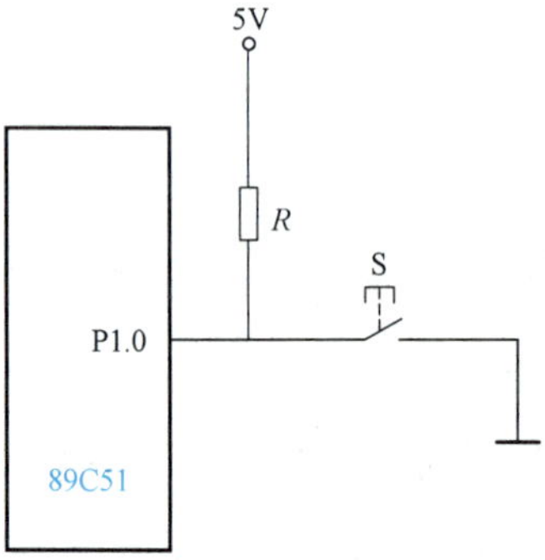

图 2-122　按键接口电路

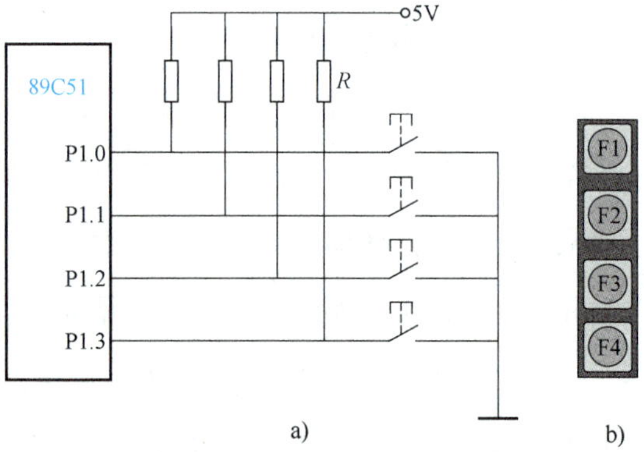

图 2-123　独立式键盘的接口电路和键盘
a）接口电路　b）键盘

POS 机的密码键盘是我们生活中的常见物品，其接口电路应该如何设计？

3. **输出接口**

以 LED 为例介绍输出接口的设计。LED 是机电一体化产品的常用输出设备，具有价格低、配置灵活、接口方便、可靠性高等特点。LED 显示器是将若干个 LED 按照一定的形状制作在一块基板上构成的字符显示器。七段 LED 显示器常用于机电设备中，它含有 8 个 LED，其中 7 个条形 LED 组成“8”字形状，1 个圆点形 LED 构成小数点显示，如图 2-124 所示。通常情况下，每段 LED 的工作电压为 1.5~2.5V，电流为 5~15mA。

LED 显示器的显示方法有两种：静态显示和动态显示。静态显示方式是指当显示器显示某一个字符时，相应的 LED 恒定导通或截止，直至显示另一个字符为止。动态显示的微处理器定时对显示器件所显示的内容进行扫描，各个显示器是分时工作的，在任意时刻只有一个显示器在显示。由于人的视觉暂留效应，当扫描频率足够高时，人们观察到的是稳定的图像。

因为单片机的端口输出电流较小，一般在几个毫安以下，因此需要驱动器对单片机的端口输出电流进行放大。通常情况下，LED 显示器需要驱动电路，驱动电路可以由晶体管组成，也可以由集成电路组成，常用的芯片有锁存器、驱动器和译码器。图 2-125 所示为 89C51 单片机与 LED 显示器连接的静态显示接口电路示意图，89C51 单片机的 P1.0 口与 7406 反相驱动器的输入端相连。当 P1.0 输出高电平时，7406 的输出为低电平 0V，LED 处于导通状态，发光。当 P1.0 输出低电平时，7406 的输出为高电平 5V，LED 不发光。

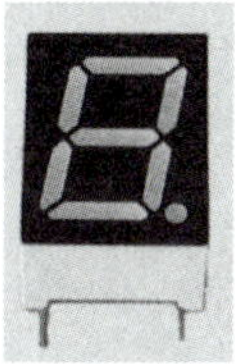

图 2-124　LED 数码管

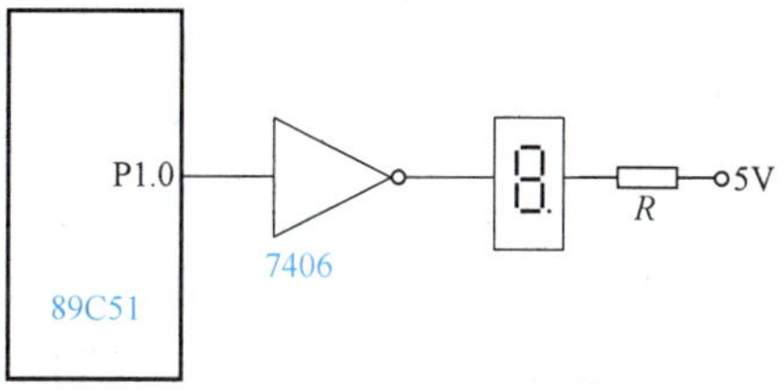

图 2-125　89C51 单片机与 LED 显示器的静态显示接口电路示意图

对于多位 LED 显示，可以将所有位的段选线并联在一起，由一个 I/O 口控制，而 LED 的公共端分别由相应的 I/O 口控制，以实现各位的分时选通。

在实际应用中，单片机的 P0、P2、P3 口往往用作系统总线，而将 P1 口作为数据口。同时，单片机内部 I/O 口的功能也过于简单，只有数据锁存和缓冲功能，而没有状态寄存和命令寄存功能，难以满足复杂的 I/O 操作的要求。鉴于单片机的 I/O 口资源有限，在实际应用中单片机需要与很多的输入、输出器件连接，因此通常需要通过扩展，增加 I/O 口的数量，强化 I/O 功能。一般采用简单 I/O 口芯片和可编程 I/O 口芯片两种方式对单片机的接口进行扩展。例如，应用 74LS273 芯片作为锁存器扩展输出口，应用 8255 可编程并行 I/O 口芯片作为单片机与多种外设连接的中间接口电路。

2.5.2 信息采集接口

为了保证机电一体化产品的正常运行，需要传感器随时检测机电一体化产品的工作状态，将位置、压力、转矩、温度、速度、图像以及声音等信息输入到控制器，控制器根据输入的测试结果，判断系统状态并发出指令对系统进行控制。

1. 接口形式

通常情况下，传感器测得的信号不能直接与单片机等控制器相连，需要建立传感器与控制器之间的接口，对传感器信号进行整形、放大和转换，变成控制器可以接收的信号。传感器的输出信号主要有开关量、数字量和模拟量三种。图 2-126 所示为三种传感器与微机的接口示意图。

2. 数字信号的采集

数字信号包括开关量和数字量两种类型。行程开关、接近开关、光电开关等装置的输出信号只有开和关两种状态，属于开关量。微机的输入也只有 0 和 1 两种状态。光电编码器、红外测距传感器、光栅位移传感器等数字传感器产生脉冲信号，属于数字量。图 2-126 中，缓冲器的作用是对信号进行整形和放大，避免噪声干扰；计数器的基本功能是对脉冲信号进行计数，也可用于分频和数字运算。

图 2-127 所示为行程开关的接口电路。当物体到达极限位置时，常开行程开关 SQ 的触点导通，单片机输入低电平。

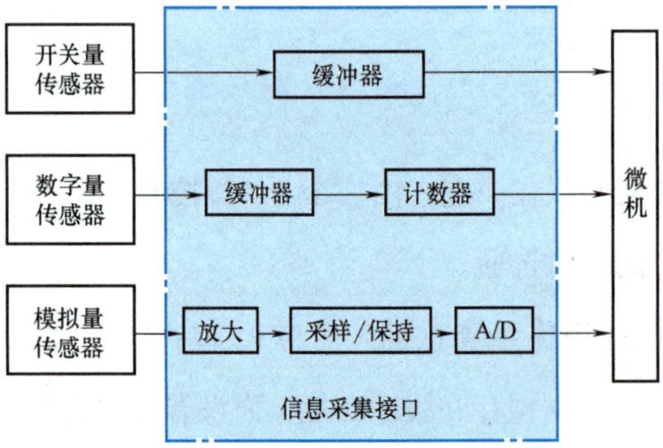

图 2-126 三种传感器与微机的接口示意图

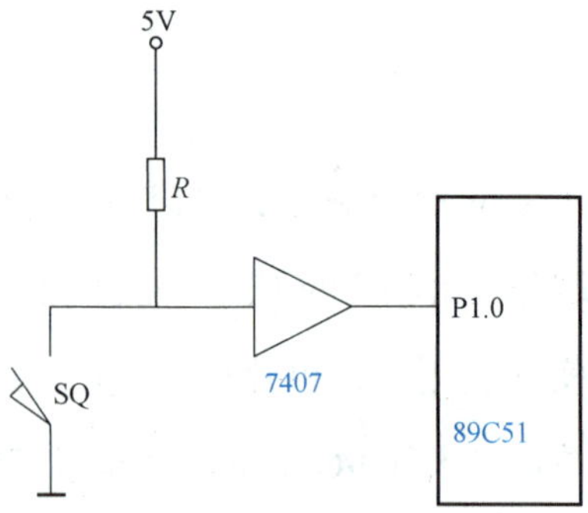

图 2-127 行程开关的接口电路

上述接口中，行程开关的通断过程容易产生干扰，为了隔断噪声对微机的干扰，在开关量的检测和控制输出过程中，通常采用光电隔离技术。图 2-128 所示为光电耦合器的原理与实物图。光电耦合器由 LED 和光电晶体管两部分组成，由不透光材料封装在一起。当输入端流过正向电流时，LED 点亮，光电晶体管受到 LED 的照射后导通，输出端产生信号。

如果输入端无电流通过，LED 熄灭，光电晶体管截止，无信号输出。光电耦合器通过电 - 光 - 电转换实现开关量的传递，输入端与输出端没有直接的电气连接，起到隔离作用，具有较强的抗干扰能力，并且能够实现系统强电与弱电部分的隔离。

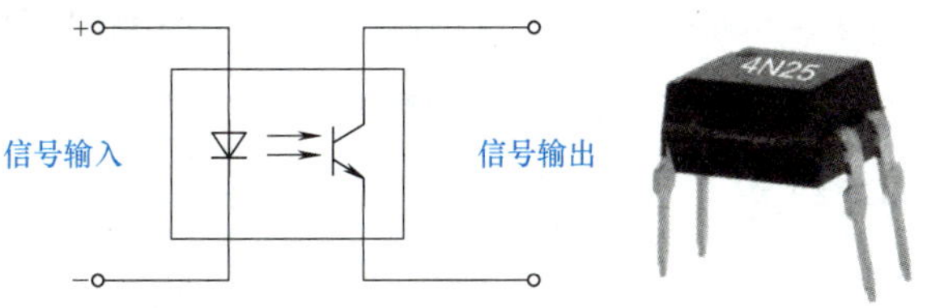

图 2-128　光电耦合器的原理与实物图

在图 2-127 所示行程开关的接口电路的基础上增加光电耦合器后的电路如图 2-129 所示。

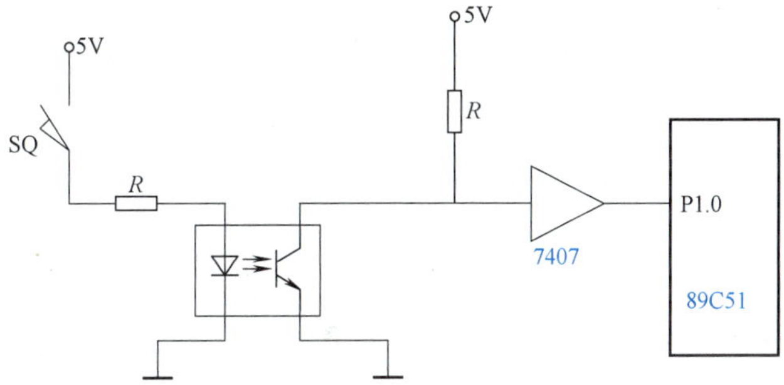

图 2-129　增加光电耦合器后的行程开关接口电路

当行程开关 SQ 接通时，光电耦合器输出低电平，单片机的输入为 0；当行程开关断开时，光电耦合器输出高电平，单片机的输入为 1。

驱动器 7406 与 7407 有何区别？如果将图 2-129 中的驱动器 7407 换成 7406，单片机的输入结果将如何变化？

3. 模拟信号的采集

（1）采集过程　大多数传感器输出电压、电流、电阻、电容等连续的电信号，这就需要将电信号转换为数字信号，即 A/D 转换。图 2-130 所示为模拟信号的采集过程。

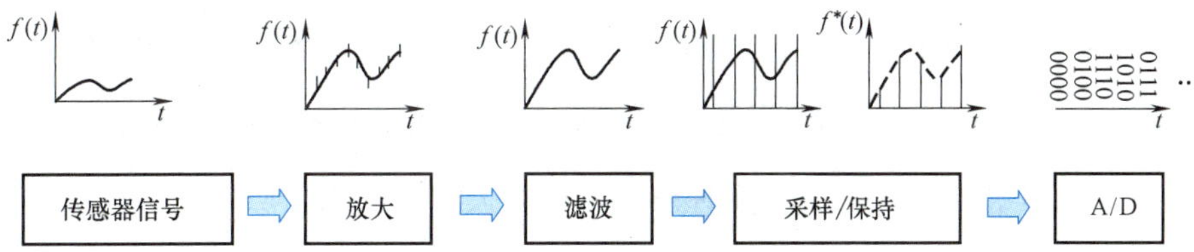

图 2-130　模拟信号的采集过程

传感器输出的电信号比较微弱，一般在毫伏级或毫安级，不能直接进行 A/D 转换，A/D 转换器要求输入信号在伏特级或安培级。因此，需要对传感器的输出信号进行放大，以便于与 A/D 转换器匹配。通常情况下，传感器输出的机电一体化系统信号可能会包含有一些噪声信号，需要应用滤波技术将噪声信号去除，保留有用的信号。滤波包括硬件滤波和软件滤波两种形式。

（2）采样　采样是将连续信号变成离散信号的过程，图 2-130 中 $f(t)$ 是连续信号，通过采样变成一连串的脉冲信号 $f^*(t)$，$f^*(t)$ 是一个离散的模拟信号。显然，采样频率 f_s 越高，离散信号 $f^*(t)$ 越接近模拟信号 $f(t)$。但是，过高的采样频率会提高成本。如果采样频率太低，对于频繁变换的信号，则会丢失信息，形成较大的误差。为了保证连续变化的模拟信号在采样过程中不丢失原有信号的信息，采样频率 f_s 应满足采样定理

$$f_s \geqslant 2f_{max}$$

式中，f_{max} 是模拟信号 $f(t)$ 的最高频率。

采样定理表明，采样频率应该至少高于信号中最高频率的 2 倍，才能保证离散信号能够如实反映输入的模拟信号。在实际工程中采样频率 f_s 通常取 $(5\sim10)f_{max}$。

采样信号 $f^*(t)$ 在时间轴上是离散的，A/D 转换过程从开始转换到完成数字量输出还需要一定的时间。在此期间，信号 $f(t)$ 也会发生变化，为了防止产生误差，需要在 A/D 转换期间保持采样信号 $f^*(t)$ 不变。在 A/D 转换后，能够使 A/D 转换器的输入信号跟随当前模拟信号 $f(t)$ 的变化，以保证下一次 A/D 转换时，A/D 转换器输入新采样时刻的信号信息。

图 2-131 所示为采样保持器（sample-and-hold amplifier）的工作原理。采样保持器由三部分组成：模拟开关、存储电容和缓冲放大器。当控制信号 u_c 使模拟开关 S 闭合时，电路处于采样状态，模拟输入信号 u_i 与存储电容 C 相通，电容两端电压随输入电压 u_i 的变化而变化。同时，缓冲放大器 A 输出信号 u_o，输出信号 u_o 与 u_i 的变化一致。当 u_c 使开关 S 断开时，电路处于保持状态，电容 C 仅与缓冲放大器 A 相连，可以保持开关 S 断开前瞬间的输入信号 u_i 不变。因此，输出信号 u_o 可以保持恒定的输出值电压不变，直至控制信号使开关 S 再次闭合。

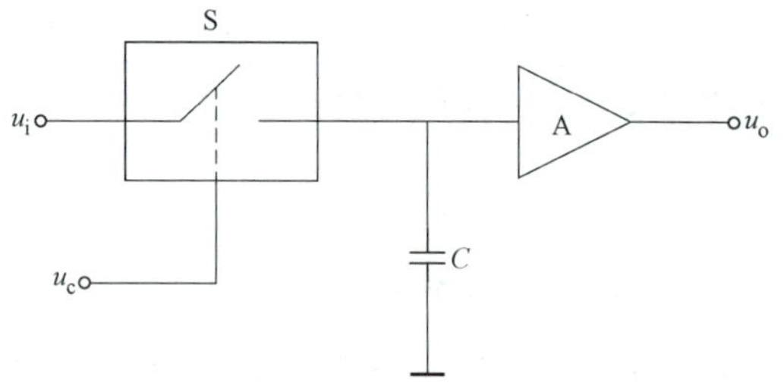

图 2-131　采样保持器的工作原理

如图 2-132 所示，由采样保持电路输出信号随模拟输入信号变化的波形可以看出，如果

采样频率过低，采样信号会出现失真现象。因此，需要增加控制信号的脉冲频率，才能使采样输出信号的包络线接近输入信号的波形。常用的采样保持器集成芯片有 LF198、LF298、LF398 和 AD582、AD1154 等。

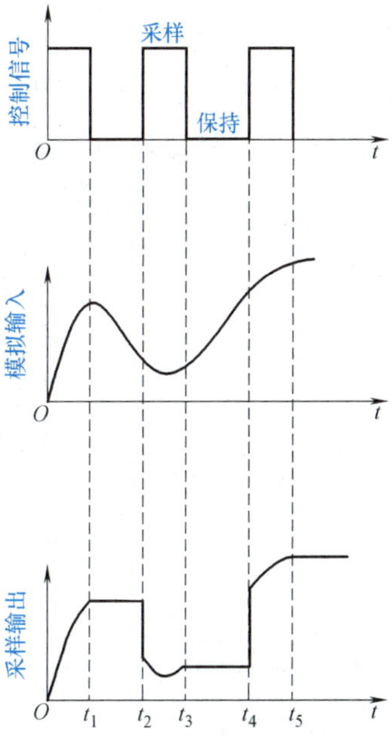

图 2-132　采样过程示意图

（3）A/D 转换　A/D 转换器可实现模拟量向数字量的转换，根据转换原理分类，A/D 转换器可分为 4 种：双积分式、逐次逼近式、计数式和并行式。目前，双积分式和逐次逼近式较为常用。双积分式 A/D 转换器的转换精度高、抗干扰性能好、价格便宜，但转换速度较慢。双积分式 A/D 转换器主要用于速度要求不高的场合，例如一些仪器仪表，常用芯片有 ICL7106、MC1443 以及 ICL7135 等。逐次逼近式 A/D 转换器的结构简单、精度较高、转换速度较快，转换时间大约在几微秒到几百微秒之间，常用于计算机 A/D 接口，常用芯片有 ADC0801、ADC0808/0809 以及 ADC0816/0817 等。

此外，A/D 转换器还有其他分类方法，例如：按转换速度可分为低速、中速、高速和超高速；按转换精度和分辨率可分为 4 位、8 位、10 位、12 位、14 位、16 位和 24 位等。分辨率通常用能够转换成数字量的位数表示，如果模拟信号的满量程输入电压为 u_m，则位数为 n 的 A/D 转换器的分辨率计算式为 $u_m/(2^n-1)$。

A/D 转换器的主要性能指标包括分辨率、转换速度、转换误差等，其中分辨率和转换速度是用户选用 A/D 转换器时的两个主要性能指标。分辨率是指 A/D 转换器对输入模拟信号的分辨能力，转换速度是指完成一次 A/D 转换所需的时间。

ADC0808/0809 芯片采用的是基于逐次逼近式的 8 位 A/D 转换器，由 8 路模拟开关、8 位 A/D 转换器和三态缓冲器三部分组成，如图 2-133 所示。其中，地址锁存与译码器用来控制 8 路模拟开关的通断，可以选择其中的任意一

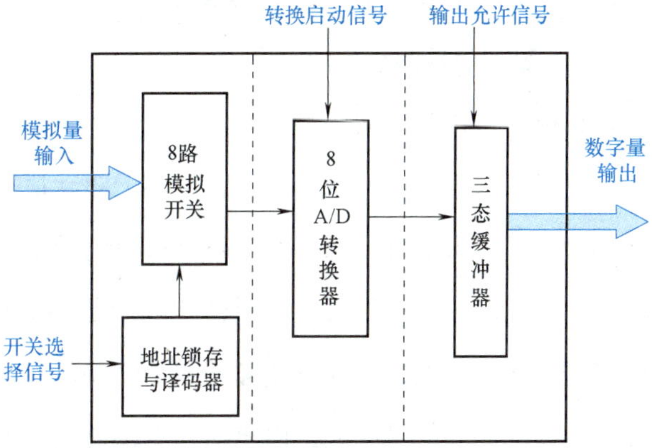

图 2-133　ADC0808/0809 芯片的组成框图

路模拟开关处于接通状态。三态缓冲器的输出可以锁存，因此可以与微机的数据总线直接相连。

图 2-134 所示为 ADC0809 与单片机的接口关系示意图，单片机向 ADC0809 模拟开关输入地址信息、转换启动、输入信号、中断、转换结束等控制信号。

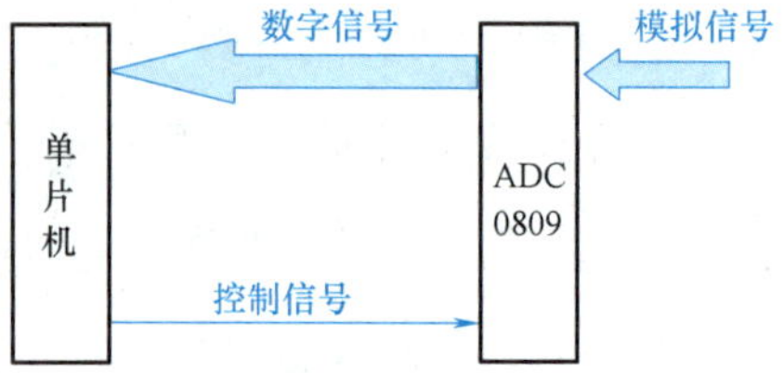

图 2-134 ADC0809 与单片机接口关系示意图

2.5.3 控制量输出接口

1. 接口形式

控制系统发出的控制信号需要经过控制量输出接口才能驱动执行元件完成动作，如图 2-135 所示。执行元件接收的信号可以分为两种类型：数字信号和模拟信号。例如，继电器、接触器、电磁阀、步进电动机等执行元件输入的控制信号为数字量，其接口主要包括隔离和放大驱动两部分。直流电动机和交流电动机的控制信号是模拟量，其接口主要包括 D/A 转换和放大驱动两部分。

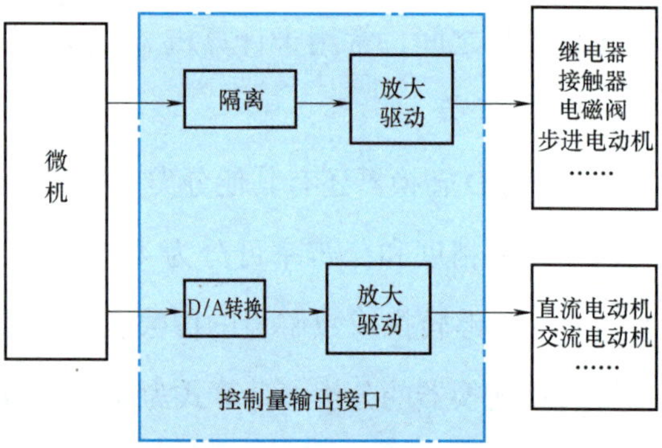

图 2-135 执行元件与微机的接口

2. 数字信号的输出

机电一体化产品的一些执行元件需要一定的驱动功率，而微机控制信号的功率较弱，因此需要对控制信号进行功率放大，以便于驱动执行元件。一般地，将能够实现功率放大的电路称为功率接口电路。开关型功率接口电路的常用电器元件有光电耦合器、晶闸管、功率晶体管、功率场效应晶体管、继电器等。图 2-136 所示为继电器与单片机的接口电路。该电路由三部分组成：驱动器、光电耦合器和功率放大器。其中的 7406 为反相驱动器，用于将单片机端口的微弱信号放大，以驱动光电耦合器的 LED。

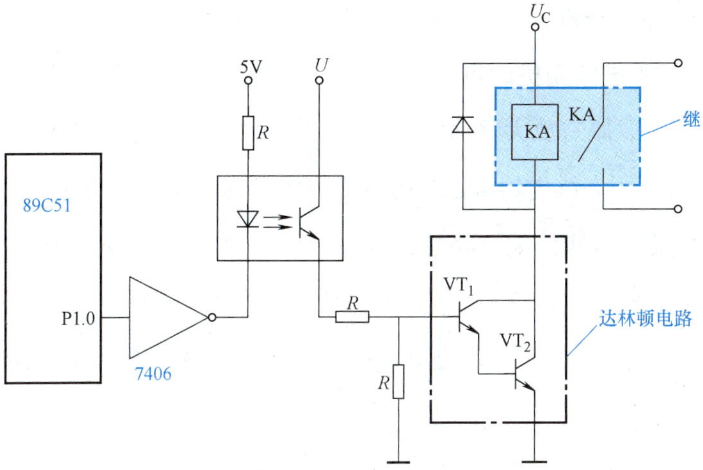

图 2-136　继电器与单片机的接口电路

原理动画

用单片机控制步进电动机是否需要 D/A 转换电路?

图 2-136 中将两个晶体管连接在一起，构成达林顿电路（darlington circuit），如点画线框所示，其放大倍数是两个晶体管放大倍数的乘积。达林顿电路可以等效成一个功率晶体管，即达林顿功率管。达林顿功率管一般用于大功率开关电路中，例如电动机调速、小型继电器、电磁阀等的驱动电路。

当单片机输出高电平时，由反相驱动器 7406 输出低电平，光电耦合器的 LED 导通，使光电晶体管接通，从而使达林顿电路中的晶体管导通，于是继电器的线圈 KA 通电，继电器的触点 KA 闭合。与继电器线圈并联的二极管的作用是保护放大电路中的晶体管。当触点 KA 断开后，线圈 KA 内存在电感，产生的感应电流可以通过二极管流过，从而避免将感应电压施加在晶体管上。

以一个电路简单的步进电动机驱动控制为例，光电耦合器控制步进电动机的接口电路，如图 2-137 所示。图中只显示步进电动机的单相绕组。这里的步进电动机只用一个直流电压电源以脉冲方式对绕组进行供电，称为单电压驱动，这种情况适用于小功率步进电动机的驱动。

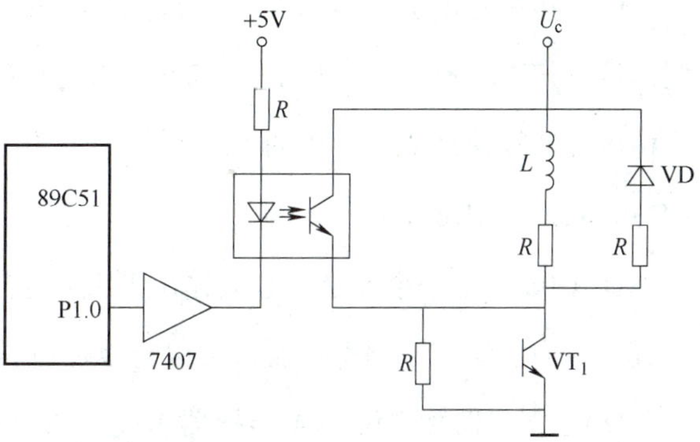

图 2-137　光电耦合器控制步进电动机的接口电路

如果选用固态继电器控制步进电动机，则接口电路如图 2-138 所示，图中选用固态继电器（solid state relay，SSR）控制步进电动机的每一相绕组。固态继电器是一种由固态元件组成的无触点功率型通断开关器件，既有放大驱动作用，又有隔离作用，适于驱动大功率的开关量执行机构。按照使用场合，固态继电器可以分为直流型固态继电器（DC-SSR）和交流型固态继电器（AC-SSR）两类。脉冲分配器将控制器发出的脉冲控制指令，按照一定顺序和分配方式送给三个固态继电器。图 2-138 中的 U、V、W 分别代表步进电动机的三相，如果按照 U—V—W—U—的顺序通电，则步进电动机的转子就一步一步地按照逆时针方向转动。

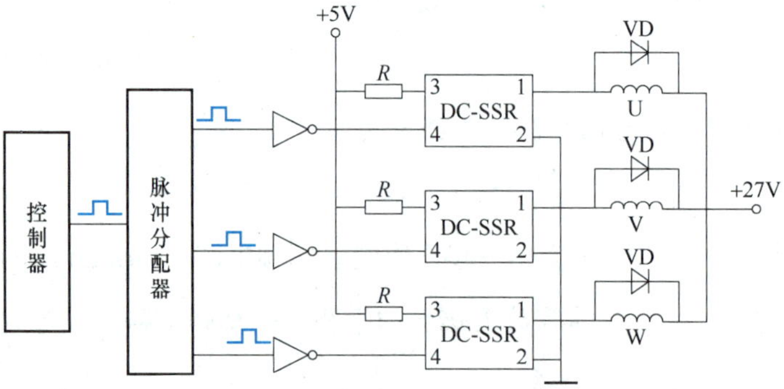

图 2-138　直流型固态继电器控制步进电动机原理图

3．模拟信号的输出

某些机电一体化产品的被控对象采用模拟量为控制信号，如直流电动机调速器、交流电动机变频调速等。因此，需要将控制器输出的数字信号转换成模拟信号。D/A 转换器（dgital to analog converter）的功能是将数字量转换成模拟量，也可以产生各种输出波形，如矩形波、三角波和正弦波等。

D/A 转换器的分类方法很多，按照模拟量输出方式，分为电流输出和电压输出两种类型；按分辨率，有 8 位、10 位、12 位、16 位等。D/A 转换器的主要性能参数有分辨率、转换精度和转换速度等。常用的 D/A 转换芯片有 DAC0832、DAC0808、DAC1230、MC1408、AD7520 以及 AD667 等。

DAC0832 是一个 8 位、电流输出型 D/A 转换芯片，具有价格低、接口简单的特点，由于其芯片内有输入数据寄存器，可以与单片机直接连接。DAC0832 芯片由 8 位输入寄存器、8 位 DAC 寄存器和 8 位 D/A 转换器组成，如图 2-139 所示。

DAC0832 以电流形式输出，在实际应用中一些执行单元需要用电压来驱动。因此，需要通过外接运算放大器，将 DAC0832 芯片的输出电流转换为电压信号，如图 2-140 所示。运算放大器与 DAC0832 芯片的电流输出端口 I_{OUT1}、I_{OUT2} 和反馈信号输入端 R_{FB} 相连接。

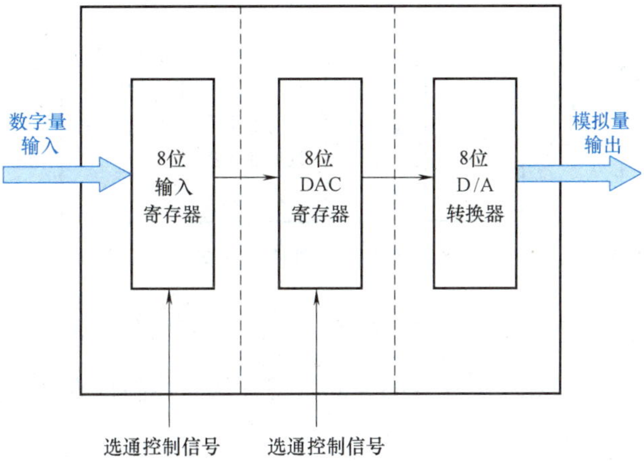

图 2-139 DAC0832 芯片的组成框图

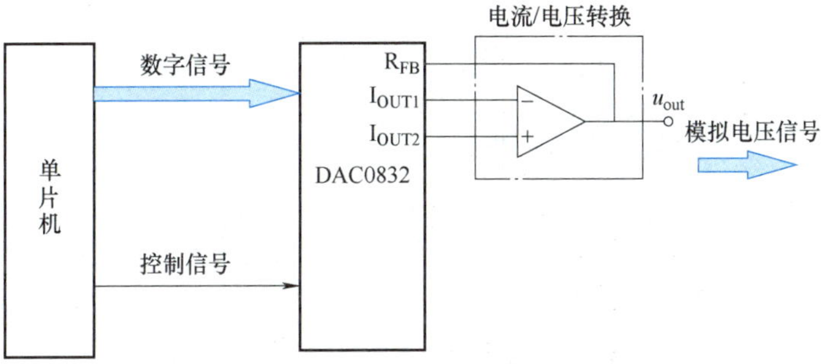

图 2-140 单片机与 DAC0832 芯片的接口关系示意图

由于 DAC0832 具有两级数据寄存器，因此可以有三种工作方式：单缓冲、双缓冲和直通式。在单缓冲工作方式中，芯片的输入数据被单个寄存器锁存。一个寄存器工作处于直通状态，另一个寄存器处于受控锁存状态。在双缓冲工作方式中，两个寄存器都对数据进行锁存。在直通工作方式中，数据不作锁存。图 2-140 所示为单片机与 DAC0832 芯片的接口示意图。

对于中、小功率的直流电动机，多采用脉冲宽度调制法（pulse width modulation，PWM）驱动。通过调整 PWM 波形的占空比来改变直流电动机的电压平均值，从而调整和控制直流电动机的转速。图 2-141 所示为通过 PWM 功率放大器对直流伺服电动机进行驱动的示意图。PWM 功率放大器通过改变电枢的平均电压来控制直流伺服电动机的转速。PWM 功率放大器的功能是将恒定的直流电压调制成具有一定频率的矩形 PWM 波电压，矩形波电压经过功率放大，形成直流伺服电动机的控制电压。将控制电压施加在直流伺服电动机的电枢上，从而实现了对直流伺服电动机速度的控制。

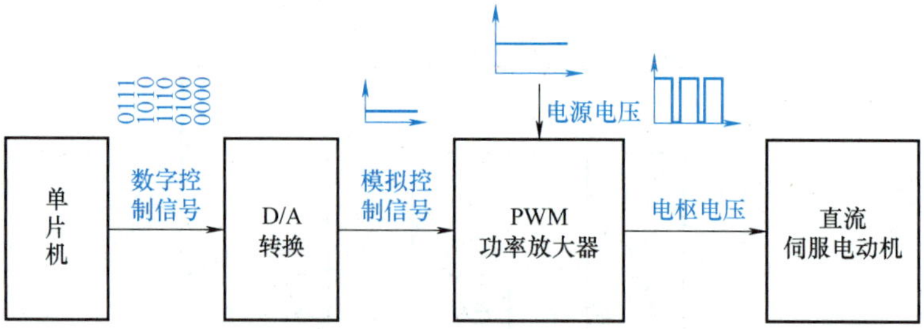

图 2-141　通过 PWM 功率放大器对直流伺服电动机进行驱动的示意图

图 2-142 所示为直流电动机的驱动示意图，89C51 单片机可以直接发出 PWM 控制信号，经过光电耦合器控制功率场效应晶体管的通断状态，从而控制直流电动机的转动和停止，实现直流电动机的调速。

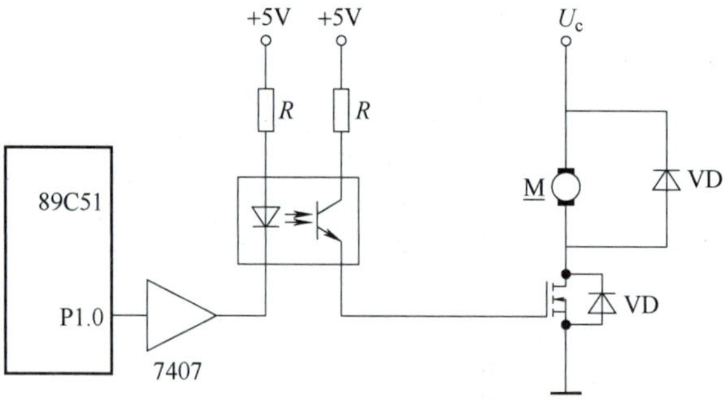

图 2-142　直流伺服电动机的驱动示意图

扫描右侧二维码完成 2.5 节测试题。

2.5 节测试题

拓展阅读 B　雷达

“雷达误报不明飞行物，总统躲入地下掩体”，一些娱乐性媒体时常刊登类似的爆炸性新闻，但肇事者却是一只小鸟。这一场虚惊是因为监控雷达在屏幕上发现“禁飞区”内有一个小白点，怀疑是一架飞机闯入，随即发出警告并进行紧急疏散。

雷达（Radar）利用无线电波的反射，来测量远处静止或移动目标的距离和方位，并辨认出被测目标的性质和形状，如图 2-143 所示。人们在进行地球大气层研究时观察到一个偶然的现象，屏幕上出现了一连串明亮的光点，但从亮度和距离分析，这些光点完全不同于被电离层反射回来的无线电回波信号。经反复实验终于弄清，这些明亮的光点显示的是实验室附近一座大楼所反射的无线电回波信号。

既然在屏幕上可以清楚地显示出被建筑物反射的无线电信号，那么活动的目标例如空中的飞机，也一定可以在屏幕上反映出来。根据上述设想，第一部用来探测飞机的雷达研制成功。后来，探测的目标又迅速扩展到船舶、海岸、岛屿、山峰、礁石、冰山，以及一切能够反射电磁波的物体。几乎在同一时期，各国的科学家们都在保密的条件下独立地开展这方面的工作。到 1939 年，一些国家的雷达技术已达到了完全可实用的地步，并在随后爆发的第二次世界大战中显示出了巨大威力。

a)　　　b)

图 2-143　雷达外形

a）中低空警戒雷达　b）雷达站及雷达扫描屏幕

拓展阅读 C　“模式识别”之父

美籍华裔科学家傅京孙，1930 年 10 月生于南京，1959 年在美国伊利诺伊大学获得哲学博士学位，1961 年在普渡大学电机工程系任教，1965 年将人工智能的启发式推理方法应用于学习控制系统，1971 年正式提出智能控制是人工智能技术与自动控制理论的二元化结合。曾任美国工程科学院院士。

傅京孙教授的主要贡献是在模式识别方面。他是国际模式识别学会（IAPR）的创办人及首任会长，美国 IEEE 计算机学会机器智能与模式识别委员会的第一任主席，是整个“语法结构模式识别”领域的开山祖师，享有“模式识别”之父的美誉。

1985年5月，傅京孙教授因突发心脏病离世，享年55岁。为了纪念这位巨人的成就和贡献，国际识别学会决定设立“傅京孙奖”，每两年一次，颁给全世界对“模式识别”贡献最大，最有成就的人。

傅京孙教授之后，美国普渡大学教授乔治·萨里迪斯在1977年提出智能控制是人工智能、自动控制和运筹学的三元化交叉。在1986年，我国著名科学家中南工业大学蔡自兴教授提出了智能控制是人工智能、自动控制、信息论和运筹学的四元化交集结构。1987年，第一次国际智能控制大会在美国举行，使得智能控制作为一门新学科正式建立。图2-144所示为智能控制产生的背景。

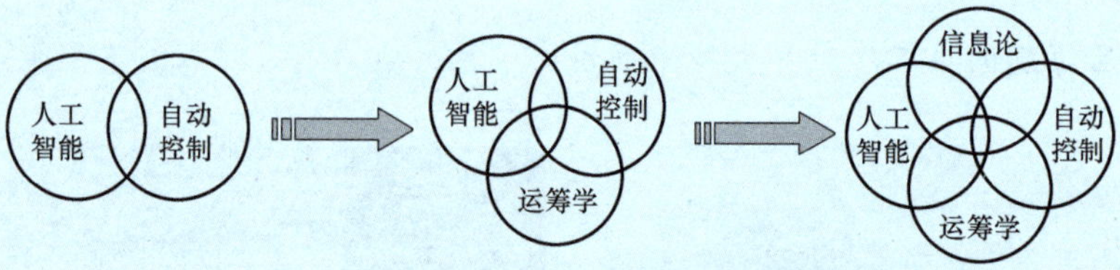

图2-144 智能控制产生的背景

习题

2-1 已知进给系统如图2-145所示。已知参数见表2-4，工作台总质量m_a=360kg，丝杠导程L_0=5mm。计算工作台的移动速度v_j。

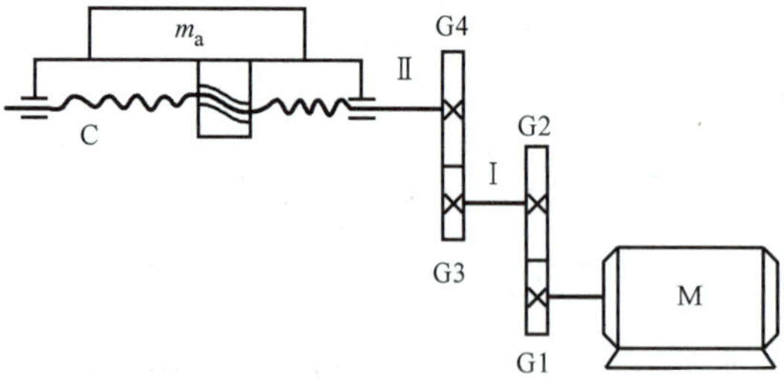

图2-145 进给系统示意图

表2-4 进给系统参数

名称	齿轮				轴		丝杠	电动机
	G1	G2	G3	G4	Ⅰ	Ⅱ	C	M
转速 n/(r/min)	720	360	360	180	360	180	180	720

2-2　滚珠丝杠的回珠方式是指什么？滚珠循环闭路的列和圈有何区别？预载有何好处？

2-3　同步带传动为什么能在机电传动单元中得到良好、高效的应用？

2-4　现有一双螺母齿差调整预紧式滚珠丝杠，其基本导程 L_0=6mm，一端齿轮齿数为 100，另一端齿轮齿数为 98，当其一端外齿轮相对另一端外齿轮转过 2 个齿时，两螺母之间相对移动了多大距离？

2-5　在机电一体化系统设计中，哪些类型的传感器最常用？请列举出五种类型。

2-6　光电式传感器有几种类型？各适用于哪些检测控制场合？

2-7　热电阻式传感器主要分成几种类型？分别适用于什么场合？

2-8　热电偶式温度传感器有几种类型？用热电偶测温时，采用哪个定理计算测量值？

2-9　电容式传感器有几种类型？分别适用于什么测量场合？

2-10　假如某一运动系统要求实现如下循环过程的控制：开始—加速—匀速—减速—停止。请提出自己的设计方案，并选择适当的传感器来实现指标检测。

2-11　用不少于三种方法设计一转速传感器，并提出设计方案。

2-12　应用光电式检测原理，可以对哪些具体对象进行测量（位置、位移、转速、速度、加速度、压力）？请说明方案。

2-13　工作原理不同的传感器可以实现相同的测量目的，比如利用电阻式传感器可以测量位置、角位移、线位移、压力等。试分析，检测位置时可以应用哪些基本原理，采取哪些具体措施，并画出原理简图。

2-14　举例说明选择应用传感器的原则。

2-15　查阅有关资料，进一步了解机电一体化中机械单元和检测单元技术的发展趋势。

2-16　判断下列情况是开环控制还是闭环控制。

（1）一分耕耘一分收获。

（2）达尔文学说认为：生物的进化是生存竞争和自然选择的结果。

（3）团结就是力量，力量大可以战胜困难，增强团结意识。

（4）瞄准后射出子弹。

（5）医生经 CT 检查确诊病人的病情。

（6）雨过天晴。

2-17　分析图 2-146a 所示的水箱水位自动控制系统的工作原理。若将系统结构改为图 2-146b，对系统工作会产生什么影响？

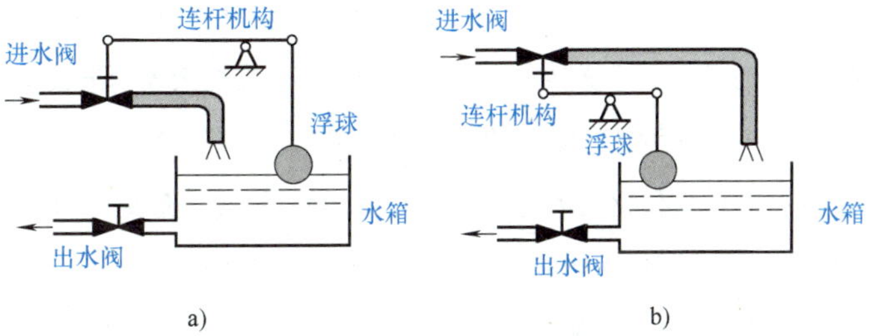

图 2-146　水箱水位自动控制系统

2-18　试比较智能控制与传统控制并分析它们各自的优缺点。

2-19　请结合生产生活实际，举例说明智能控制主要的应用领域。

2-20　请查阅相关资料，了解德国西门子公司生产的 S7-200 系列 PLC 的特点及应用领域。

2-21　P 控制器、PI 控制器和 PID 控制器的特点分别是什么？各适用于什么场合？

2-22　试分析直、交流伺服电动机在性能上有何不同？

2-23　请列举直流无刷电动机的特点及应用领域。

2-24　请分析实现伺服电动机对数控机床的位置控制和速度控制的方法。

2-25　请从人机工程学角度考虑，总结机电一体化产品中按键的设计原则。

2-26　对于图 2-122 所示的按键接口电路，假设流入单片机 P1.0 端口的最大电流为 1.5mA，将上拉电阻的安全系数设为 2.0，请计算此按键接口电路的上拉电阻值。

2-27　对于图 2-125 所示的 LED 显示器电路，若将图中的反相驱动器换成同相驱动器，请说明 LED 显示器如何工作。

2-28　若 ADC0809 转换器的模拟量输入电压最大值为 5V，试计算 ADC0809 芯片的分辨率。

参考文献

[1] 郑堤，唐可洪．机电一体化设计基础［M］．北京：机械工业出版社，1997.

[2] 黄筱调，赵松年．机电一体化技术基础及应用［M］．北京：机械工业出版社，1995.

[3] 杨琳．自动检测与转换技术［M］．北京：北京理工大学出版社，2010.

[4] 李希文，赵建，李智奇，等．传感器与信号调理技术［M］．西安：西安电子科技大学出版社，2008.

[5] 陶红艳，余成波．传感器与现代检测技术［M］．北京：清华大学出版社，2009.

[6] 胡向东，联道渠，胡蓉，等．传感器与检测技术［M］．4 版．北京：机械工业出版社，2021.

[7] 王小平，李柱国，张先龙，等．端面凸轮传动医用微动装置的设计和动力学分析［J］．机械设计与研究，2004，20（6）：29-30.

[8] 殷淑英．传感器应用技术［M］．北京：冶金工业出版社，2008.

[9] 赵再军．机电一体化概论［M］．杭州：浙江大学出版社，2004.

[10] 杨乐平，李海涛，肖凯，等．虚拟仪器技术概论［M］．北京：电子工业出版社，2003.

[11] 孙卫青，李建勇．机电一体化技术［M］．2 版．北京：科学出版社，2009.

[12] 曹玲芝．现代测试技术及虚拟仪器［M］．北京：北京航空航天大学出版社，2004.

[13] 徐峰，李庆祥．精密机械设计［M］．北京：清华大学出版社，2005.

[14] 梁景凯，刘会英．机电一体化技术与系统［M］．2 版．北京：机械工业出版社，2020.

[15] 张海根．机电传动控制［M］．北京：高等教育出版社，2001.

[16] 王玉琳，尹志强．机电一体化系统设计课程设计指导书［M］．2 版．北京：机械工业出版社，2019.

[17] 何雪明，吴晓光，刘有余．数控技术［M］．4 版．武汉：华中科技大学出版社，2021.
[18] 陈冰，冯清秀，邓星钟．机电传动控制［M］．6 版．武汉：华中科技大学出版社，2022.
[19] 程宪平．机电传动与控制［M］．3 版．武汉：华中科技大学出版社，2010.
[20] 邹伯敏．自动控制理论［M］．4 版．北京：机械工业出版社，2019.
[21] 董景新，赵长德，郭美凤，等．控制工程基础［M］．4 版．北京：清华大学出版社，2015.
[22] 杨亚莉，孟彦京．前馈控制在复卷机调速系统中的应用［J］．信息技术，2009（7）：221-224.
[23] 刘丁．自动控制理论［M］．3 版．北京：机械工业出版社，2023.
[24] 李全利．单片机原理及应用技术［M］．3 版．北京：高等教育出版社，2008.
[25] 陈桂友．单片机原理及应用［M］．2 版．北京：机械工业出版社，2021.
[26] 王宗和．单片机实验与综合训练［M］．北京：高等教育出版社，2005.
[27] 吴建强．可编程控制器原理及其应用［M］．北京：高等教育出版社，2004.
[28] 巫莉．电气控制与 PLC 应用［M］．北京：中国电力出版社，2008.
[29] 冬雷．DSP 原理及电机控制系统应用［M］．北京：北京航空航天大学出版社，2007.
[30] 姜沫岐，许涵，俞鹏，等．DSP 原理与应用从入门到提高［M］．北京：机械工业出版社，2007.
[31] 廖常初．PID 参数最通俗的解释与参数整定方法［J］．电气时代，2012（1）：90-94.
[32] 黄友锐，曲立国．PID 控制器参数整定与实现［M］．北京：科学出版社，2010.
[33] 杨志高．基于微分反馈的吸尘器模糊控制器设计［J］．机电工程技术，2004，33（3）：63-64.
[34] 程武山．智能控制理论、方法与应用［M］．北京：清华大学出版社，2009.
[35] 李少远，王景成．智能控制［M］．2 版．北京：机械工业出版社，2009.
[36] 韩力群．智能控制理论及应用［M］．北京：机械工业出版社，2007.
[37] 郭青山，汪元辉．人机工程设计［M］．天津：天津大学出版社，1994.
[38] 方建军．光机电一体化系统接口技术［M］．北京：化学工业出版社，2007.
[39] 龚捷．接口技术［M］．北京：化学工业出版社，2008.
[40] 李朝青．单片机原理及接口技术［M］．3 版．北京：北京航空航天大学出版社，2005.

第 3 章 机电一体化产品设计

看到功能强大的机电一体化产品，不禁会思考：产品是如何设计和制造出来的？是否将第 2 章介绍的各个单元模块进行简单的组合，便能够设计出机电一体化产品了？如果设计送餐机器人，应该如何进行设计工作呢？

本章对机电一体化产品的设计方法进行了概要介绍，初步讲解了机电一体化产品的设计流程和设计类型、机电一体化产品设计中的建模方法，以及产品设计中的现代设计方法。本章内容是将来从事机电一体化产品设计工作的基本知识储备。

学习目的： 掌握机电一体化产品的设计流程，了解各类产品设计的方法和工具。

教学内容： 机电一体化产品的设计流程和设计类型，机电一体化产品设计中的建模方法，产品设计中的现代设计方法。

关 键 词： 产品设计、建模、软件、设计方法。

本章知识体系：

- 机电一体化产品设计
  - 设计方法
    - 设计流程：产品规划、总体方案设计、技术设计、样机试制、产品定型
    - 设计类型：开发性设计、适应性设计、变型设计
    - 设计软件：设计类、工程分析类、测控软件开发类
  - 建模方法
    - 产品规划与总体方案设计中的常用模型：用例图、框图、层次结构模型
    - 产品技术设计中的数学模型：机械系统模型、电路系统模型
  - 现代设计方法
    - 计算机辅助设计
    - 创新设计
    - 优化设计
    - 可靠性设计

3.1 机电一体化产品的设计方法

机电一体化产品要求设计者能够综合应用机电一体化的相关技术，将机械、电子、计算机技术、测试与控制等技术有机地融合为一个性能最优的整体。同时，在机电一体化的产品设计过程中，还需要设计人员熟练掌握工程设计方法和软件，特别是现代设计方法，以实现优质、高效、低成本的机电一体化产品设计。机电一体化产品设计过程的知识需求如图 3-1 所示。

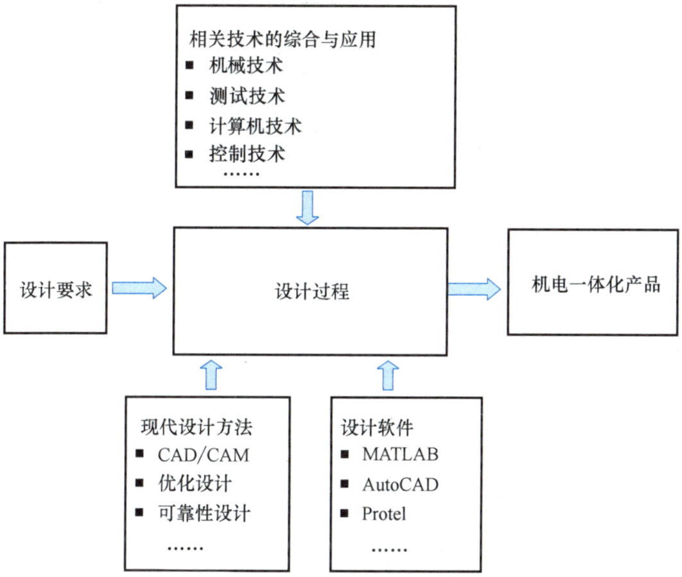

图 3-1 机电一体化产品设计过程的知识需求

3.1.1 机电一体化产品的设计流程

机电一体化产品的设计流程与一般产品的设计流程类似，主要包括产品规划、总体方案设计、技术设计、样机试制与产品定型 5 个阶段，如图 3-2 所示。

1. 产品规划

通过市场调查和分析，掌握欲设计机电一体化产品的市场容量、社会和用户需求等信息，预测产品的市场销售情况。通过对市场需求状况的调查、了解、分析和论证，以便正确制订产品的设计和销售策略。市场需求是用户对产品的需要，包括用户对产品品种、质量、规格、型号、数量、价格、供货期限和销售服务等方面的要求。充分获取国内外同类或类似产品的性能、技术特征、缺点、价格、发展趋势等信息，可以为产品的设计提供参考依据，从而将用户需求转化为技术需求。

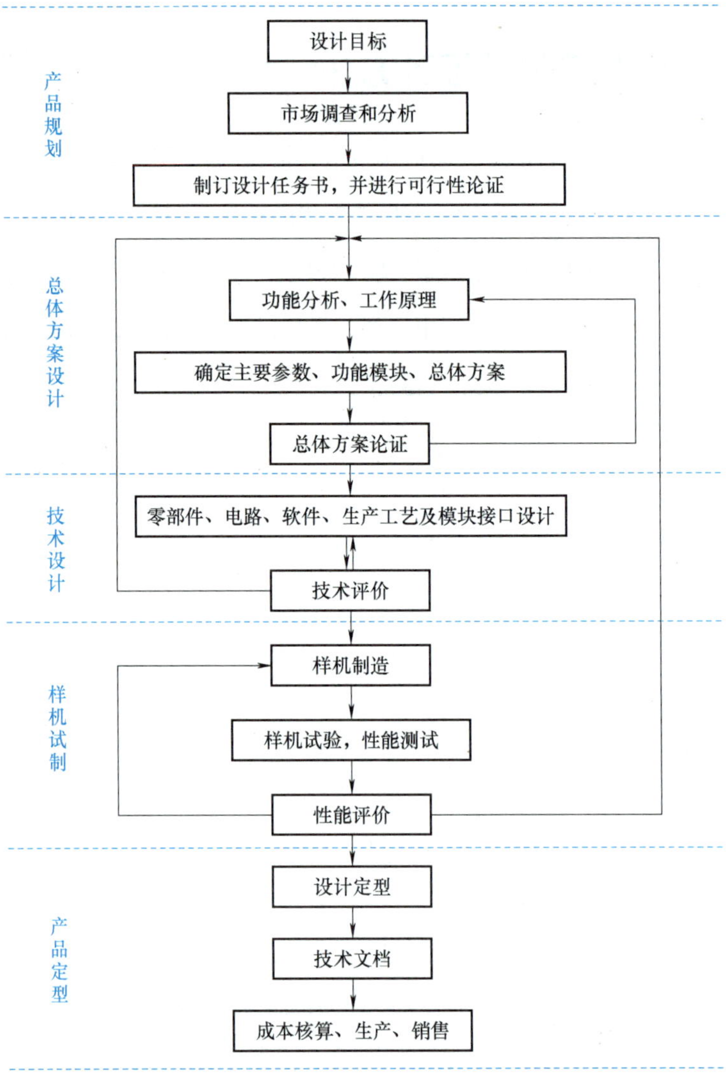

图3-2 机电一体化产品的设计流程

在需求分析的基础上，制订任务书，并对设计任务书进行可行性论证，从技术性、经济性、市场销售和社会效益等方面判断欲设计的机电一体化产品是否可行。

2. 总体方案设计

根据机电一体化产品的设计任务要求和性能指标，首先分析产品的功能要求，确定实现机电一体化产品功能的工作原理方案，确定机电一体化产品的主要参数。然后，根据产品的功能或者系统组成，对机电一体化产品的功能模块进行划分，确定每个模块的技术指标。确定各功能模块之间的接口，完成机电一体化产品的总体方案设计。机电一体化产品的总体方案设计内容包括产品外观，内部结构形式和布置方案，产品子系统及其功能和指标，子系统之间的接口设计，设计任务书、验收规范和设计进度规划等。

总体方案设计是整个产品设计流程的一个重要关键环节，对于机电一体化产品的设计过程而言至关重要，总体方案设计的质量直接影响机电一体化产品的性能、后续的技术设计进度、效率以及产品的质量和成本等。通常情况下，产品的总体设计方案不是唯一的，需要进行对比和分析，所以对总体方案进行充分的论证和修改是非常必要的。

3．技术设计

在总体方案设计的基础上，对各模块中的零部件、电路、软件、生产工艺及模块接口进行详细的设计。例如，确定某个零件的材料、形状和尺寸，绘制零件图，编写制造工艺规程等，设计电子、电气系统的电路图，选用合适的元器件等。

技术设计阶段的任务较多，可以通过分工形式完成。在技术设计过程中，需要应用到众多的设计方法和设计工具，例如 CAD/CAM、可靠性设计、优化设计等设计方法。在技术设计阶段，也需要对各个设计内容进行技术评价，考察各项技术性能指标，从而确定是否对技术设计内容进行修改和完善，如果有必要，还可以对总体设计方案进行改进，以获得最佳的机电一体化产品性能。

4．样机试制

机电一体化产品样机是按照设计要求制造出来的实物产品，通过样机，设计人员可以更加直观地体验产品，进行样机试验，测试和评价各项性能和技术指标，发现设计和制造过程中存在的问题，及时修改设计中的不足之处，提高产品质量。

5．产品定型

样机试制后，产品的设计内容已经确定，此外，还需要完成设计说明书、图样、程序等详细的技术文档，进行产品的成本核算，投入批量生产，进行市场销售。至此，机电一体化产品的设计开发流程便完成了。后续工作可以根据市场反馈信息，确定未来的产品设计方向和策略。

3.1.2　机电一体化产品的设计类型

机电一体化产品的设计类型一般分为开发性设计、适应性设计和变型设计三种类型，如图 3-3 所示。

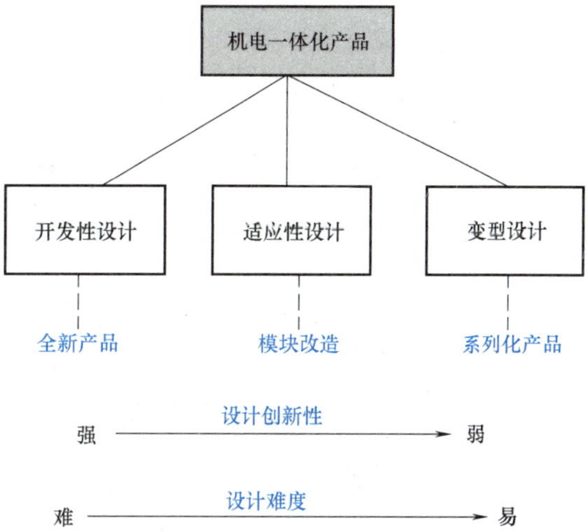

图 3-3　机电一体化产品的设计类型

1. 开发性设计

开发性设计是在市场上没有同类产品的情况下，开发出新的产品，例如第一台无人机、机器人等。开发性设计属于创新设计，技术含量高，产品的附加值高。开发性设计一方面要求设计者具有敏锐的市场分析和预测能力，另一方面要求设计者具备较强的创新精神和能力。

2. 适应性设计

适应性设计是针对市场上已有的机电一体化产品，为了适应时代发展和市场需要，在不改变产品总体方案和工作原理的情况下，对产品的某一个模块或部件进行重新设计和改造，以提升产品的性能和质量。例如，用PLC替代继电器、接触器，用汽车发动机中的电子燃油喷射装置代替机械式喷射装置，用微机控制的自动相机代替机械式手动照相机等。

3. 变型设计

变型设计是针对现有产品，保留总体设计方案和工作原理，仅改变产品的规格、尺寸或者结构布局，设计出不同参数的系列化产品。例如，某品牌空调同一系列不同规格的产品。

对于三种设计类型，请列举出其他的机电一体化产品。

3.1.3 机电一体化产品的设计软件

软件是机电一体化产品设计过程中的重要工具，软件的应用将会极大提高产品的设计效率和设计质量，降低设计成本，缩短开发周期。根据软件的功能和应用领域，可以将机电一体化产品的设计软件分为三大类：设计类、工程分析类和测控软件开发类。

表3-1所列为机电一体化产品设计过程中的常用软件及其功能。例如，在机电一体化产品设计过程中，AutoCAD软件通常用于机械本体和机械传动零部件的设计，特别适用于零件图的绘制。Protel通常用于控制和检测系统的电路设计。应用Pro/ENGINEER软件的虚拟样机技术，建立机电产品的三维数字模型，定义各个零部件的物理特性，进行计算机仿真，以数字与图形方式显示机电产品在模拟真实工程条件下的各种特性，例如运动状态、变形、应力与振动等特征，可以反映出实际机电产品的特性，包括外观、空间关系以及运动学和动力学的特性，分析和预测产品的性能，从而达到改进产品设计、提高产品性能的目的。MATLAB中的Simulink模块广泛应用于线性系统、非线性系统、数字控制及数字信号处理

的建模和仿真过程。

表 3-1　机电一体化产品设计过程中的常用软件及其功能

软件类型	软件名称	主要应用功能
设计工具	CAXA CAD 电子图板、AutoCAD	绘制二维机械图
	Pro/ENGINEER、SolidWorks、UG	三维实体建模
	亿图图示、Protel	绘制电路图，设计 PCB（印制电路板）
	TechOptimizer、Innovation WorkBench	创新设计
工程分析工具	NX-MCD	概念设计、建模、仿真、调试
	MATLAB	科学计算与绘图、控制系统仿真
	ANSYS、ABAQUS、ADAMS	有限元分析
	HyperWorks	优化设计、建模仿真
	AMEsim、20-sim	机电系统建模、仿真
测控软件开发工具	单片机汇编语言、PLC 编程语言	控制软件开发
	C 语言、C++ 语言	测试与控制软件开发
	LabVIEW	测试软件开发

扫描右侧二维码完成 3.1 节测试题。

3.1 节测试题

3.2 机电一体化产品设计中的建模方法

建模基本贯穿于机电一体化产品的整个设计过程，在产品的不同设计阶段，所用的模型也不一样，如图 3-4 所示。

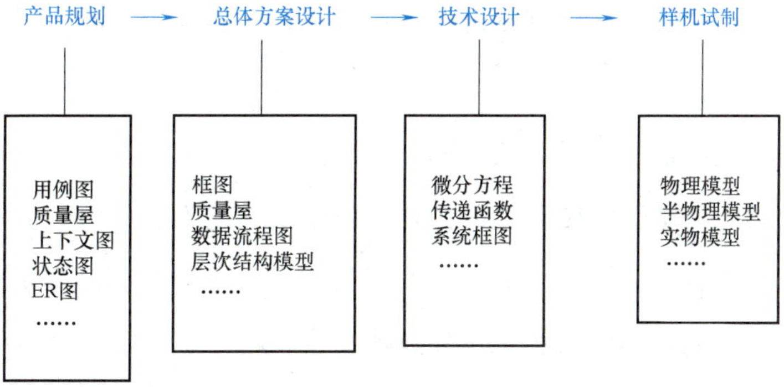

图 3-4　机电一体化产品设计过程中的模型

模型是对产品的抽象表达或者是接近实际产品的实物。在机电产品设计过程中，建模具有下列作用：

1）提供解决工程问题的有效手段和途径。对工程问题进行适当的简化，建立相应的数学或力学模型，是解决实际工程问题的常用工具和手段。例如，可对有行驶汽车的桥梁进行建模，将其描述成为受集中载荷的简支梁，根据上述力学模型，便可以分析和计算出超载汽车对桥梁强度的影响规律。

对于机电一体化产品的控制系统，建立了数学模型之后，便可以进行控制算法的设计，分析控制系统的性能。对于某些大型的机电一体化系统，其复杂性较高，规模较庞大，需要建立不同的模型对系统的各个层次进行描述。将复杂的机电一体化系统分解为一些子系统，以便于设计分工，进行并行设计，提高设计效率。因此，机电一体化产品越复杂，设计过程就越有必要建模。

2）便于交流。模型用于描述用户的需求、产品的设计理念、工作原理、设计方案以及设计中的具体技术问题。机电一体化产品设计过程的建模不仅有助于设计人员与用户的交流，也便于设计人员之间的技术共享和沟通。在机电一体化产品的规划阶段，充分了解用户需求是非常重要的。用户需要完整表达对产品功能的要求，设计人员需要准确理解用户的想法。例如，在需求分析过程中，用例图模型可以从用户角度描述产品功能，提供了一种表达产品功能的有效手段。

因此，与机械产品设计中的图样相似，模型是工程技术人员沟通与交流的最有效工具。模型的建立有助于设计团队中的每位设计人员共享机电产品的设计思想，充分理解自己所要完成的设计任务。另外，模型也可为以后的产品维护和升级，以及产品设计的继任者提供技术文档。

3）有助于对设计内容进行检验。模型为机电一体化产品的仿真提供了基础，通过模型进行仿真分析与计算是现代机电产品设计中的常用手段。例如，建立机械系统的运动学模型和动力学模型，可以通过计算机模拟机构的运动状态，判断机构是否存在碰撞和干涉，观察和分析机械系统的稳定性。建立伺服控制系统的传递函数模型，根据传递函数进行伺服控制系统的仿真分析，获悉伺服系统的性能。通过软件对机械本体、传动系统、执行元件、动力系统等结构或零部件进行三维实体建模，从而分析和获得产品结构或零部件的相关特性，如静动力学分析、疲劳失效、系统动态特性、模态分析、谐响应及电磁特性等。将参数化建模与优化设计方法结合，通过改变产品结构、零部件的尺寸参数，以及循环迭代计算对应参数下的零部件特性，还可以对产品结构、零部件的尺寸参数进行优化设计。

如图 3-4 所示，在机电一体化产品整个设计过程中的模型较多，不同的模型的应用场合也不同。例如，用例图、框图、层次结构模型等主要应用于产品规划与总体方案设计过程。在机电一体化产品的技术设计阶段，主要应用微分方程、传递函数、三维实体模型等。而在样机试制阶段，主要应用实物模型。下面介绍在机电一体化产品规划、总体方案设计和技术设计过程中常用的几种建模方法。

3.2.1　产品规划与总体方案设计中的常用模型

1. 用例图

对用户的需求进行完整而准确的理解和描述，是实现机电产品设计的重要前提和基础，也是决定产品设计成功的关键。在需求分析阶段，用例（use case）被认为是识别和捕获用户需求的有效工具、描述用户需求的方法，以及用户和设计人员之间的沟通渠道。用例图（use case diagram）是一种描述用例、参与者以及它们之间关系的图形。用例图可以从用户的角度描述机电产品的需求和功能，分析产品所需的功能和动态行为。通过用例图可以使机电产品设计人员与用户对产品的需求达成共识，明确机电产品的基本功能，为后续设计工作建立基础。

用例图是需求分析中的常用建模工具，已经成为一种标准化的用户需求描述方法，是统一建模语言（unified modeling language，UML）的组成部分之一。UML 是一种标准的基于面向对象的可视化通用建模语言，具有易于表达、功能强大、适用性强等特点，可用于软件开发的各个阶段建模，还可用于工业系统、机电系统、硬件设计、质量管理、过程管理等。

用例图的基本组成包括系统、参与者、用例和用例与参与者之间的关系。图 3-5 所示为自动存取款机的用例图。

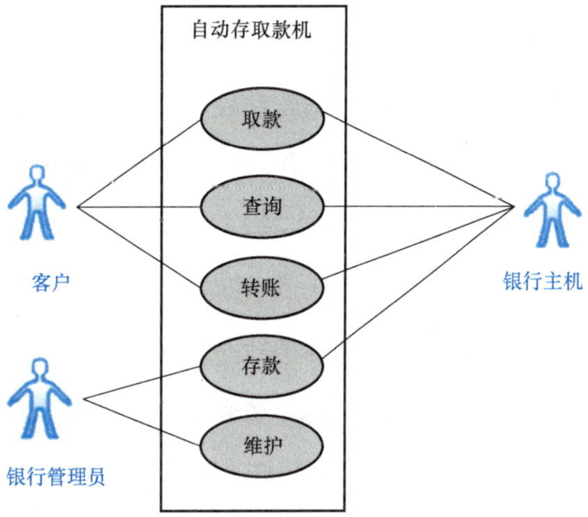

图 3-5　自动存取款机的用例图

1）系统是用例图的一个组成部分，代表的是一个机电产品或机电系统，系统的边界用来说明所构建用例的应用范围。比如将一台自动存取款机定义为系统，能够完成取款、查询、转账等功能。这些功能在自动存取款机内有效，自动存取款机之外的情况不考虑。系统通常用方框表示，系统的名字写在方框的内部。将用例放在系统边界以内，将参与者放在系统边界以外。

2）用例是外部可见的系统功能单元，一个系统中可以包含若干用例。用例是对一组动作序列的描述，每一个序列表示系统的参与者与系统本身的一次交互。系统执行该动作序列来为特定的参与者产生可观测的、有价值的结果。用例通常用椭圆表示，例如图 3-5 中的取款、查询、转账、维护等。

3）参与者是与系统进行交互的外部实体，以某种方式参与用例的执行过程，每个参与者可以参与一个或多个用例。参与者可以是人、产品、系统、设备以及进程等。参与者一般以人的形状符号表示，例如图 3-5 中的客户、银行管理员和银行主机。

对于自动存取款机，应该如何建立其用例图？

2. **框图**

在总体方案设计阶段，需要确定实现产品功能的解决方案。通常情况下，框图是描述产品解决方案的常用建模工具。框图（Block diagram）也叫方块图，应用正方形、长方形以及其他图形和连接线的组合形式，直观说明机电产品的工作原理，表示出机电产品各部分之间的相互联系。表示产品各独立部分的性能和作用的内容放在方框内，方框之间的连接线表示各部分之间的关系。

数控工作台（见图 3-6）是一个典型的机电一体化系统，广泛应用于小型数控机床、激光加工设备、插线机、打孔机、涂胶机、检测装置等。数控工作台由控制器、电动机、滚珠丝杠螺母副、滚动导轨副等部件组成。如果数控工作台的运动精度要求不高，可以选用步进电动机作为执行元件，系统采用开环控制，如图 3-6 所示。为了提高数控工作台的运动精度，可以采用伺服电动机作为执行元件，采用半闭环或者闭环控制。收到控制器发出的指令后，伺服电动机通过联轴器驱动滚珠丝杠转动，滚珠丝杠上的螺母带动滑块和工作台在直线导轨上移动。图 3-7 所示为数控工作台系统的框图，通过框图可以描述系统内各部分的组成、各部分之间的关系，以及系统的工作过程和原理。

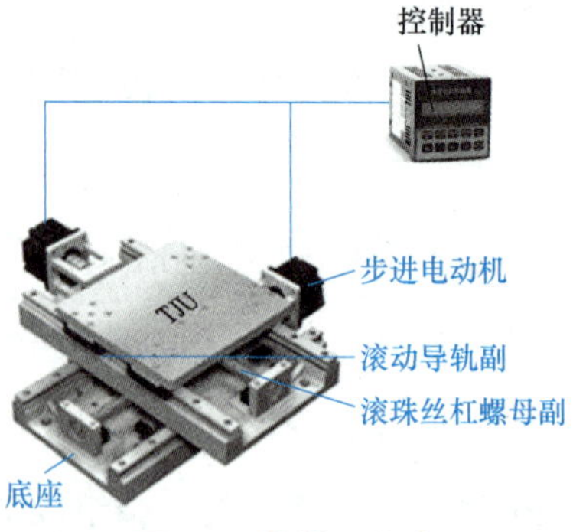

图 3-6　数控工作台

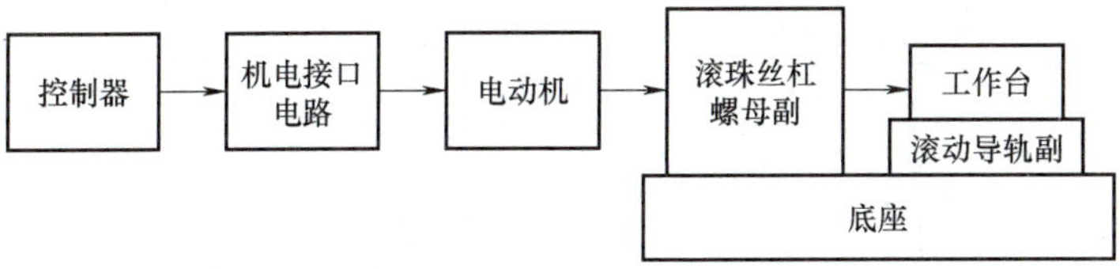

图 3-7　数控工作台系统的框图

原理动画

3．层次结构模型

对机电一体化产品的设计方案进行评价，目的是从多个可行的备选方案中确定出最优的技术方案。评价过程一般需要确定评价内容和评价方法，在方案设计阶段，一般选择技术先进性、经济合理性和安全可靠性三方面内容为机电一体化产品的评价内容，并根据具体的产品确定详细的评价指标。

评价指标是描述被评价对象性能的量。通常情况下，评价指标不是唯一的。对于某一被评价对象同时受到多种指标影响的情况，在综合考察多个指标时，依据多个指标对被评价对象进行总评价的方法称为综合评价。综合评价方法适于对多个评价指标的产品进行评价，能够综合考虑影响产品总体方案设计的多个相关指标，并考虑指标之间的关系，对机电一体化产品的总体设计方案做出优劣排序。此方法弥补了传统用单一指标评价设计方案的不足，综合考虑评价内容和评价指标，评价结果更为准确全面。

层次分析法（analytic hierarchy process，AHP）是定性分析和定量计算相结合的一种决策方法。定性分析是将一个复杂的评价问题分解，形成一个有序的递阶层次结构模型。定量分析是将定性指标两两相互比较判断，采用一种近似定量化的处理方法，确定各个指标在层次中相对决策目标的重要程度，最终做出整体排序。层次分析法可以将决策者对复杂对象的评价和决策的思维过程系统化、模型化和数学化。

一般根据评价指标之间的关系建立层次结构图，图 3-8 所示为机器人方案设计的综合评价层次结构模型。其中，技术性能、经济性能和安全性能作为准则层。准则层又细分为子准则层，例如机器人的技术性能又可以细分为承载能力、自由度、工作范围、运动速度、定位精度等子准则，在图 3-8 中仅仅列出技术性能的 3 项子准则。方案层表示可供选择的设计方案。

当评价总体方案的递阶层次结构模型确定后，下一步需要定量确定子准则对评价目标的相对权重。通常采用 Saaty1-9 标度法建立判断矩阵，然后通过判断矩阵计算出每一个子准则相对评价目标的权重向量 $\boldsymbol{W}$，方案层中所有设计方案相对子准则的权重矩阵 $\boldsymbol{A}$。最后，根据公式 $\boldsymbol{I}=\boldsymbol{AW}$ 便可以计算出所有设计方案的评价系数向量。根据评价系数值的大小，便可以对机电一体化产品的总体设计方案进行排序。

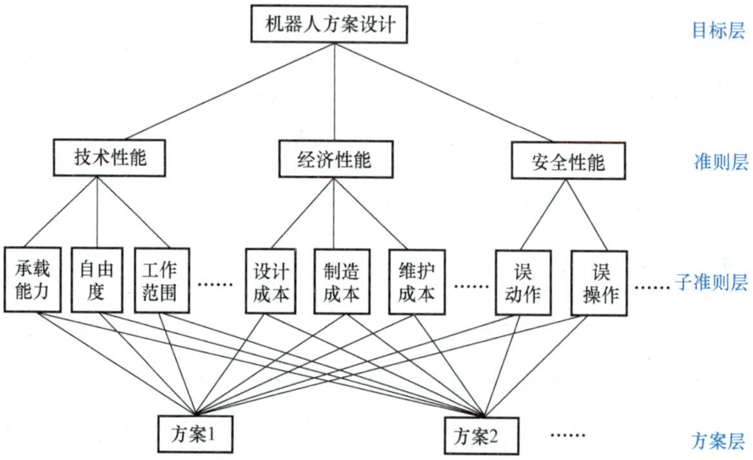

图 3-8 机器人方案设计的综合评价层次结构模型

设计一台全自动洗衣机，如何构建层次结构模型的子准则层？

3.2.2 产品技术设计中的数学建模

如果要分析和研究机电系统的特性，通常需要建立机电系统的数学模型。系统数学模型是描述系统中各变量之间相互关系的数学表达式，一般采用输入输出之间关系式的形式，对于机电一体化系统，通常采用描述系统输入、输出之间关系的微分方程、传递函数和系统结构图三种形式建立系统的数学模型。

在机电产品技术设计阶段，一般需要建立控制系统、传动系统、动力系统和传感检测系统的数学模型。例如，建立机电产品控制系统的数学模型是设计控制算法、系统结构和进行系统仿真的基础。建立机械传动系统的数学模型是伺服系统设计的重要内容，例如图 3-6 所示的数控工作台，其机械传动系统一般由步进电动机、齿轮、滚珠丝杠和工作台构成。在机械系统的设计过程中，需要建立机械传动系统的动力学模型，并根据动力学模型计算系统的转动惯量和转矩，为步进电动机的选择和传动系统的动态特性分析与设计提供计算依据。

机电系统的数学模型涉及机械系统模型和电路系统模型两大类。

1. 机械系统模型

如图 3-9 所示，机械平移系统有三个基本元件：质量、弹簧和阻尼。质量 m 表示系统的惯性，弹簧表示系统的刚性 k，阻尼 c 表示系统内的摩擦或衰减效应。三个基本元件分别对机械平移系统产生三种运动阻力：惯性力、弹性力和阻尼力。在外力 $F(t)$ 作用下，系统

会产生位移 $x(t)$。机电系统中的一些传动机构和执行机构常采用平移运动方式，如数控直线工作台、汽车支撑系统、组合机床的动力滑台等。

如图 3-10 所示，机械转动系统有三个基本元件：转动惯量 J、扭簧 k 和阻尼 c。同样，这三个基本元件分别对机械转动系统产生三种运动阻力：转矩、扭转力矩和阻尼力矩。在外力矩 $M(t)$ 作用下，系统会产生旋转角度 $\theta(t)$。机械转动系统用于描述机电系统中以旋转方式完成运动的一些传动机构和执行机构，如回转工作台、齿轮减速器、丝杠传动、电动机转子等。

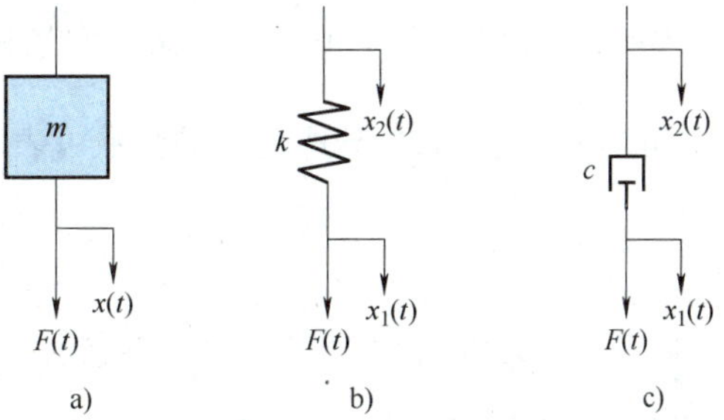

图 3-9　机械平移系统

a）质量　b）弹簧　c）阻尼

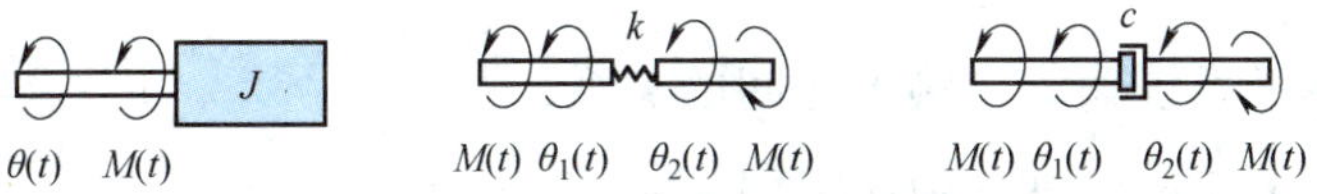

图 3-10　机械转动系统

下面以一个简单的减振工作台为例，说明微分方程、传递函数和系统结构图三种形式数学模型的建立方法。对于图 3-11 所示的液压减振工作台系统，假设工作台的质量为 m，液压缸的刚度为 k，阻尼为 c，作用在工作台的外载荷为 $F(t)$，工作台的位移为 $y(t)$。

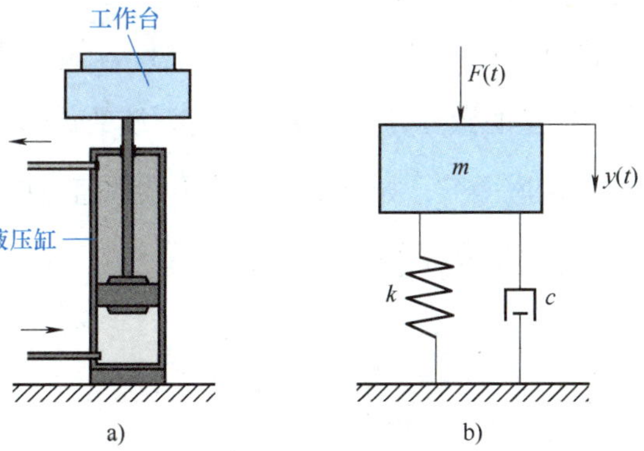

图 3-11　液压减振工作台

a）减振工作台　b）力学模型

对图 3-11a 所示的机械系统进行简化，建立图 3-11b 所示的力学模型。则该系统的动力学模型微分方程可以表示为

$$m\frac{\mathrm{d}^2y(t)}{\mathrm{d}t^2}+c\frac{\mathrm{d}y(t)}{\mathrm{d}t}+ky(t)=F(t)$$

设外载荷 $F(t)$ 为系统的输入，位移 $y(t)$ 为系统的输出，将系统的输入和输出分别用拉

普拉斯变换（laplace transform）形式表示为 $F(s)$、$Y(s)$。应用拉普拉斯变换，可以将时间 t 的函数变换为复参量 s 的函数，从而将微分方程转化为代数方程。拉普拉斯变换的数学描述如下：

设函数 $y(t)$ 在 $t \geqslant 0$ 时有定义，而且积分 $\int_0^{\infty} y(t)\mathrm{e}^{-st}\mathrm{d}t$（$s$ 为复参量）在复平面 s 的某一域内收敛，则由此积分所确定的函数可表示为

$$Y(s)=\int_0^{\infty} y(t)\mathrm{e}^{-st}\mathrm{d}t$$

$Y(s)$ 称为函数 $y(t)$ 的拉普拉斯变换。

将系统拉普拉斯变换后的输出 / 输入比称为传递函数（transfer function），传递函数描述了系统的特性。对上述公式进行拉普拉斯变换，便得到图 3-11 所示机械系统的传递函数为

$$G(s)=\frac{Y(s)}{F(s)}=\frac{1}{ms^2+cs+k}$$

传递函数描述了系统输入、输出之间的关系，并且可以不考虑系统内部的特性，因此不同的系统可以有相同的传递函数。将表示系统变量之间的数学函数关系的框图称为系统结构图。根据传递函数可以绘出机械系统结构图，如图 3-12 所示。

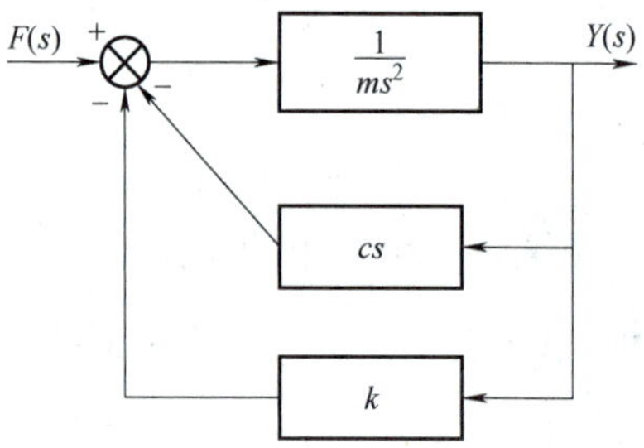

图 3-12　机械系统结构图

图 3-11 所示的例子以移动部件为例，建立了系统的数学模型。同理，对于机电一体化产品中的回转类部件，如电动机轴、同步带、传动轴等，也可以建立相应动力学模型的微分方程，从而获得系统的传递函数和系统结构图。

对于图 3-11 所示系统的传递函数，如果给出各个参数的值，应用 MATLAB 计算便可以获得系统的仿真结果曲线，仿真程序如下：

```
>> m=2; c=0.6; k=8.5;
>> figure(1)
>> num=[0 0 1];
>> den=[m c k];
>> sys=tf(num, den);
>> impulse(sys)
>> figure(2)
>> bode(sys)
```

图 3-13 所示为系统的单位脉冲响应曲线，表示系统在单位脉冲信号的作用下所产生的响应，用于分析系统的时域特性。图 3-14 所示为系统的伯德图（bode diagram），用于分析系统的频域特性。

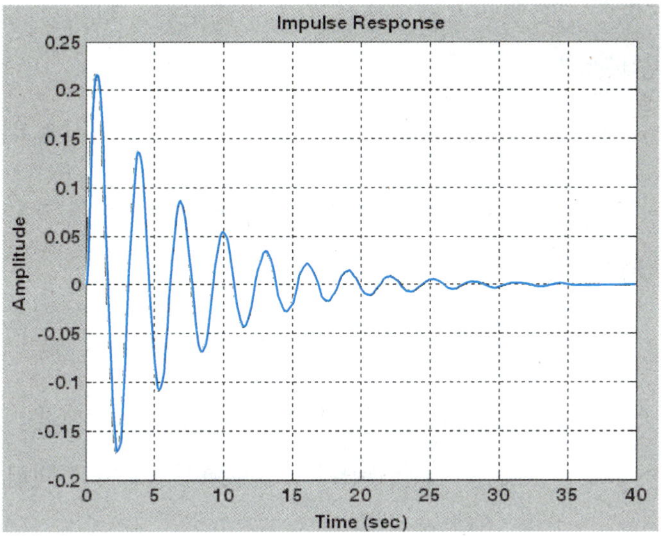

图 3-13　系统的单位脉冲响应曲线

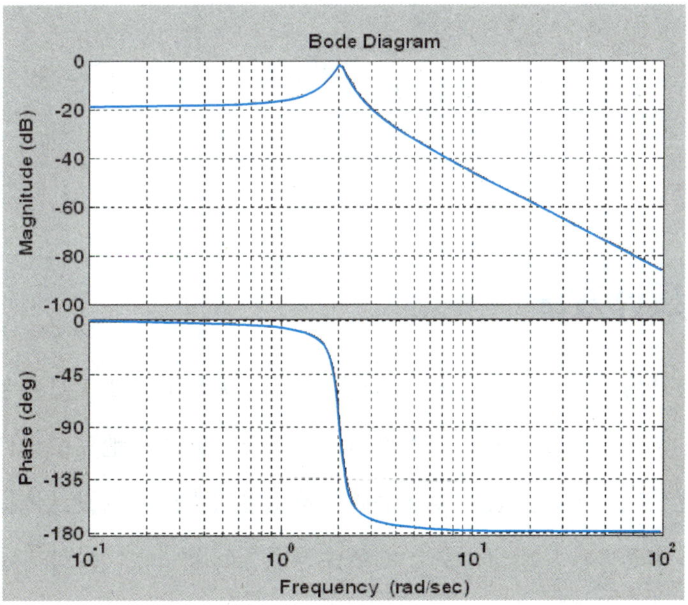

图 3-14　系统的伯德图

2. **电路系统模型**

电路系统的基本元件有电阻、电容和电感，主要依据基尔霍夫定律建立电路系统的动态模型。在电路系统中，这三种基本元件分别产生三种电压：电阻两端电压、电容两端电压和电感两端电压。如果电路系统输入电压 $u(t)$，则在电路系统内会产生电流 $i(t)$。对于由电动机、电感、电容和电阻组成的电气系统，可以通过建立电压平衡方程和力矩平衡方程来建立机电系统的微分方程，再通过拉普拉斯变换得到传递函数。

图 3-15 所示为电阻、电容和电感组成的 *RCL* 串联电路，则 *RCL* 串联电路的数学模型为

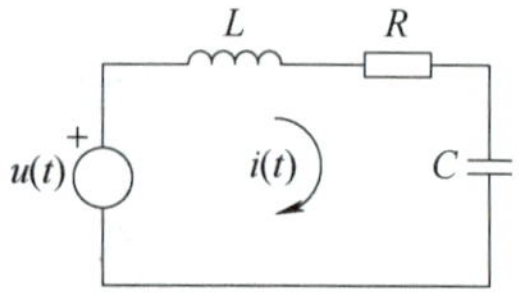

图 3-15 *RCL* 串联电路

$$L\frac{\mathrm{d}i(t)}{\mathrm{d}t}+Ri(t)+\frac{1}{C}\int i(t)\mathrm{d}t=u(t)$$

如果选择速度 $v(t)$ 作为图 3-11 所示液压减振工作台的输出变量，并令弹簧的柔度为 ρ，即 $k=1/\rho$，则该系统的动力学模型可以表示为

$$m\frac{\mathrm{d}v(t)}{\mathrm{d}t}+cv(t)+\frac{1}{\rho}\int v(t)\mathrm{d}t=F(t)$$

对比上述两个公式可以发现，两个系统的数学模型具有相似的形式。这说明，一种数学模型可以描述不同的系统，只要建立了传递函数，就能够获得系统不同但传递函数相同的系统模型。

扫描右侧二维码完成 3.2 节测试题。

3.2 节测试题

3.3 现代设计方法

如今，现代设计方法已经成为机电一体化产品设计人员的重要工具和手段，对于产品的设计人员而言，不掌握现代设计方法，很难高效、优质、低成本地完成设计任务。传统设计以设计经验、类比公式、设计图表、设计手册以及试凑法为产品的设计依据和手段，存在设计周期长、设计成本高、产品质量不高、创新性不强等问题。现代设计方法是对传统设计的提升和完善，以现代设计理论为基础，以计算机技术为设计工具，有助于实现高效、优质、低成本的产品设计。

随着计算机技术、信息技术、系统工程等新兴技术的发展，自 20 世纪 60 年代以来，陆续涌现出一系列新的设计方法。通常，人们将这些新出现的设计方法称为现代设计方法。例

如，计算机辅助设计、创新设计、优化设计、可靠性设计、模块化设计、绿色设计、有限元、稳健性设计、并行设计、反求工程设计、动态设计、系统化设计等。本节介绍其中的四种设计方法。

3.3.1 计算机辅助设计

1. CAD 的概念

计算机辅助设计（computer aided design，CAD）一般指设计人员应用计算机辅助进行产品设计的方法和技术。设计人员在计算机系统的支持下，可以进行产品方案构思、绘图、计算、分析、仿真、优化以及编写技术文件等一系列设计活动。CAD 技术将设计人员与计算机的有机结合，充分发挥了计算机的高速计算与分析、图形显示与处理和数据存储处理等功能，结合了人类所具有的抽象思维、推理、创造和设计经验，从而快速、高效、高质量、低成本地完成设计任务。

传统设计的每一环节都由人工完成，不能进行复杂的分析计算和动态模拟仿真。传统设计过程的大部分时间消耗在图样绘制与修改、分析计算、实物模型制作等繁琐过程上，存在设计周期长、效率低等问题。如图 3-2 所示，产品设计过程是一个“设计→评价→再设计”的不断修改设计和优化的过程。因此，采用 CAD 技术可以显著提高设计效率与质量，减轻设计人员的劳动强度，便于修改设计方案，缩短设计周期，降低成本。例如，与传统人工设计相比较，应用 CAD 技术可以缩短产品开发周期 30%~60%，降低成本 10%~40%。此外，CAD 系统的工程数据库便于不同部门设计人员之间的交流。

在现代产品设计过程中，计算机已经成为设计人员必不可少的辅助设计工具，一些现代设计方法都有对应的设计软件供设计人员使用。CAX 是一个更加广义的词语，表示采用计算机辅助人类完成各种工作，如 CAID（computer aided industrial design）、CAI（computer aided instruction，computer aided innovation）、CAE（computer aided engineering）、CAPP（computer aided process planning）、CAM（computer aided manufacturing）。

2. CAD 系统的组成

CAD 系统由硬件和软件两大部分组成，如图 3-16 所示。

硬件通常是指可以看到和触摸到的物理设备。CAD 系统的硬件由计算机、输入 / 输出设备以及网络通信设备组成。例如，扫描仪可以快速、方便、准确地获取产品的空间三维坐标，创建产品的三维数字化模型。在被扫描产品表面贴上定位标记点，应用三维激光扫描仪对被测产品进行扫描，获取产品表面形状的三维数据，然后便可以在设计软件中对获得的产品三维模型进行分析和修改。数字化仪是一种图形输入设备，可以将图像、图形等转换为计算机可以接收的数字量。应用数字化仪，用户可以非常方便地使用触控笔在图形版上面进行绘图和输入指令。数字化仪适用于地质、测绘、工程、机械、服装设计等行业。

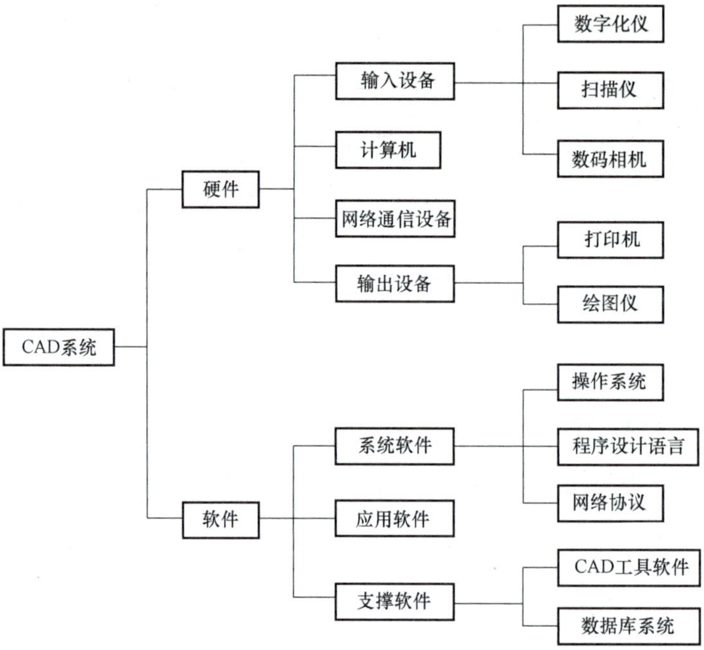

图 3-16　CAD 系统的组成

CAD 系统软件可以分为三个层次：系统软件、应用软件和支撑软件。系统软件是应用软件和支撑软件的基础，是管理、控制和维护计算机运行的程序集合。系统软件主要包括操作系统、程序设计语言和网络协议，常见的操作系统有 Windows 和 UNIX，常用的程序设计语言有 C、C++、Java 等。支撑软件是 CAD 系统的核心内容，为用户提供 CAD 设计工具或开发环境，目前有很多的商用 CAD 软件。应用软件一般是指在系统软件和支撑软件的基础上，针对某一专门应用领域而研制的专用软件，如汽车 CAD 软件、模具 CAD 软件等。

CAD 作为 20 世纪最杰出的实用技术之一，受到世界各国的高度重视，几乎在所有的工程领域迅速得到了普及和应用，如机械、电子、航空、航天、汽车、船舶、家电、纺织、服装、制鞋、城市规划、水利工程设计、建筑设计以及影视艺术等。CAD 技术的工程应用，推动了产品设计方法的变革，产生了巨大的经济效益。

3.3.2 创新设计

1. 创新的概念

创新是人类文明进步的动力，是技术进步和经济发展的源泉。创新的范围比较广泛，包括技术创新、管理创新、观念创新、市场创新等，其中技术创新对于产品设计而言最为重要。面对激烈的市场竞争，创新设计（creative design）是使产品始终立于不败之地的保证。例如，大疆创新掌握无人机的多项核心专利，在无人机领域拥有4600多项专利，自主研发了飞控系统和桨叶芯片，技术实力远超竞争对手，在全球市场的占有率约为80%。产品设计本身就是一个从无到有的过程，在设计过程中最能够体现出创新。创新设计是指在设计过程中，提出新的设计理论或方法、新的设计方案，从而获得具有新颖性和独特性的产品。

2. 创新思维和创新技法

掌握创新思维和创新技法是实现创新设计的前提。在人类的生产和生活实践中，总结出很多有效的创新思维方法，包括逆向思维、联想思维、发散思维、侧向思维、收敛思维、简化思维等。例如，逆向思维采用与传统思维方向相反的思考模式，一些采用传统、常规思维方法难以解决的问题，如果采用逆向思维，有可能轻松获得解决方法，达到一种出奇制胜的效果。例如，当人在楼梯上行走时，人动而楼梯不动。利用逆向思维，楼梯动而人不动，就发明了自动扶梯。

在生产实践中，人们已经总结出上百种创新技法，如头脑风暴法、设问法、联想法、组合法、模仿法、分解法、TRIZ法等。头脑风暴法又称智力激励法，采用小型专题会议的形式，会议主持者阐明需要解决的问题，并创造出一种轻松、自由、畅所欲言的会议气氛，引导参会人员最大限度地发挥想象力，提出大量设想，并任意发表个人意见和想法，从而在短时间内获得大量的新想法和思路。头脑风暴法类似于“集思广益”，可充分发挥集体的力量。

请列举一个组合法创新的实例。

3. TRIZ

由苏联科学家Altshuller G. S.领导的研究团队，对世界上不同工程领域中250万个高水平发明专利进行分析，发现人类在发明创造、解决技术难题时所应用的科学原理和共性法则是有规律的，人们解决技术问题的基本原理很多是被重复应用的，并提出了一套全新的创新设计理论体系——发明问题解决理论（TRIZ）。

TRIZ 是俄文首字母的缩写，TRIZ（萃智）成功地揭示了创造发明的内在规律和原理。TRIZ 表明：各类发明所用到的发明创造原理并不多，这些发明创造原理在不同时代、不同领域被多次重复应用；类似的技术问题与解决该问题的原理，在不同的科学和技术领域交替出现；创新所依据的原理往往属于其他领域；技术系统进化的模式在不同的工程及科学领域交替出现。

图 3-17 所示为应用 TRIZ 冲突矩阵实现创新的流程。首先，对待解决的问题进行抽象描述，分析待解决问题的技术冲突，应用 39 个通用工程参数描述待解决问题的技术冲突。TRIZ 提出了 40 条发明创造原理，构成解决技术冲突的核心内容。根据冲突矩阵表，选择出解决标准技术冲突的发明创造原理。然后，将找到的发明创造原理应用于待解决的问题，将解决类似标准技术冲突的原理，转化为具体问题的解决方案。TRIZ 为问题解决提供了简单、可行、有效的创新方法，可以视为“待解决问题”与“问题的解决方案”之间的桥梁。

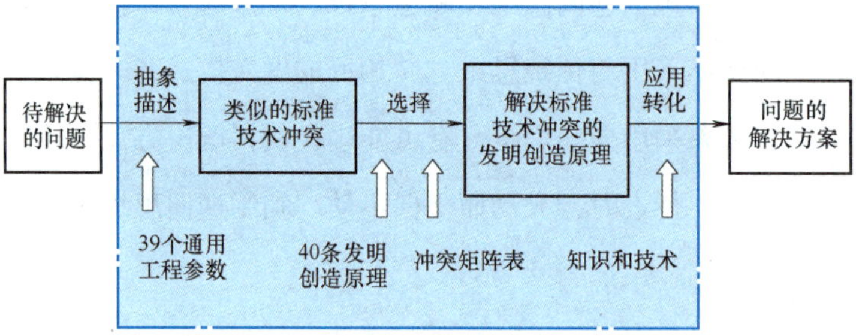

图 3-17 应用 TRIZ 冲突矩阵实现创新的流程

TRIZ 在世界上迅速得到了普及，各国的实践表明：TRIZ 提高了技术问题的解决能力，加快了创新速度，缩短了产品的开发周期，帮助企业设计出高质量的创新产品，为企业获得丰厚的经济效益和社会效益。此外，TRIZ 还使企业技术创新的方向具有可预见性，从而降低了企业技术创新的风险。

3.3.3 优化设计

1. 优化设计的概念

一个完美的设计应该使所设计的产品具有优异的技术性能，并且具有良好的制造工艺性和使用可靠性，同时还要满足成本最低的原则。优化设计（optimum design）则是实现上述设计要求的有效工具。

传统的产品设计是一个人工试凑和定性分析的过程，一般凭经验、试算、校核等方法，最终获得可行的设计方案，不仅设计效率低，而且不能获得最优的设计方案。优化设计将最优化技术和计算技术相结合，用于求取工程问题的最优设计方案。具体而言，优化设计就是根据给定的设计要求和已有技术条件，选择适当的优化方法，通过计算机运算，从满足设计要求的众多可行方案中选出最优的设计方案。

机电一体化产品的优化设计可以表述为，将机电产品设计与优化设计理论及方法相结合，在规定的设计限制条件下，通过计算机优选出机电产品的一些设计参数，使某项或某几项设计指标达到最优值。机电一体化产品的优化设计可以分为两类：方案优化和设计参数优化。方案优化主要包括机电一体化总体设计方案和各个单元模块方案的优化。设计参数优化主要包括优化零部件、电路、软件等。例如，优化某一个零件的尺寸、形状、结构、体积和质量等参数。

优化设计不局限于传统设计的可行方案求解，而是获取最优的设计方案，可以提高产品的设计质量和设计效率，缩短产品的开发周期。一般说来，产品涉及的设计参数越多，优化设计的问题越复杂，优化设计结果的效益也就越大。

2. 优化设计的过程

图 3-18 所示为优化设计的一般过程。首先，分析设计任务，将设计任务转换成数学问题，将实际设计问题用数学方程形式进行描述，建立适于优化计算的数学模型。然后，根据数学模型和设计精度要求，选择适当的优化方法，编写计算机语言程序或应用优化软件，求得数学模型的最优解。最后，对优化结果进行分析，如果对优化结果不满意，则再次进行优化。

图 3-18　优化设计的一般过程

数学模型是描述优化设计问题的数学表达式，反映设计目标和设计参数之间的关系。优化设计数学模型的一般表达式为

$$\min f(x), \qquad x \in R^n$$

$$\text{s.t.} \quad g_u(x) \leqslant 0, \qquad u=1, 2, \cdots, m$$

$$h_v(x)=0, \qquad v=1, 2, \cdots, n$$

优化设计数学模型包括三个要素：目标函数、设计变量和约束条件。优化问题数学模型的求解，一般采用数学解析法、图解法和数值迭代法三种方式。

目标函数是优化设计的指标，是一个包含全部设计变量的函数，通过目标函数可以对设计进行定量评价。例如，在机电一体化产品设计中，可以选择精度高、体积小、重量轻、可靠性高、成本低、效率高、响应快等作为优化设计目标。只有一个目标函数的优化设计问题称为单目标优化。如果设计中有多个目标函数，则称为多目标优化问题。对于产品设计，以多目标优化设计为主。

在优化设计过程中，通常将影响设计指标的一组参数作为目标函数$f(x)$的变量，这些参数就是设计变量，记作$x=[x_1, x_2, \cdots, x_n]$。在优化设计过程中，设计变量一直处于变化状态，直至获得最优解。一般情况下，可行的设计方案都需要满足某些限制条件，即为约束。设计变量的取值需要满足的限制条件，称为约束条件，通常用方程来表达。

3.3.4 可靠性设计

1．可靠性的概念

产品在使用过程中频繁出现故障，无法正常使用，是每一个消费者所遇到的最为苦恼的事情，同时也严重影响了产品生产企业的信誉和效益。可靠性设计可以提高机电产品的可靠性和安全性，提升产品的质量和市场竞争能力。一般情况下，将可靠性、适用性和经济性作为机电产品的设计原则。

可靠性是指产品在规定条件下和规定时间内完成规定功能的能力。可靠性包含四个要素：研究对象、规定的条件、规定的时间和规定的功能。产品为可靠性的研究对象可以是零件、部件、元件、组件、设备或系统。规定的条件包括产品使用的工作条件、环境条件以及维护条件等，如温度、湿度、载荷、振动、润滑、腐蚀、电压等。在不同的条件下，产品的可靠性不同。规定的时间是产品可靠性的核心，它是一个广义的概念，可以是产品的使用次数、使用周期以及距离等表示产品寿命的量，如车辆的行驶里程。规定的功能是指产品具备的功能及其技术指标。

可靠性设计（Reliability design）是指应用可靠性理论和技术以及设计参数的统计数据，在给定的可靠性指标下，对零件、部件、设备或系统进行的设计。对于机电一体化产品而言，可靠性设计可以分为两大类别：系统的可靠性设计和零部件的可靠性设计。

在产品的常规设计中，经验性的成分较多。例如，基于安全系数的设计，若满足条件$\sigma \leqslant [\sigma]$，则表明零件的强度是安全的。然而，上述经验设计没有考虑到应力的随机性，仍然存在不安全的可能。因此，有必要在产品的设计过程中将设计变量视为随机变量，并应用随机理论与方法对设计变量进行描述和运算。如上述零件的强度问题，用 $\sigma<[\sigma]$ 的概率表示就更为合理。

以应用于载人航天工程的长征二号 F 型运载火箭（简称长征二号 F）为例，它的可靠性达到了世界最高标准，是中国航天史上技术最复杂、可靠性和安全性指标最高的运载火箭。长征二号 F 火箭以提高可靠性、确保安全性为研制目标，起飞推力约 5923kN。芯级直径 3.35m，捆绑 4 个直径 2.25m 的助推器。为满足中国空间站的建设需求，长征二号 F 火箭不断进行技术创新和设计改进，可靠度及安全性参数分别为 0.97 和 0.997。长征二号 F 火箭执行了从神舟一号至今的所有载人飞船和目标飞行器发射任务。2023 年 10 月 26 日，搭载神舟十七号载人飞船的长征二号 F 遥十七运载火箭在酒泉卫星发射中心成功发射。截止到 2025 年 4 月 24 日，长征二号 F 已经成功执行了 25 次发射任务，包括载人飞行、空间实验室和空间站等重大工程，成功率为 100%。

2. 可靠性设计的过程

可靠度是产品在规定的条件下和规定的时间 t 内，完成规定功能的概率，用 $R(t)$ 表示。可靠度是可靠性的数学表示形式，是产品可靠性设计的重要指标之一。设有 N 个相同的产品在相同的条件下工作，达到任一给定的工作时间 t 时，累计有 $n(t)$ 件产品失效，则该产品的可靠度 $R(t)$ 为

$$R(t)=\frac{N-n(t)}{N}=1-\frac{n(t)}{N}$$

此外，产品可靠性设计指标还包括失效概率 $F(t)$ 和失效率 $\lambda(t)$。失效概率（亦称为不可靠度）是产品在规定的条件下和规定的时间 t 内，不能完成规定功能的概率。失效率也称为故障率，是指工作到 t 时刻尚未失效的产品，在 t 时刻以后的下一个单位时间内发生失效的概率。

产品的可靠性设计过程如下：

1）根据设计要求，确定产品的可靠性指标及其等级。

2）根据设计资料和产品的使用记录数据，建立可靠度数学模型，预测产品在使用状态下的状态和寿命。

3）将产品可靠性指标合理分配给机电产品的各个单元，然后再将各个单元的可靠性指标分配给各零部件和元器件。

4）以可靠性指标为依据进行各个零部件和元器件的可靠性设计。

通常情况下，产品可靠性的设计过程，一般需要多次的可靠性试验和产品改进设计，逐渐达到产品的可靠性指标。

扫描右侧二维码完成 3.3 节测试题。

3.3 节测试题

思政拓展：在计算机辅助设计的基础上可以进行装配模拟、工作过程模拟等，扫描右侧二维码了解观看亚洲最大的重型自航绞吸船——天鲲号的研制过程，注意观看其中的钢桩台车系统运动三维模拟动画，理解其运动原理，体会计算机辅助设计的作用与意义。

中国创造：天鲲号

拓展阅读 D　模块化设计

模块是组成上一层系统的、可组合、替换以及变型的单元。模块虽具有相同的功能和结合要素，却可以有不同的性能和结构。模块化设计（modular design）是基于模块思想设计出具有模块特征的产品方案。在北宋年间，毕昇发明了胶泥活字，在印刷制版设计中充分体现了模块化设计方法，实现了排版印刷，克服了原有雕版印刷的缺点。在 20 世纪 50 年代，模块化设计的概念被正式提出；20 世纪 80 年代，模块化的系列机电产品得到广泛的开发和应用。目前，模块化设计作为缩短新产品研发设计周期的一种方法，已广泛应用于机电一体化产品的设计过程。

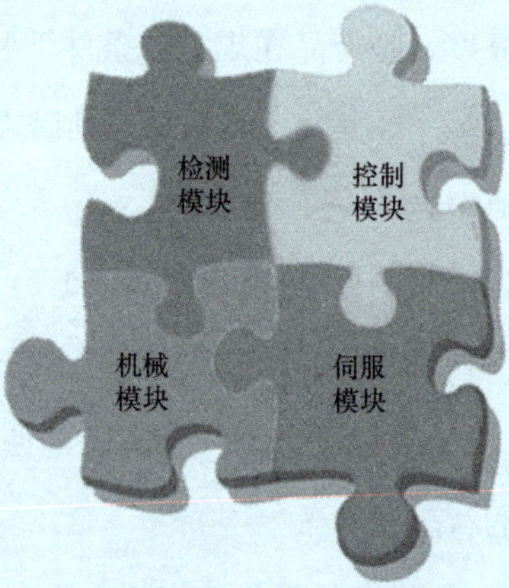

图 3-19　机电一体化产品的模块化

如图 3-19 所示，在机电一体化产品设计过程中，根据功能可以将产品分解为若干模块，如控制模块、机械模块、检测模块以及伺服模块，然后通过接口进行模块之间的不同组合，便得到了不同品种、规格的机电产品。模块化如同儿时玩的积木拼图，一组积木可以搭建出若干种图案。模块化产品可以表示为“产品 = 模块 + 接口”的形式。模块化设计具有以下优点：缩短设计和制造周期，提高效率，产品更新换代快，降低成本，提高产品质量和可靠性，便于维修。

将模块化应用于工业机器人的设计过程中，可以满足工业机器人多品种、小批量、柔性化生产，以及低成本、快速响应的设计要求。设计人员研制和开发出了可重构模块化机器人系统，类似于积木玩具，可重构模块化机器人系统由一套具有各种尺寸和性能特征的可替换模块组成，通过模块的不同组合可以装配出满足不同任务、具备不同构形的工业机器人。例如，可以将机器人模块划分为五个模块：基础模块、末端执行器模块、旋转模块、回转模块和连杆模块，然后用上述机器人模块重构出各种机器人。数控机床在设计过程中采用模块化设计，对数控机床进行功能分析，划分并设计出一系列数控机床模块，通过合理的模块选择与组合，可以快速完成数控机床的设计。例如，数控机床可以划分为六个功能模块：控制模块、床身模块、进给模块、导向模块、传动模块和支撑模块。

拓展阅读E 绿色设计

由于资源的过度消耗和大量的污染排放，人类面临资源短缺、环境污染和生态破坏等严峻问题。绿色设计和绿色制造是解决上述问题的根本方法和途径。绿色设计（green design）又被称为生态设计（eco-design）、可持续设计（sustainable design）、面向环境的设计（design for environment，DfE）等。它是一种基于产品全生命周期，并以产品的环境资源属性为核心的现代设计理念和方法。在产品设计过程中，绿色设计除考虑产品的功能、性能、寿命、成本等技术和经济属性外，还需要重点考虑产品在生产、使用、废弃和回收的过程中对环境和资源的影响。产品的生命周期可以划分为四个阶段：产品开发、产品制造、产品使用和产品处置。绿色设计是典型的面向产品全生命周期的设计。因此，通过绿色设计方法设计出的绿色产品具有三个基本属性：先进的技术性、合理的经济性和良好的环境协调性。绿色设计与传统设计的对比见表 3-2。

表 3-2 绿色设计与传统设计对比

对比项目	传统设计	绿色设计
设计目标	面向制造的设计	面向环境的设计
设计范围	产品生命周期中的某些过程	产品全生命周期
设计依据	产品功能、性能、质量、成本	以考虑环境效应为基础的产品功能、性能、质量、成本
环境影响	可能存在环境污染	良好的环境协调性
产品特征	传统产品	绿色产品

为了满足绿色设计，需要对产品在材料、结构、制造工艺等方面进行设计。绿色设计内容包括绿色材料的选择设计、面向维修和回收的可拆卸结构设计、绿色制造工艺设计、绿色包装设计、产品的再制造设计、绿色产品评价方法等内容。

传统机电产品主要以产品功能、性能、质量、成本为设计依据，对产品设计、制造、使用和回收过程中的环境保护因素考虑不足。例如，一些家电、计算机等产品没有进行产品的可拆卸性设计，导致废旧机电产品的回收重用率低，污染环境。为了保证机电产品具有良好的绿色性能，需要考虑机电产品在全生命周期中可能会导致的环境问题，在产品设计、制造、使用、报废回收等阶段均需要体现出良好的环境协调性，在产品设计中体现产品技术性、经济性和环境协调性的有效统一。

例如，华为长期致力于将可持续发展理念融入产品全生命周期中，探索节能设计，减少产品对环境的影响和破坏。从 2013 年开始，华为在手机产品中使用生物基塑料。生物基塑料的原料从植物中获取，不需要消耗石油，显著减少了环境污染，保护了地球资源。此外，华为还开展了包装轻量化设计，以降低碳排放。通过对手机彩盒的设计，使资源利用最大化，手机彩盒减重约 20%，仅此一项设计就相当每年减少了 5813t 二氧化碳排放。

习题

3-1 某公司计划开发一种产品——体感游戏机，请做出该产品的市场需求分析调查报告，要求包括市场容量、市场潜力、市场份额、竞争态势和市场动态 5 个方面。

3-2 以某一品牌的空调产品为例，按照机电一体化产品划分出产品的功能模块，并列举出该公司的众多空调产品包含哪些适应性设计和变型设计。

3-3　对机电一体化产品的总体设计方案进行评价和论证，可以采用专家调查法和头脑风暴法，并分别说明两种方法的具体实施过程。

3-4　如果设计一台校园内的自动售货机，请确定参与者和用例，并绘出自动售货机的用例图。

3-5　了解高速公路上的电子不停车收费系统（ETC）的工作过程，并绘出 ETC 的工作原理框图。

3-6　结合小区住宅的需求，设计一种自动防盗窗。要求：如果有人试图从室外通过窗户进入室内的话，防盗窗能够自动关闭，发出报警信号，并记录现场视频。请绘出该自动防盗窗的总体工作方案和工作原理框图，并绘制评价方案的层次结构模型图。

3-7　图 3-20 为扭摆示意图。已知摆锤的转动惯量为 J，摆锤与空气的黏性阻尼为 c，扭簧的刚度为 k，扭摆的外加力矩为 $M(t)$，摆锤的转角为 $\theta(t)$。请建立扭摆系统的微分方程数学模型，并求解扭摆系统的传递函数。

3-8　如图 3-21 所示的 RLC 电路图中，已知电阻为 R，电感为 L，电容为 C，电路系统的输入为交流电源电压 $u_i(t)$，系统的输出为电容器两端的电量 $q(t)$。请建立电路系统的微分方程数学模型，并求解电路系统的传递函数。

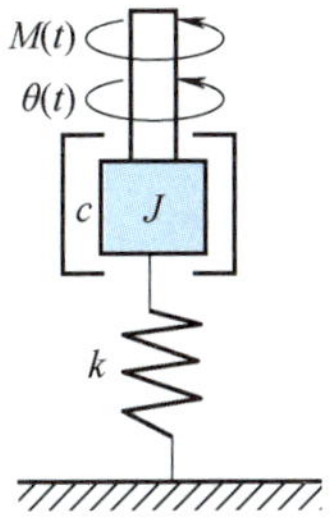

图 3-20　扭摆示意图

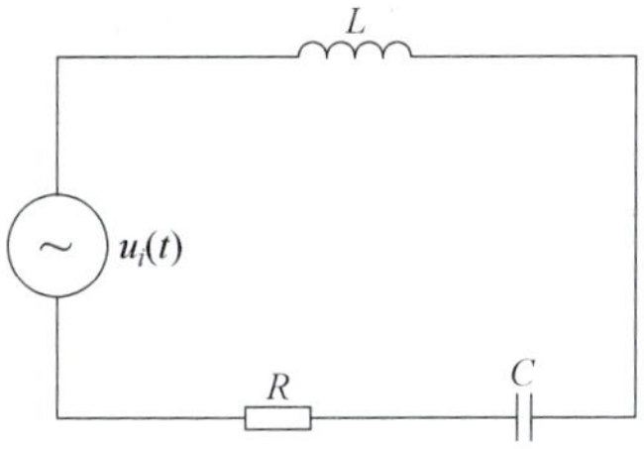

图 3-21　RLC 电路图

3-9　某精密进给系统可以表示为一个二阶系统，其传递函数为 $G(s)=\dfrac{\omega_n^2}{s^2+2\xi\omega_n s+\omega_n^2}$。其中，$\omega_n$ 为系统的固有频率，ξ 为系统的阻尼比。试求当 ξ=0.3、ω_n=10Hz 时的系统单位脉冲响应曲线和伯德图。

3-10　某系统的传递函数为 $G(s)=\dfrac{10}{s(0.1s+1)(0.5s+1)}$。试求系统的单位阶跃响应曲线和伯德图。

3-11　试用 MATLAB/Simulink 模块建立图 3-11 所示系统的模型框图。

3-12　滚珠丝杠的传动效率可以用公式 $\eta=\dfrac{\tan\lambda}{\tan(\lambda+\rho)}$来计算。其中，$\lambda$ 为丝杠的螺旋角，ρ 为摩擦角。选定 $\rho=8'40''$，λ 范围在 2°~5° 之间。请分别用 MATLAB 和 Excel 软件绘出滚珠丝杠的传动效率曲线，确定出滚珠丝杠传动效率在 90%~95% 区间的螺旋角范围，并对比用上述两种软件绘制图形的优缺点。

3-13　某公司计划研制一种去除室内烟气的产品，以 5~10 人为一组进行头脑风暴会议。请制订出会议的规则和可行的产品设计方案。

3-14　某批量生产的仪器共 500 台，从开始工作到 1000h 内有 11 台出现了故障，工作 1500h 后有 20 台出现了故障。求这批仪器的工作到 1000h 的可靠度和工作到 1500h 的失效概率。

参考文献

[1] 董爱梅 . 机电一体化技术 [M]. 北京：北京理工大学出版社，2020.
[2] 张立勋，孟庆鑫，张今瑜 . 机电一体化系统设计 [M]. 哈尔滨：哈尔滨工程大学出版社，1997.
[3] 顾新建，杨青海 . 机电产品模块化设计方法和案例 [M]. 北京：机械工业出版社，2014.
[4] 张立勋，等 . 机电系统建模与仿真 [M]. 哈尔滨：哈尔滨工业大学出版社，2010.
[5] 邵家骏 . 质量功能展开 [M]. 北京：机械工业出版社，2004.
[6] 秦寿康 . 综合评价原理与应用 [M]. 北京：电子工业出版社，2003.
[7] 冯浩，汪建新，赵书尚，等 . 机电一体化系统设计 [M]. 3 版 . 武汉：华中科技大学出版社，2020.
[8] 吕强，孙锐，李学生 . 机电一体化原理及应用 [M]. 3 版 . 北京：国防工业出版社，2010.
[9] 陈荷娟 . 机电一体化系统设计 [M]. 北京：北京理工大学出版社，2008.
[10] 陈爽 . 机电系统建模理论与方法 [M]. 长沙：中南大学出版社，2017.
[11] 张鄂，张帆，买买提明・艾尼 . 现代设计理论与方法 [M]. 3 版 . 北京：科学出版社，2019.
[12] 谢里阳 . 现代机械设计方法 [M]. 3 版 . 北京：机械工业出版社，2018.
[13] 赵松年 . 机电一体化系统设计 [M]. 北京：机械工业出版社，2004.
[14] 张秀芬 . 机电产品绿色设计与工程实例 [M]. 北京：化学工业出版社，2015.
[15] 向东，牟鹏，李方义 . 机电产品绿色设计理论与方法 [M]. 北京：机械工业出版社，2022.

第4章 机电一体化技术应用实例

机电一体化已遍布于我们的日常生活和工业生产领域。本章选择5类典型的机电一体化产品，尽量涵盖不同的专业领域，有的实例贴近生活，有的实例结合工程实践，从常见的汽车到精密的微机电技术，从日常生活中的门禁、游戏机、智能手表、电梯到工业生产中的数控机床、机器人。希望通过对本章列举的各种典型机电一体化产品的学习，增加读者对机电一体化技术和产品的兴趣；更希望读者能够举一反三，了解和分析更多的典型机电一体化产品。

学习目的： 通过具体的实例，增加读者对机电一体化产品的认识，加深对机电一体化技术的理解，体会机电一体化的实际应用。能够运用机电一体化专业知识，对典型机电一体化产品进行分析和评价，培养读者自主学习和终身学习的意识和能力。

教学内容： 每个机电一体化实例的应用领域、系统组成、分类、工作原理与工作过程、发展趋势。

关 键 词： ABS、MEMS、视频监控、机器人、数控机床。

本章知识体系：

机电一体化技术应用实例

- 防抱死制动系统：作用、系统组成、工作过程、发展
- 视频监控系统：应用与分类、组成、智能视频监控、举例（银行视频监控系统、交通电子警察监控系统、家庭视频监控系统、人脸识别门禁系统）
- 微机电系统：基础知识、应用、安全气囊系统、智能手表
- 焊接机器人：作用、系统组成、典型的焊接机器人（点焊机器人、弧焊机器人）、应用与发展
- 数控机床：发展过程、特点、组成、主轴驱动与控制、进给伺服系统

4.1 防抱死制动系统

早期的汽车可以看作是一种机械产品，而当代汽车则完全是一个典型的机电一体化产品，例如汽车中的控制系统多数通过电子控制来实现。汽车上包含了许多机电一体化子系统，例如本书第 1 章介绍的电子燃油喷射系统（EFI）。汽车中部分的机电一体化系统如图 4-1 所示，其中的电子点火系统（EIS）是汽车中较早使用的机电一体化系统。目前，平均每辆汽车使用 50~100 个电子控制单元，现代汽车主要应用 8 位、16 位或 32 位微处理器。随着汽车智能化、网联化和新能源化程度的不断提高，汽车中电子控制单元的数量会快速增加。如今，汽车中配备的机电一体化系统的数量和功能，已经成为体现汽车性能和展示汽车个性化的重要因素，以及消费者选购汽车的主要参考依据。本节重点介绍汽车中的防抱死制动系统（ABS）。

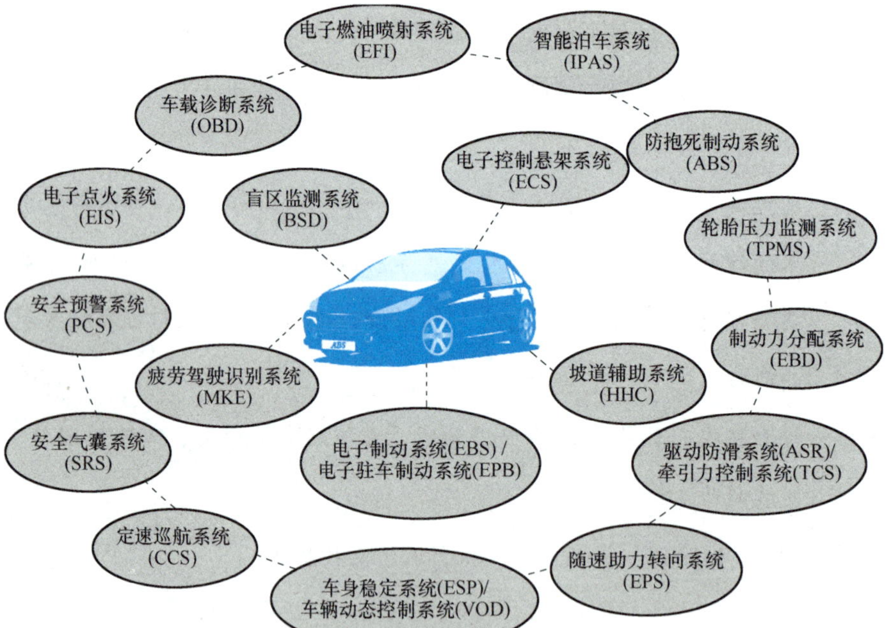

图 4-1　汽车中部分的机电一体化系统

4.1.1 ABS 的作用

1. ABS 的功能

ABS 的英文全称为 anti-lock brake system，中文名为防抱死制动系统。对于没有 ABS 的汽车，当行驶中需要紧急制动时，车轮将停止转动，轮胎与路面之间将发生滑动摩擦。如果汽车的前轮在制动时发生抱死滑移，则方向盘失灵，汽车失去转向能力，难以躲避前方的危险情况。如果汽车的后轮发生抱死现象，则汽车将产生侧滑和甩尾现象，从而失去稳定性，如图 4-2 所示。上述两种情况存在极大的安全隐患，特别是在高速公路和湿滑路面，极易发生交通事故。据统计，10%~20% 的交通事故与汽车的制动系统状态不良有关。

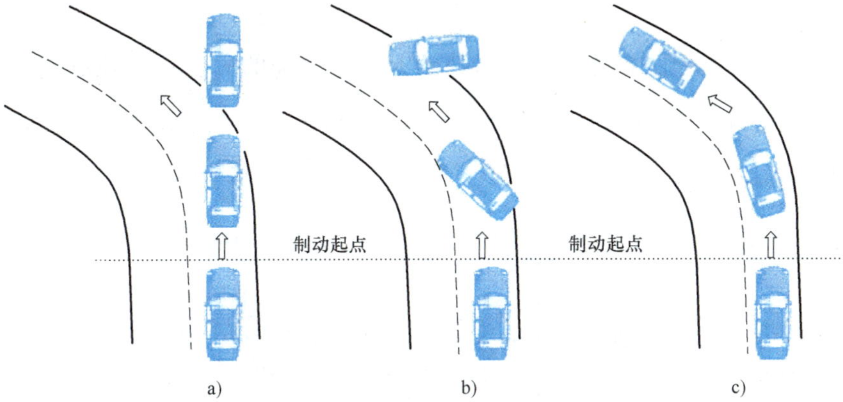

图 4-2　制动时的汽车运行状态

a）前轮抱死　b）后轮抱死　c）ABS 汽车

原理动画

制动性能是汽车的主要性能之一，ABS 的主要功能表现在以下 3 个方面：

1）在制动过程中，防止车轮被完全抱死。

2）在制动过程中提高汽车的稳定性，保证汽车方向的可操纵性。

3）获得最佳的制动效果，缩短制动距离，减少轮胎的磨损。

ABS 能够明显提高汽车的制动性，降低交通事故。配置 ABS，可以减少 30%~40% 的汽车翻车事故，减少 24% 的公路车祸，在湿沥青路面上可缩短 50% 的制动距离。

2. ABS 的种类

按照控制通道的数量进行分类，ABS 可以分为四通道、三通道、双通道和单通道 4 种类型。控制通道是指 ABS 中能够独立进行制动压力调节的制动管路。

1）四通道 ABS 汽车的每个车轮上都安装一个转速传感器，可以对每一个车轮进行独立控制，汽车制动时，可将每个车轮控制在其理想的滑移率范围内。四通道 ABS 一般用于四轮驱动的越野汽车。

2）三通道 ABS 对汽车的两个前轮进行独立控制，两个后轮则通过一个通道进行控制。三通道 ABS 能够保持两个后轮制动力的均衡，确保汽车在各种制动条件下的方向稳定性，广泛应用于前轮驱动的现代普通轿车。

3）双通道 ABS 分别对汽车的两个前轮和后轮进行控制，虽然降低了 ABS 成本，但难以兼顾汽车制动时的方向稳定性和制动性能，一般用于后轮驱动的汽车。

4）单通道 ABS 可对汽车的后轮进行控制，具有结构简单、成本低等优点，主要应用于轻型货车。

4.1.2 ABS 的系统组成

ABS 可以看作是在传统车轮液压制动系统的基础上另外增加的一套自动控制装置。ABS 主要包括轮速传感器、电子控制单元（electronic control unit，ECU）和制动压力调节器 3 个主要部分，如图 4-3 所示。

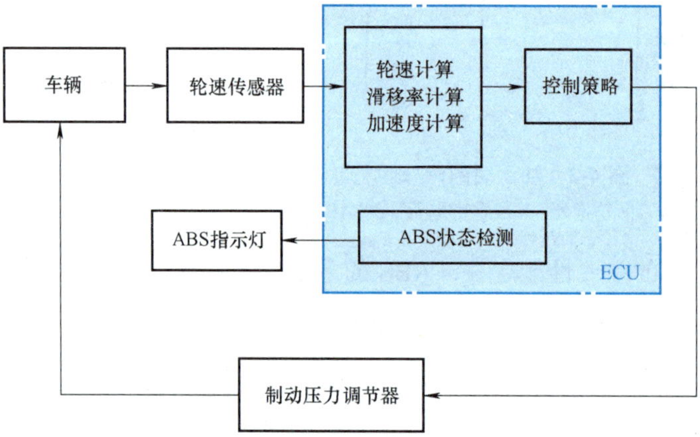

图 4-3 ABS 的系统组成

1）轮速传感器是 ABS 的检测单元，用于测试车轮的转速，能够产生与车轮转速成正比的电压信号，并将车轮转速的电压信号传输给 ECU。常见的轮速传感器有电磁式转速传感器和霍尔式转速传感器。

2）ECU 是 ABS 的控制器，ECU 接收轮速传感器的信号，通过控制运算决定 ABS 执行机构的动作。另外，ECU 还负责对 ABS 的状态进行检测，实现 ABS 的报警功能。如果 ABS 出现故障，ABS 将失去作用，应当避免因 ABS 故障导致的错误控制。目前，ABS 主要选用 16 位微处理器。

3）制动压力调节器是 ABS 的执行单元，用于调节车轮的制动力，由电磁阀、液压泵和储液器组成。制动压力调节器接收 ECU 的控制指令，使电磁阀完成相应的阀芯移动动作，调整制动主缸、轮缸和储液器之间的油路状态，实现对车轮液压缸压力的调节。在制动过程中，制动压力调节器对车轮液压缸压力的调节通常分为三种状态：保压、增压和减压状态。

4.1.3　ABS 的工作过程

1．制动性能

在制动过程中，车轮将会发生滚动和滑动两种路面运动形式。如果车轮的制动力增大到一定值时，车轮相对于路面将发生滑移，滑移率 λ 的计算公式为

$$\lambda = \frac{v - v_r}{v} \times 100\%$$

式中　v——车轮中心的速度；

v_r——车轮的圆周速度。

汽车的制动效果和方向稳定性，受车轮的制动摩擦力矩和路面、轮胎之间附着系数 μ 的影响。轮胎受到的地面摩擦制动力 F 为

$$F = \mu N$$

式中　N——轮胎与路面之间的法向力。

实践表明，附着系数与滑移率存在一定的关系，如图 4-4 所示。当轮胎滑移率 λ 在 15%~20% 范围时，可以同时获得较大的纵向和横向附着系数，是安全制动的理想工作区域，从而可以获得最佳的制动效果和制动方向的稳定性，避免车轮被抱死。汽车 ABS 的作用就是控制轮胎的滑移率在 15%~20% 范围内。

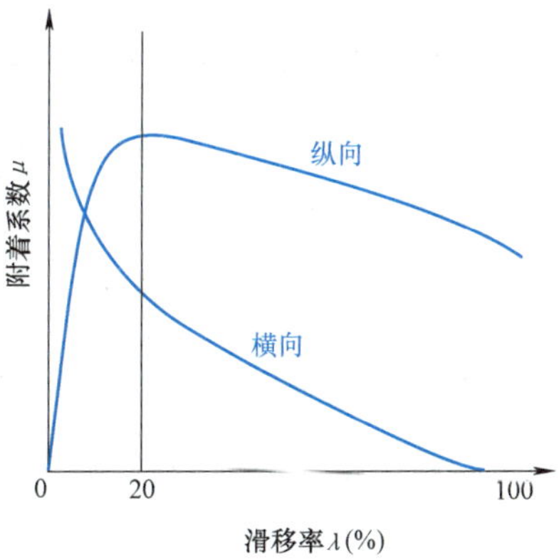

图 4-4　附着系数与滑移率的关系曲线示意图

2．工作过程

如图 4-5 所示，在制动过程中，轮速传感器测量出车轮的转速信号，并传送给 ECU，ECU 计算出车轮速度、滑移率以及车轮加速度。根据控制策略，ECU 向制动压力调节器发出控制指令，制动压力调节器根据指令，使电磁阀完成相应的动作，最终实现对车轮液压缸

制动压力的调节。此外，ECU 还对 ABS 部件进行状态监测，如果某一零部件出现故障，由 ABS 指示灯或蜂鸣器发出报警信息，使 ABS 停止工作，恢复到常规的制动方式。

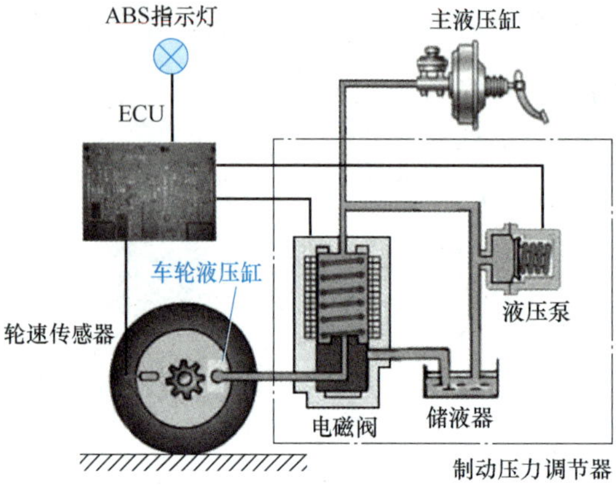

图 4-5　ABS 的工作过程示意图

原理动画

从踩下制动踏板开始，ABS 的轮缸制动压力调节循环过程如下：

（1）增压阶段　当制动轮缸需要增加制动压力时，ECU 向制动压力调节器发出指令，电磁阀中的柱塞位置处于普通制动模式。主液压缸与车轮液压缸相通，制动液流入车轮液压缸，车轮受到的制动压力逐渐增大。

（2）保压阶段　如果车轮液压缸需要保持制动压力时，ECU 发出指令，电磁阀根据 ECU 的指令，柱塞关闭所有的油路通道，车轮液压缸与主液压缸、车轮液压缸与储液器之间的油路被断开，车轮液压缸内的制动液体积不变，车轮液压缸内的制动压力处于保持状态。

（3）减压阶段　当需要减压时，ECU 控制电磁阀的线圈电流，电磁阀的柱塞关闭主液压缸和车轮液压缸之间的油路，接通车轮液压缸与储液器之间的油路，于是车轮液压缸的制动液便流入储液器，车轮的制动压力降低。同时，ECU 控制液压泵开始工作，将流入储液器的制动液输送到制动主液压缸，用于下一制动循环的增压阶段。

ABS 在制动过程中，ECU 以 3~20 次 /s 的脉冲频率控制制动压力调节器，完成车轮液压缸的“增压—保压—减压”制动压力循环过程。上述的 ABS 工作状态，就相当于驾驶人以很高的频率进行点制动，频繁踩制动和松开脚踏板，目的在于控制轮胎的滑移率在 15%~20% 范围，直至汽车速度小于一定值或者车轮的抱死趋势被消除。

3．控制方法

正确选择并设计出适当的控制算法是决定 ABS 制动效果的关键，因此控制算法是 ABS 设计的核心内容。汽车 ABS 的常见控制方法主要有逻辑门限值法、模糊控制和 PID 控制等。

其中，逻辑门限值控制方法是汽车 ABS 中的常见控制算法，通过设立角加速度、角减速度以及滑移率 3 个控制变量的门限值，将制动过程中测试的车轮变量数值与门限值进行比较，确定轮缸压力的调节策略。该控制方法简单、易行，在汽车 ABS 中得到了普遍应用。

PID 控制法以轮胎滑移率为控制目标，设定期望滑移率值，计算出实际滑移率与期望滑移率的偏差 e、$\frac{\mathrm{d}e}{\mathrm{d}t}$和$\int e\mathrm{d}t$ 的线性组合，作为 ECU 的输入变量，从而获得 ECU 的控制输出变量 u。应用 PID 控制的 ABS 系统将体现出优异的防抱死制动性能，但是实现 PID 控制策略对轮速传感器和制动压力调节器提出了很高的要求。

4.1.4　ABS 的发展

在 20 世纪 30 年代，人们开始了 ABS 技术的研究工作。早期的 ABS 技术应用在飞机和火车上。飞机在降落着陆过程中，对制动的方向稳定性提出了很高的要求。铁路机车在制动时如果车轮被抱死，将会在轨道上滑行，形成车轮的磨损。鉴于当时的 ABS 体积大、价格贵，并未应用于汽车领域。因为当时的 ABS 是机械系统，受到价格、性能和重量等因素影响，所以未在汽车领域得到广泛应用。

进入 20 世纪 70 年代以来，随着电子技术和控制理论的迅速发展，ABS 开始成为一种机电一体化产品，其性能也在不断完善。这种机电结合的新型电子控制 ABS 具有体积小、质量轻、响应快、精度高、可靠性高等优点，在 20 世纪 80 年代逐渐应用于高档汽车。鉴于 ABS 技术的有效性和可靠性，ABS 已经成为当今大多数汽车和摩托车的常用配置。

你知道最轻的 ABS 的质量是多少吗？你知道如今的智能泊车系统由哪些部分组成吗？它又是如何工作的？扫描右侧二维码了解智能泊车系统。

智能泊车系统

扫描右侧二维码完成 4.1 节测试题。

4.1 节测试题

4.2 视频监控系统

4.2.1 视频监控系统的应用与分类

1. 视频监控系统的应用

人类每天通过五种感觉器官接收外部信息量的排列依次为：视觉83%、听觉11%、嗅觉3.5%、触觉1.5%以及味觉1%。显然，从获取信息的角度而言，视觉的重要性远远超过其他感觉。视频信号包含丰富、直观的信息，与人类获取信息的观察习惯一致。因此，众多监控系统都利用视频信号进行监控，以便于信息的观察、记录和分析。

在现代城市，监控摄像机已经成为日常生活的常见物品，例如街道、电梯、银行、商场等场所，都会看到各种各样的监控摄像机。随着对社会安全的重视和对监控的广泛需求，视频监控（video surveillance）已渗透入到各行各业，如图4-6所示。

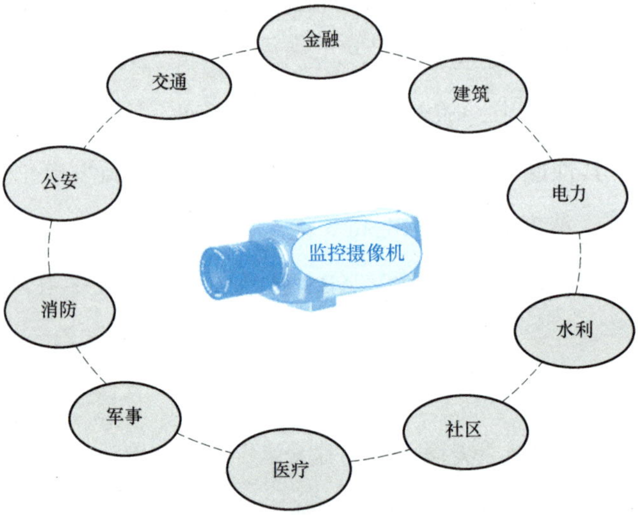

图4-6　视频监控系统的应用领域

2. 视频监控系统的分类

根据视频信号的获取、传输、显示、处理和存储方式，视频监控系统可以分为两类：模拟视频监控系统和数字视频监控系统。按照视频监控系统的发展时期，视频监控系统可以划分为三代：第一代为模拟视频监控系统，第二代为本地数字视频监控系统，第三代为网络数字视频监控系统，如图4-7所示。其中，第二代和第三代视频监控系统可以统称为数字视频监控系统。

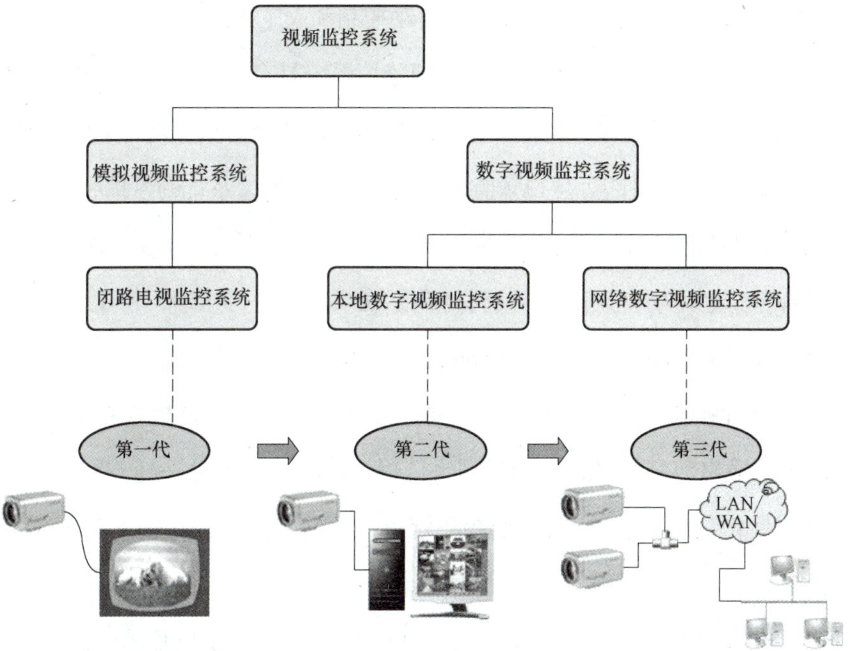

图 4-7　视频监控系统的分类

1）模拟视频监控系统采用模拟设备，系统中的视频都是模拟信号，也称作闭路电视监控系统（closed-circuit television，CCTV）。它的主要设备有模拟摄像机、视频矩阵控制器、监视器和模拟录像设备，设备之间通过线缆连接。现在，人们习惯将模拟视频监控系统称为第一代视频监控系统。模拟视频监控系统的技术已经非常成熟和稳定，因为视频信号的传输距离较短，主要应用于小范围的监控，如建筑内的监控。鉴于模拟视频监控系统在图像质量、信号传输、数据处理方面的局限性，正逐渐被数字视频监控系统所替代。

2）数字视频监控系统的主要技术特征是采用数字视频技术完成视频信号的处理，而视频信号的分析、存储和显示过程则通过计算机或微处理器来完成。数字视频监控系统的设备有两种形式：模拟 + 数字混合型设备和全数字型设备。模拟 + 数字混合型设备采用模拟摄像机，通过视频采集卡将模拟视频信号转换成数字视频信号，供硬盘录像机（digital video recorder，DVR）存储。全数字型设备则采用数字视频输出型的摄像机，整个系统的视频信号都是数字信号。

数字视频监控系统具有图像质量好、便于视频检索和处理、信息存储量大、控制灵活、系统功能齐全、系统扩展性强等一系列优点，为用户提供高性能的视频监控解决方案，已成为当今视频监控系统的主导技术，第二代视频监控技术的代表。

第三代视频监控系统以网络技术为依托，以数字视频处理技术为核心，结合通信信息技术、嵌入式计算机系统、视频压缩编码技术、自动控制和人工智能技术，构建数字化、网络化、集成化和智能化的视频监控系统。网络数字视频监控系统具有功能强大、性能稳定、操作灵活及实时传输的特点，实现了远程、实时、集中的视频监控功能需求。此外，它还具有强大的系统管理功能，能够实现高质量的远程视频监控和用户分级管理，系统的可扩展性好。

对于采用模拟监控摄像机的视频监控系统，模拟视频信号经过数字视频服务器（digital video server，DVS）转换为数字信号，同时将数字视频信号进行压缩，将压缩后的数字信号传输到网络，网络录像机（network video recorder，NVR）对视频信息进行存储和转发，网络服务器对视频进行分析和处理，授权用户可以通过任何一台联网计算机查看视频监控信息。网络摄像机可以直接输出数字信号，并通过网络传输视频信号。可见，随着网络的普及和应用，视频信号可通过网络传送，标志着视频监控系统进入了网络时代，能够实现远程视频监控。

观察一下你住所附近的视频监控系统，判断它是模拟视频监控系统还是数字视频监控系统。

4.2.2 视频监控系统的组成

从机电一体化技术角度来看，视频监控系统可以分为3个部分：检测单元、控制单元和执行单元，如图4-8所示。考虑到电视墙、显示器以显示功能为主，并没有作为执行单元在图4-8中体现。针对不同的视频监控系统类型，系统的具体组成单元将会有一些差别。早期的视频监控系统主要以监视为主，现在的系统功能则更加多样化，性能更好，所用到的设备也更加先进。

1. 检测单元

监控摄像机是视频监控系统的检测单元，一般由摄像机和镜头组成，用来获取监测现场的图像。视频监控系统中一般使用CCD芯片的数码摄像机。黑白摄像机分辨率高、照度低，而且可在红外光照下成像，因此在视频监控系统中应用较多。

镜头与CCD摄像机配合使用，将目标的影像聚焦在摄像机的CCD靶面上，CCD摄像机与镜头之间有两种标准接口：C型接口和CS型接口。两种接口的螺纹相同，但从镜头到CCD感光表面的距离不同。CCD将检测到的光信号转换成电信号，经过放大、整形等信号处理，输出视频信号。

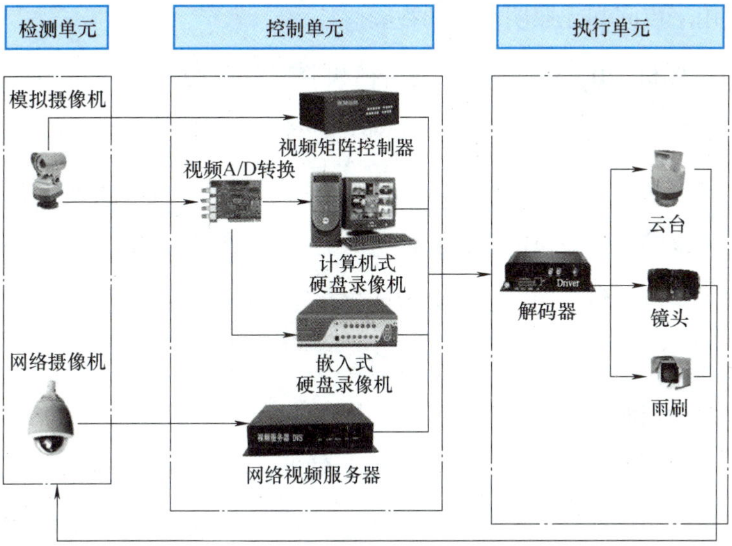

图 4-8　视频监控系统的组成

按照形状和结构，监控摄像机通常分为枪型摄像机、半球摄像机和快速球形摄像机。

1）枪型摄像机适合室内和室外环境的监控，一般用于监控固定的场所，如图 4-9a、b 所示。为了扩展枪型摄像机的监控范围，可以将枪型摄像机安装在云台上，实现枪型摄像机的转动。

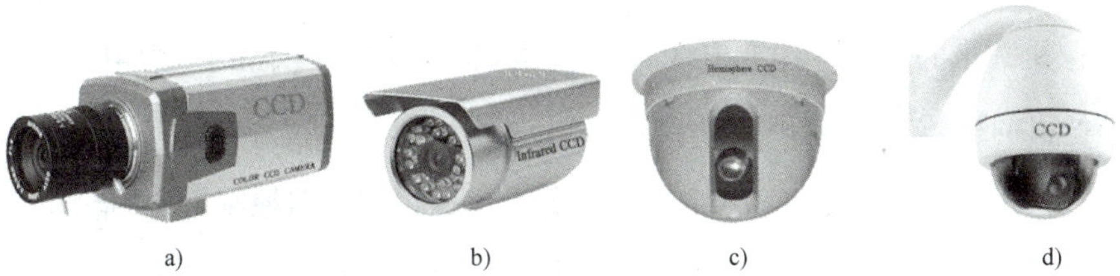

图 4-9　视频监控摄像机

a）枪型摄像机　b）红外枪型摄像机　c）半球摄像机　d）快速球形摄像机

2）半球摄像机将镜头和摄像机安装在球形防护罩内，如图 4-9c 所示，一般用于室内，可以嵌装在天花板上，适合室内隐蔽安装，具有美观和隐蔽的效果。半球摄像机采用双云台设计，可以实现水平和垂直方向的转动。

3）快速球形摄像机又称为快球，一般是指将变焦镜头、摄像机、云台和解码器组合为一体，放置在球形防护罩内的智能摄像设备，如图 4-9d 所示。快球可以实现镜头水平和垂直方向的转动，具有自动聚焦、变焦和自动光圈功能。快球的灵活性强，具有快速旋转的能力，能准确、快速地追踪目标，适用于需要全方位监控的场所。此外，快球还具有整体防水功能，可在室内和室外环境中使用。

此外，可以在摄像机中添加 LED 红外照明装置，从而实现夜视功能。图 4-9b 所示的红外枪型摄像机可用于夜间和无照明场所的视频监控。

目前，网络摄像机（IP camera）在网络视频监控中得到广泛应用。网络摄像机是一种支持网络协议的监控摄像机，可以直接接入网络。网络摄像机采用嵌入式系统，能够完成视频采集、视频压缩、视频处理以及网络传输等功能。授权用户可以通过网络客户端观看摄像机监控视频，还可以控制摄像机的云台和镜头。另外，与模拟摄像机相比，网络摄像机的图像质量更好，可以获得高清视频，这也为智能化数字视频监控提供了硬件基础。

2. 控制单元

视频监控系统的控制单元可以存储和处理视频信号，还可以发出指令，使监控系统完成一些功能，如视频分配、记录视频、控制云台的转动、控制镜头的光圈和焦距以及报警等。智能视频监控系统应用了计算机的视频数据处理技术，具有更多的主动监控功能，可以自动分析和提取视频源中的关键信息，如目标检测、目标跟踪、目标分类和行为理解等。

控制单元的主要设备有视频矩阵控制器、硬盘录像机以及网络视频服务器。

1）视频矩阵控制器接收模拟视频信号，是模拟视频监控系统的关键控制设备，其主要功能是通过阵列切换的方法，实现对输入视频图像的切换输出，即将输入的 m 路视频图像任意输出至 n 路监控设备上。早期的闭路电视监控系统的摄像机与监视器是一对一的关系，随着监控摄像机数量的增加，将会出现 $m>n$ 的情况，应用视频矩阵控制器则可以实现将任一台监控摄像机的视频信号在任一台的监视器上显示。

此外，视频矩阵控制器还可以接收键盘的指令，通过解码器控制云台的转动、控制镜头的光圈和焦距、控制防护罩的雨刷以及通过报警器接口进行报警等功能，如图 4-8 所示。

2）硬盘录像机又称为数字视频录像机，可以将视频信号以数字图像形式记录在硬盘中，在视频监控系统中应用广泛。视频数字化显著提高了数据的处理能力，硬盘录像机具有记录图像分辨率高、存储容量大、存取数据速度快、便于数据管理等优点。硬盘录像机的功能并不仅仅局限于数字视频存储，还有视频采集、图像处理、网络传输以及控制等功能。此外，它更能体现出“监控”中“控”的含义，例如硬盘录像机可以自动控制摄像机的开关、云台转动，实现移动侦测以及报警等功能。

硬盘录像机可以视为一个功能强大的视频处理计算机。目前，硬盘录像机分为两种形式：计算机式硬盘录像机和嵌入式硬盘录像机。计算机式硬盘录像机以计算机为基本硬件，以 Windows 为系统软件，配备视频采集卡，通过安装应用软件，计算机便可以实现硬盘录像机的功能。计算机式硬盘录像机的兼容性和可扩展性较强，但系统可靠性较差。嵌入式硬盘录像机以嵌入式系统为核心，例如 ARM 微处理器，硬件与应用软件一体化。视频监控的主要工作由嵌入式系统完成，嵌入式系统具有独立的视频处理、信息管理和控制功能。因为嵌入式硬盘录像机建立在一体化的硬件结构上，系统简单，响应速度快，系统可靠性和稳定性好，但嵌入式硬盘录像机的功能不如计算机式硬盘录像机强大。

3）网络视频服务器能够完成监控视频信息的控制、处理、传输、存储等功能。网络视频服务器接收网络摄像机的音视频数据，对音视频数据进行编码处理，处理各种请求信息、完成网络传输、客户端查询播放、远程监控等操作。网络视频服务器设置有 IP 地址，授权用户可以通过网络对视频服务器进行 IP 地址识别，从而管理和控制网络视频服务器所连接的摄像机。网络视频服务器的安装与维护方便、使用灵活、便于组网，可以轻松地实现远程监控、异地存储等功能，显著降低了远程监控的成本。

3. 执行单元

通过接收控制单元的指令，解码器可控制云台的转动、镜头光圈和焦距的调整以及雨刷的动作。

1）解码器的作用是为云台、镜头、雨刷等可控设备提供驱动电源，解码器将控制单元发出的控制信号转换成云台、镜头、雨刷能够接收的信号。解码器可以控制云台的水平和垂直转动、镜头的聚焦、光圈的调整以及防护雨刷的转动等。

2）云台是安装摄像机的支撑工作台，它分为固定和电动云台两种。电动云台通过两台电动机来实现云台的水平和垂直方向的转动，安装枪型摄像机的电动云台如图 4-10 所示。电动机接收解码器的控制信号，带动齿轮转动，可以实现镜头的定位和跟踪监视对象，也可以自动扫描监视区域。电动云台适用于大范围的扫描监视，扩大了摄像机的监视范围。电动云台通常选用步进电动机驱动，可以达到精确的目标定位和跟踪。

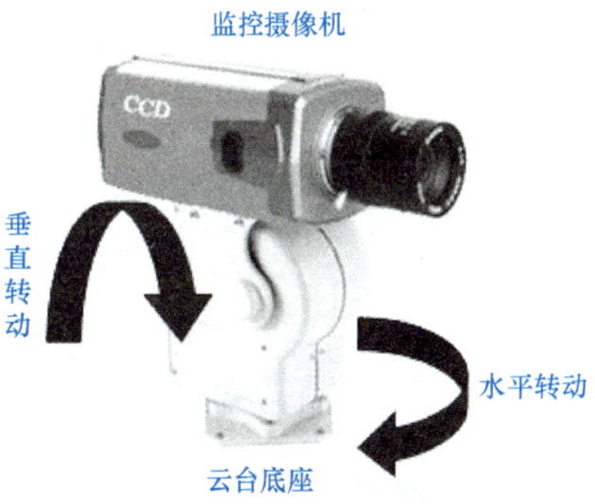

图 4-10　电动云台

4.2.3　智能视频监控

智能视频监控更能体现出机电一体化系统的智能性。在没有人为干预的情况下，智能视频监控系统能够自动对监控场景中的目标进行检测、分类、跟踪，并在此基础上分析和判断目标的行为。

智能视频监控应用计算机视频分析技术和图像数据处理技术，能够自动分析和提取视频中的关键信息，变常规的被动监控为主动监控，将普通监控系统的事后分析功能提升为在线判断和异常事件预警功能。智能视频监控可以完成运动目标检测、目标分类、运动跟踪、目标行为理解及自动报警等功能，如人形检测、人脸识别、人影追踪、特写追踪、跌倒检测、异声感知、异光感知、声源追踪、烟雾感知等。

视频监控运动目标跟踪的工作过程如图 4-11 所示。监控摄像机获得场景内的运动目标，控制单元获得监控的数字视频，并对场景内的视频图像进行分析和处理，从序列图像中将运动目标从背景图像中分离出来，完成运动目标的检测和提取工作。根据检测到的运动目标，控制单元一方面向客户端发出警报信息，另一方面通过解码器向步进电动机发出数字脉冲信号。解码器将脉冲信号放大，步进电动机绕组开关顺序切换，步进电动机旋转带动云台转动，保证监控摄像机对应监视目标，从而实现运动目标的自动跟踪。如果监控目标继续运动，移出了该摄像机的监控范围，计算机将自动通知监控目标所在监控区域的其他摄像机继续追踪运动目标。

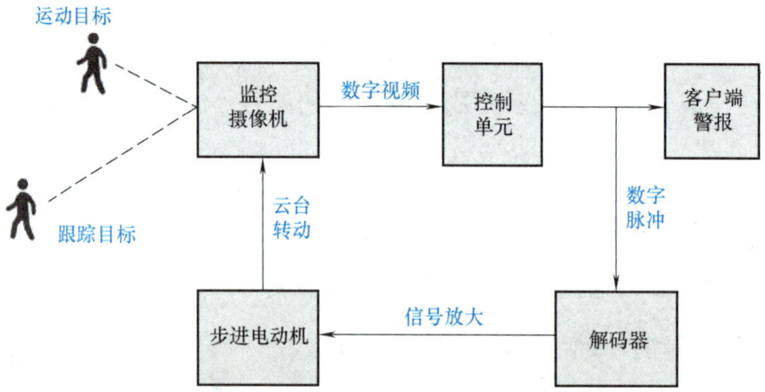

图 4-11　视频监控运动目标跟踪的工作过程

4.2.4　视频监控系统举例

1. 银行视频监控系统

图 4-12 所示为银行视频监控系统。它采用了模拟监控摄像机与 DVR（硬盘录像机）的监控组合模式，也可以选用网络摄像机与银行局域网直接连接。储蓄网点通过银行局域网与上级分行连接，各个分行可以再与总行控制中心连接。另外，通过银行局域网与 110 指挥中心相连，从而形成银行的视频监控网络系统。通过网络可以进行远程实时视频监控、远程录像查询及远程云台控制。通过网络可以在城市内构建同一银行的视频监控集中管理系统，将银行下辖的各个储蓄网点组成统一的监控管理集群。监控端可以有电视监控屏终端、计算机

终端、平板计算机终端、智能手持终端等多种形式，完成显示视频设备列表、播放视频流、与用户交互云台控制、多路视频播放等功能。

银行如果采用智能化的视频监控可以实现事件的提前预警和报警功能，而不是单纯的事件发生后的视频查询功能。智能视频监控系统能够快速识别出监控画面中的异常情况，如识别出在逃罪犯、有意蒙面、持刀械枪行为、异常物品滞留、人员入侵、烟雾火等，并能够及时、快速地发出警报信息。

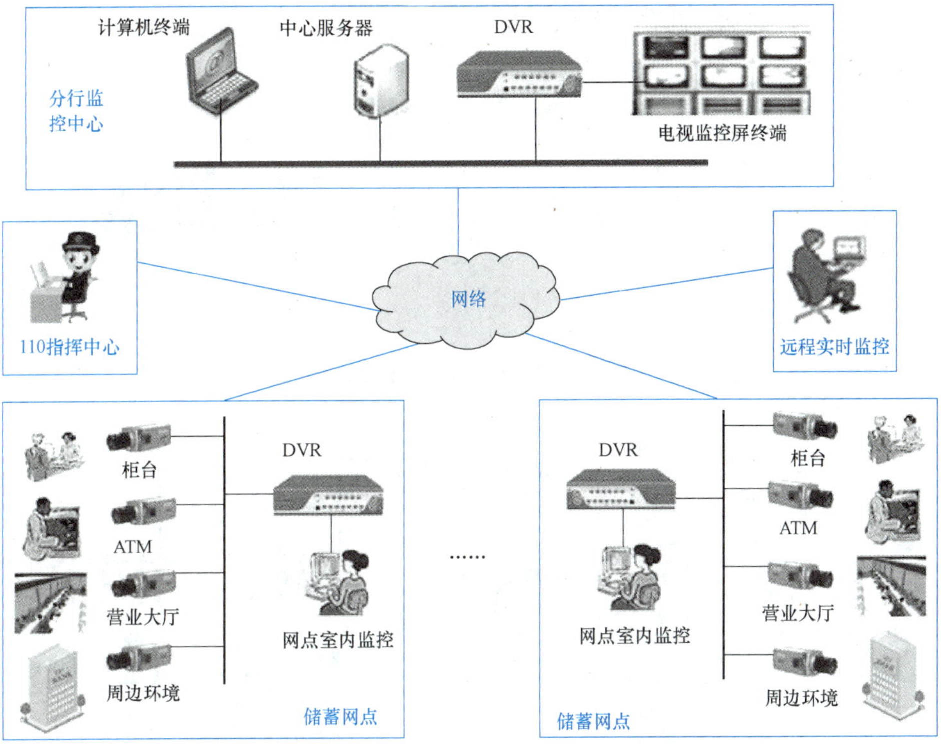

图 4-12　银行视频监控系统

2. 交通电子警察监控系统

交通电子警察监控系统可以监控道路交通状况，自动抓拍、识别、测速以及记录车辆行驶规范，可以有效维护交通秩序。图 4-13 所示为交通电子警察监控系统。该系统由交通信号灯控制器、嵌入式网络高清摄像机、LED 频闪灯、网络、服务器以及用户端组成。

交通电子警察监控系统的工作过程如图 4-14 所示，当交通信号灯控制器将当前车道的信号灯切换为红灯信号时，高清摄像机收到红灯信号后开始拍摄。若拍摄光线环境恶劣，则启动 LED 频闪灯辅助拍摄。监控系统根据视频检测区域判定车辆是否闯红灯。当信号灯为绿灯时，高清摄像机监测道路情况，车辆压过检测区域，不判定违法；当信号灯为红灯时，车辆进入停车线内的视频检测区域，监控系统进行车牌识别。当系统检测到车辆前轮驶过停车让行线 1 时，摄像机开始拍摄图片，并作为第一张闯红灯违法图片。当违法车辆后轮越过停车让行线 1 时，监控系统采集第二张闯红灯图片。车辆驶过停车让行线 2 时，系统采集第三张闯红灯图片。这样就形成了一组完整的车辆闯红灯违法图片记录，与红灯开启时间、车辆违法时间、路口名称、车道号等信息用同一个 ID 号存储在服务器中，并将违法数据发送给用户端对数据进行识别、储存、登记、处理。

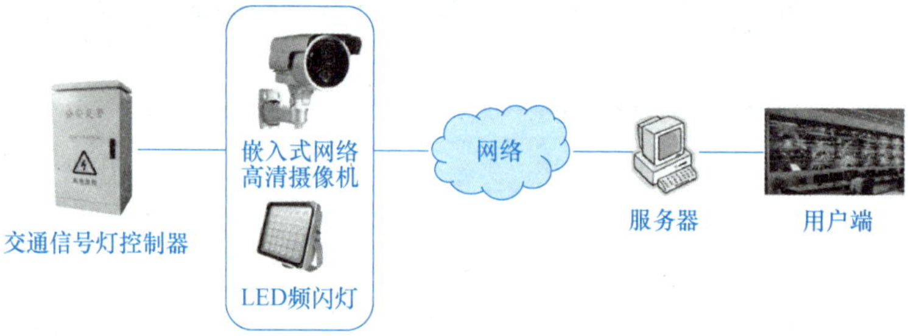

图 4-13　交通电子警察监控系统

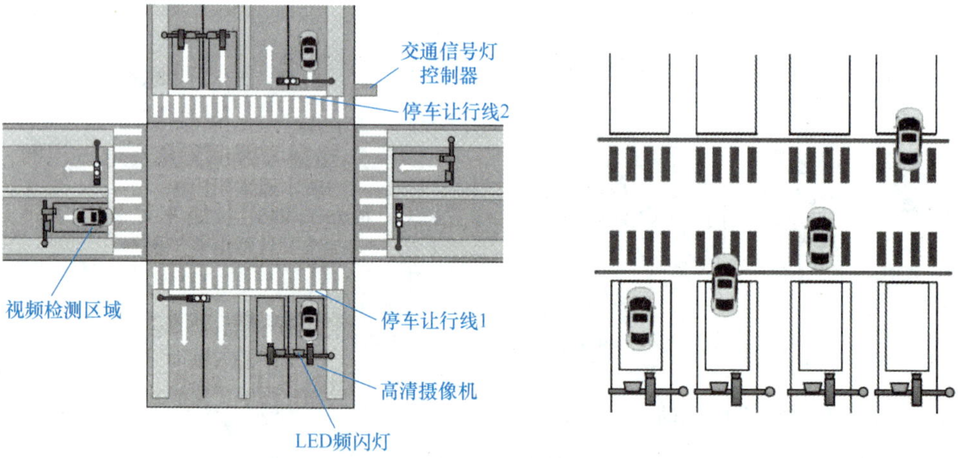

图 4-14　交通电子警察监控系统的工作过程

a）路口　b）拍摄过程

3. 家庭视频监控系统

目前，基于云计算和人工智能的家庭视频监控系统，可为人们提供更智能和安全的家庭环境状态监控服务。图 4-15 所示为家庭视频监控系统。它主要包括采集端、服务器和客户端三个部分。该系统具有非法闯入、火灾以及煤气泄漏等监控报警功能。

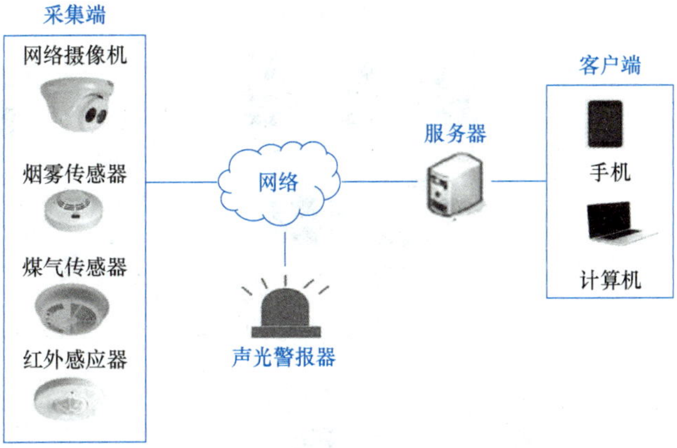

图 4-15　家庭视频监控系统

家庭视频监控系统具有传送距离远、传播速度快、能远程控制等优点，可实时掌控家居环境变化，解决了长时间不在家需要财产安全保障以及家中老人跌倒后需要及时救护等问题，实用性强。用户利用手机或计算机中的监控软件可以实现家庭的远程监控，查看网络摄像机的视频信息，此外用户还可以通过客户端远程控制家中的灯光、门禁、报警器等装置。例如，如果有陌生人闯入家中，网络摄像机检测到陌生人脸与系统预存的人脸信息不匹配时，系统会发出警报信息给客户端的手机或计算机，同时室内的声光警报器会发出警示信息。

4. 人脸识别门禁系统

传统门禁系统主要采用 ID 卡或密码开门，如果卡片丢失、密码泄漏则会带来安全隐患。随着网络技术的发展，人脸识别技术已成功应用于门禁系统。例如，在机场、车站、学校、办公楼、居民小区等公共场所已经广泛应用人脸识别门禁系统。

以学校为例，学校的人脸识别门禁系统由终端设备、管理中心和用户端三部分组成，如图 4-16 所示。师生可以使用校园卡进出校园，也可以通过刷脸方式进出校园。图 4-17 所示为校门人脸识别门禁的工作过程。当人员欲进入校园时，闸机上方门禁一体机中的摄像头开始采集人员的图像并识别人脸特征，与管理中心数据库中的人脸信息进行对比，匹配身份信息成功后，闸机的指示灯变成绿色，闸机上方的门禁一体机屏幕会显示人员信息，控制电动机完成闸机的开门动作。如若匹配不成功，门禁一体机会有语音提示，同时指示灯闪烁。闸机内的电动机通过变速器提供转动力矩给曲柄连杆机构，曲柄连杆与闸门内臂连接，闸门内臂又与门扇相连接。当电磁铁通电与闸门内臂吸合固定时，闸机门扇保持关闭状态。当人员身份信息匹配成功后，门禁一体机控制电动机通过曲柄连杆松开闸机门扇的支撑，并使电磁铁断电，闸机门扇靠自重打开，人员可以通行。

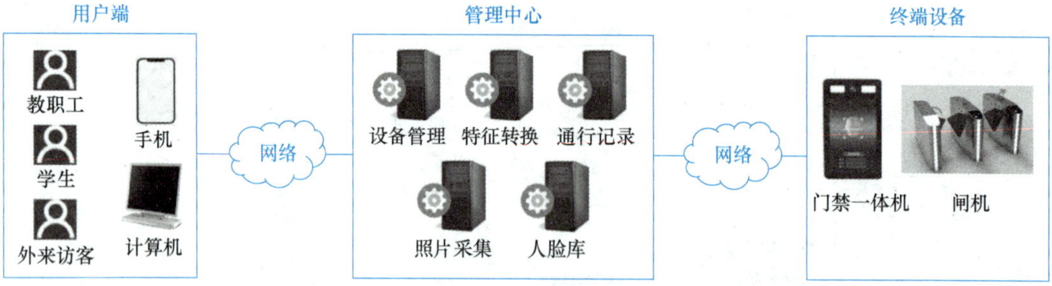

图 4-16 学校的人脸识别门禁系统

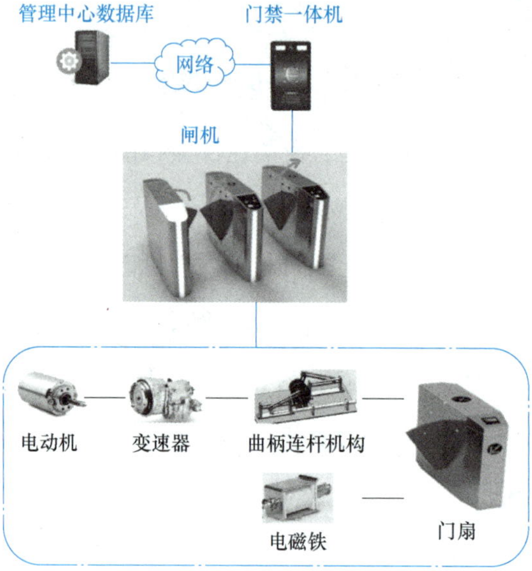

图 4-17 人脸识别门禁的工作过程

扫描右侧二维码完成 4.2 节测试题。

4.2 节测试题

思政拓展： 蛟龙号具有三个领先优势，一是近海底自动航行功能和针对作业目标的稳定悬停定位能力，可在海底自由航行；二是具有先进的水声通信和海底微地形地貌探测能力，可高速传输图像、文字、数据和语音，且具有探测海底小目标的能力，可实时传送水下信息；三是具有多种高性能作业工具，确保能在特殊海洋环境或海底地质条件下完成取样和潜钻取芯等。扫描右侧二维码观看相关视频，了解蛟龙号对机电一体化技术的综合应用。

中国创造：蛟龙号

4.3 微机电系统

4.3.1 MEMS 基础

微机电系统（micro-electro-mechanical system，MEMS）是一种微小的机电一体化系统。生活中常规人造物品的尺度范围一般在 10^{-2}~10^{2}m 之间，如图 4-18 所示。例如 1 角硬币的直径为 1.9cm，东方明珠广播电视塔的高度为 468m。而对于直径为 20μm 的齿轮，则是典型的 MEMS 器件。一般将特征尺寸在 0.01μm~1mm 范围的机械称为微型机械。1988 年科研人员应用集成电路工艺制作了直径为 120μm 的静电微电动机，人们需要在显微镜下才能观察到电动机的运转情况。微电动机的成功运转标志着微机电系统时代的到来，成为 MEMS 技术应用的标志性成果。MEMS 是当今活跃的高科技前沿领域，得到了全球的关注，具有广泛的应用前景。

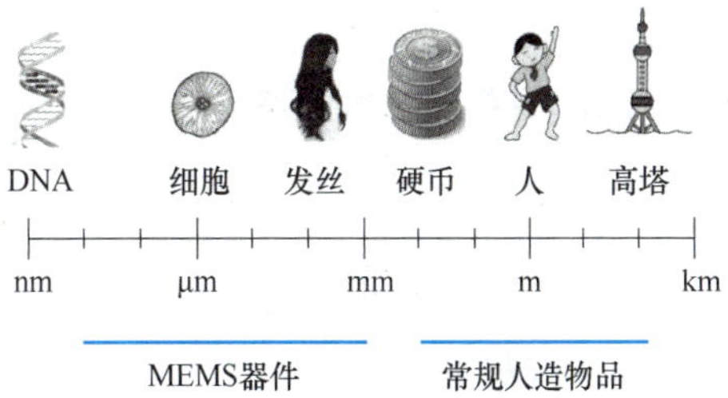

图 4-18　物体的尺度范围

MEMS 的主要特征可以归纳为以下四个方面：

1）系统微型化。MEMS 器件体积小，尺寸在 μm 级以下，质量可轻至 ng。MEMS 器件尺寸通常以 mm 或 μm 为计量单位，微型化的 MEMS 器件具有惯性小、谐振频率高、响应时间短等优点。

2）系统集成化。MEMS 技术可以将多个传感器、执行器和微处理器集成在一个微小的硅芯片上，使机电一体化各系统组成部分高度集成，能够实现 MEMS 器件的高可靠性和高稳定性。此外，MEMS 芯片中还可以集成更多功能，实现更高的系统集成度。

3）以硅微细加工为基础。MEMS 器件的主要材料是硅，硅的压电效应、压阻效应等特性使得 MEMS 器件的功能多样化。

4）批量化生产成本低。MEMS 器件与集成电路芯片的制造类似，可以大批量生产，使 MEMS 器件的成本变得低廉，适于商业化应用。例如，以 5mm × 5mm 尺寸的 MEMS 器件为例，在一片直径为 16in（1in=0.0254m）的硅片晶圆上可切割出约 4000 个芯片。又如采用 MEMS 工艺批量生产的加速度传感器，成本可以低至传统加速度传感器的几十分之一，甚至几百分之一。

请思考 NEMS 的含义。

4.3.2 MEMS 的应用

MEMS 包含微传感器、微执行器、微处理器以及 MEMS 本体结构等。MEMS 的主要研究领域集中在三个方面：微传感器、微执行器和微机电系统。目前，在工程中得到应用的主要以微传感器和微执行器为主。

MEMS 在汽车工业、消费电子产品、生物医学、国防军事等领域具有极好的应用前景。目前，消费电子产品、汽车和医疗设备占据 MEMS 器件大部分的市场。

1．汽车工业

MEMS 技术最早应用于汽车工业中，在汽车领域中 MEMS 传感器得到了广泛应用。一辆普通家用轿车有几十个传感器，高档汽车则配备有数百个传感器。MEMS 传感器可以提升汽车安全性、灵敏度并降低成本，目前 MEMS 传感器在汽车传感器的占比逐年增加。MEMS 传感器在汽车中的主要应用有汽车安全与舒适系统、汽车动力系统以及汽车状态检测系统。例如，安全气囊系统、防抱死制动系统、轮胎压力检测系统、电子驻车制动系统、电子控制式悬挂系统、防翻滚稳定性控制系统、汽车防盗系统、引擎防振系统、上坡起步辅助系统、心跳探测和先进防盗系统、车身稳定系统等。汽车中的 MEMS 传感器最常见为压力传感器和加速度传感器，其中加速度传感器又可以细分为测量直线运动的加速度传感器和测量旋转运动角加速度的陀螺仪两种。

2．消费电子产品

随着微细加工技术的成熟以及封装技术的突破，MEMS 传感器的价格不断下降、尺寸不断减小，MEMS 加速度传感器和陀螺仪开始进入消费电子市场。目前消费电子产品已经成为 MEMS 器件的最大商业应用领域，从游戏机到智能手机，从便携式计算机到白色家电，很多消费电子产品都采用了 MEMS 技术。移动互联与物联技术的快速发展也积极推动 MEMS 在消费电子领域的应用，MEMS 已经成为消费电子产品展示其智能化和差异化，增强产品市场竞争力的有力武器。表 4-1 所列为应用 MEMS 技术的一些消费电子产品。智能手机、智能家居、可穿戴设备是应用 MEMS 技术较广泛的消费电子产品。

表 4-1　应用 MEMS 技术的一些消费电子产品

产品种类	MEMS 器件实现的功能
智能手机	屏幕亮度调节、屏幕自动关闭、自动锁屏、横竖屏切换、指纹解锁、指纹加密、指纹支付、磁盘保护、防信号干扰、电子罗盘、虚拟鼠标、动作拨号、菜单导航、计步器、MEMS 显示器、天线、3D 游戏、定位导航、相机防抖、高度测量、麦克风、歌曲切换、心率检测
体感游戏机	运动感知、速度和角度测量
真无线立体声（TWS）耳机	噪声消除、高保真、通话拾音、MEMS 麦克风
便携式计算机	磁盘保护、MEMS 麦克风
导航仪	电子罗盘、盲区导航
照相机、摄像机	图像消抖、MEMS 显示器、跌落保护
智能电视	智能遥控、MEMS 振荡器、智能语音、MEMS 麦克风
掌上计算机、电子书	屏幕旋转、菜单导航、MEMS 振荡器

（1）体感游戏机　体感游戏机可以通过游戏者的身体动作来操纵游戏画面中的人物动作，让游戏者能够身临其境地感受游戏过程的快乐，集游戏与健身于一体。

体感游戏机可以根据游戏者的真实动作控制画面游戏中的人物或者场景的动作。如图 4-19 所示，游戏者手持游戏控制器（即游戏手柄），进行网球游戏，控制器内的 MEMS 加速度传感器和 MEMS 传感器，便可以测试出游戏者在运动过程中的加速度和角加速度数据。如果应用 3 轴加速度传感器，则可以测试出 3 个方向的线性运动；如果应用 3 轴陀螺仪，则可以测试出 3 个方向的转动。游戏主机接收到传感器的信号，从而获得游戏者的运动动作，最终控制游戏画面中人物的动作与游戏者的动作保持一致。游戏控制器要求 MEMS 传感器具有极小的尺寸、较大的感应范围、良好的抗振性能和较低的功耗。MEMS 技术缩小了传感器的尺寸，如一个多轴陀螺仪的封装尺寸仅仅为 3mm × 5mm × 1mm。

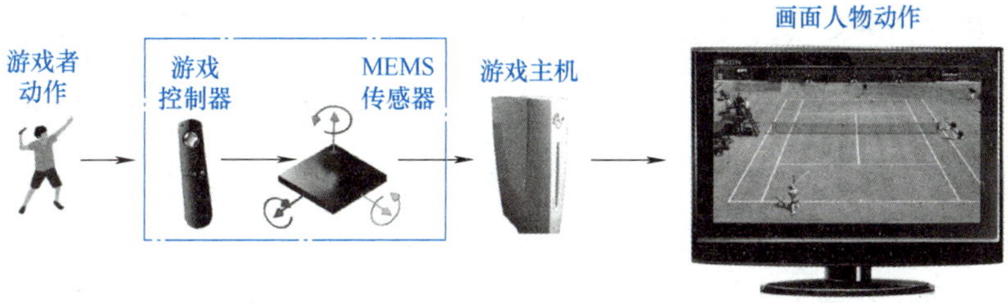

图 4-19　体感游戏机的工作过程

（2）智能手机　智能手机显著促进了 MEMS 传感器的大规模应用，表 4-1 列举了智能手机应用 MEMS 技术具有的一些功能，特别是应用陀螺仪以来，极大强化了手机游戏的动感功能。下面介绍几种功能。

1）手机计步。通过手机内的陀螺仪、加速度传感器和计步智能模块能够完成计步功能。当人体有步行动作时，人体重心产生偏移，随身携带的手机会发生角度变化，陀螺仪便可以测量出手机的角度变化情况。如果陀螺仪检测到持续、有规律的角度变化时，计步智能模块就会识别出携带手机的人处于走路状态。此外，人在步行时要完成抬腿、迈步和脚落地的动作，人体产生加速度的变化，随身携带手机内的加速度传感器会测量出周期性变化的加速度信号，根据连续的加速度周期信号，便可识别携带手机的人处于走路状态，并以此计算出步数。在计步智能模块中还具有过滤和去除干扰信号的功能。例如，因手机在兜里窜动而引起的加速度信号变化就需要被过滤，不应记录为运动的步数。

2）开关与功耗节省。应用 MEMS 加速度传感器可以测试出手机的运动和位置变化。传感器根据手机的运动状态发出中断信号，实现对手机的开关控制；通过对应的功能组合可以使手机处于激活状态或低功耗状态，实现最佳的电源管理。

3）磁盘保护。智能手机可以看作是一个便携式计算机，MEMS 加速度传感器还可以用于便携式计算机和移动存储设备中的磁盘驱动器保护装置。MEMS 加速度传感器能够检测出重力（G-force）的变化，从而识别出便携式计算机和移动存储设备处于放下还是跌落状态。在检测到跌落状态后的数毫秒之内，系统指示硬盘读写头归位，中止读写头与磁盘的接触，从而预防硬盘损坏和避免数据损失。

4）相机防抖。当用手机拍照时，如果 MEMS 陀螺仪检测到操作者手的抖动，微处理器将根据抖动状况，命令微执行器移动镜头，实现抖动的补偿。

5）屏幕图像自动旋转。应用 MEMS 传感器，可以根据用户手持手机的方向，自动改变屏幕的方向。例如，当直握手机时，屏幕图像呈竖直方向；如果将手机逆时针转 90°，手机图像则会自动转为横屏显示。这是由于在 MEMS 陀螺仪内置了一个光栏，在光栏检测内腔中放置一个可自由移动的参考粒子，如果相机发生旋转，参考粒子将发生移动，陀螺仪将参考粒子移动的信息输出给微处理器，根据指令旋转图像。

3. 生物医学

人体细胞的平均直径在 5~200μm，应用 MEMS 技术可以实现微观级的诊断和治疗。例如，基于 MEMS 技术的自感知微夹钳可用于显微外科手术，实现对细胞的微细操作；微内窥镜可以进入血管、胆管、胰管等微小管腔，为医生提供诊断和治疗部位信息，同时在微内窥镜内也可以集成微执行器，医生通过操纵微执行器完成手术治疗。

生物芯片可以看作是一种生物微机电系统，生物芯片通过微细加工技术在固体芯片表面构建出微流体分析系统，以实现对细胞、蛋白质、核酸以及其他生物组分的准确、快速、大信息量的检测。生物芯片极大推进了医学从“系统、血管、组织和细胞层次”进入到“DNA、RNA、蛋白质及其相互作用层次”，为现代生物医学的发展提供了强有力的方法和手段。生物芯片在疾病预防、疾病诊断、基因治疗、药物研究、流行病监测以及个体化医疗等方面体现出独特的优势。

4. 国防军事

MEMS 在国防军事上的应用较广。例如，通过无人机或炮弹投掷等方法将大量的 MEMS 无线传感器散布于战场区域，形成无线传感器网络，通过各个网络节点传感器，获得战场区域的地形、通信等信息，用于指导作战。应用 MEMS 的惯性制导器件，一般包含 3 轴加速度传感器和 3 轴陀螺仪，具备微型化和低功耗的特点，可以显著提高导弹的命中率和飞行方位的准确性。MEMS 在武器引信系统中可以用于爆炸定位、引信安全保险状态控制以及弹道修正等。微型机器人可用于太空或深海环境探测，还可以作为具有侦察和攻击作用的军用机器人，如图 4-20a 所示。

微型飞行器内包含各种 MEMS 器件，如微传感器、微惯性制导器件、微天线以及微电动机等。图 4-20b 所示的微型直升机，配备有微型数码摄像机和微型伺服控制装置，能够实现加速、减速以及空中盘旋，平均速度可达 32km/h。微型飞行器可以潜入敌方阵营或被占领的建筑物内，完成侦查活动、战场评估、通信中继、目标引导、生化探测等一系列军事任务。

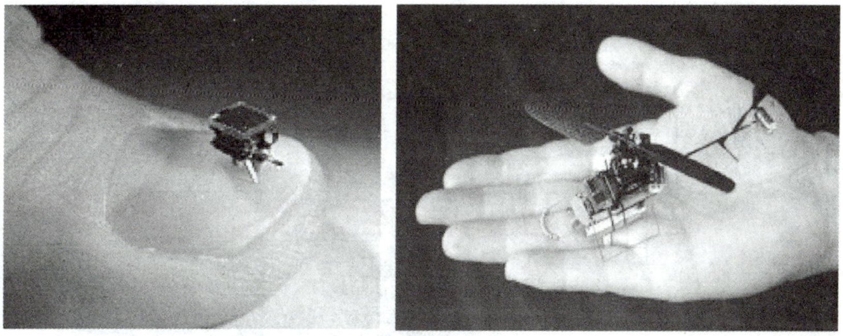

a)　　b)

图 4-20　微型机械

a）微型机器人　b）微型直升机

4.3.3　基于 MEMS 传感器的安全气囊系统

4.1 小节介绍的 ABS 属于汽车中的主动安全系统之一，目的在于避免车辆发生危险情况，预防交通事故。安全带和气囊属于汽车中的典型被动安全系统，如果发生车祸，则可以对乘坐人员进行被动保护。安全气囊系统（supplemental restraint system，SRS）的作用是在一次碰撞之后和二次碰撞之前，在车内人员和车身部件之间迅速弹出气囊，在人体接触到安全气囊时，安全气囊通过表面气孔排气，从而起到铺垫作用，缓和人体所受到的冲击力，吸收撞击能量，从而保护车内人员的安全，最终达到减轻乘员伤害的效果。SRS 可以配置在车内前方、侧方以及车顶三个位置，普通轿车的安全气囊一般位于驾驶人和前排乘客的前面和侧面。安全气囊已成为重要的汽车被动安全设备，气囊的数量和位置是衡量车辆安全性和汽车档次的重要指标之一。

1．SRS 的组成

SRS 一般由 MEMS 加速度传感器、电子控制单元（ECU）、气体发生器和气囊组成。

1）MEMS 加速度传感器是 SRS 的检测单元，用于探测车辆行驶方向和车辆侧面方向的加速度信号，并将加速度信号传送给 ECU。

MEMS 加速度传感器通常利用敏感质量块来测量加速度。当加速度传感器与外界物体一起产生加速运动时，质量块就受会到惯性力的作用向相反方向运动，如图 4-21a、b 所示。因此，在外部加速度作用下，质量块将产生微小的位移。如果能够测试出质量块的位移，便可以计算出加速度的值。MEMS 加速度传感器的种类较多，按检测方式可以分为压阻式、电容式、隧道式、共振式等。其中，电容式微加速度传感器具有灵敏度高、漂移小、结构简单等特点，在汽车 SRS 中广泛应用。

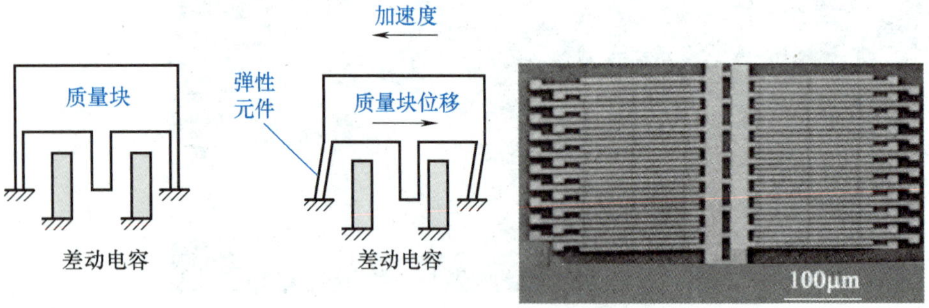

原理动画

图 4-21　MEMS 加速度传感器的原理图与微观结构

a）无加速度变化　b）加速度变化　c）梳状微观结构

图 4-21c 所示为一种采用梳状微观结构的电容式 MEMS 加速度传感器，其内部含有一定质量的硅质量块，这些硅质量块又与若干平行的活动悬臂梁连接。固定臂与其周围的活动臂之间形成了电容结构，当质量块产生位移时，活动臂和固定臂之间的电容就会发生相应的变化。

2）ECU 是 SRS 的控制器，用于对 SRS 进行控制和故障诊断。在汽车行驶过程中，传感器不断向控制器发送加速度信息，ECU 对这些信息进行分析和判断。如果车辆发生碰撞，ECU 经过运算判断碰撞方向和强度，确定加速度指标是否超过了设定值，从而确定是否向气体发生器发出点火指令。

3）气体发生器和气囊是 SRS 的执行单元，气体发生器可以在较短的时间内产生大量的气体充满气囊。当 ECU 判断需要引爆气囊时，便控制点火芯片，使气体发生器迅速产生大量气体。安全气囊一般使用叠氮化钠（NaN_3）作为气体发生器的原料，叠氮化钠在高温化学反应条件下可迅速产生大量氮气，保护车内人员的安全。

2. SRS 的工作过程

SRS 的工作过程如图 4-22 所示。当汽车发生碰撞时，MEMS 加速度传感器测试出汽车的加速度数值，将测得的加速度信号传送到 ECU，ECU 对加速度信号进行处理、运算和分析，从而判断是否需要打开气囊。如果需要打开安全气囊，ECU 立即发出点火信号，使气体发生器迅速点火并产生大量氮气，充满气囊，同时通过气囊侧面的排气孔调节气囊压力。安全气囊作为辅助安全系统的一部分，与安全带配合使用效果会更好。据统计，当车祸发生时，如果单独使用安全带，可以挽救 45% 的生命；如果联合使用安全气囊和安全带，比例将提高到 60%。

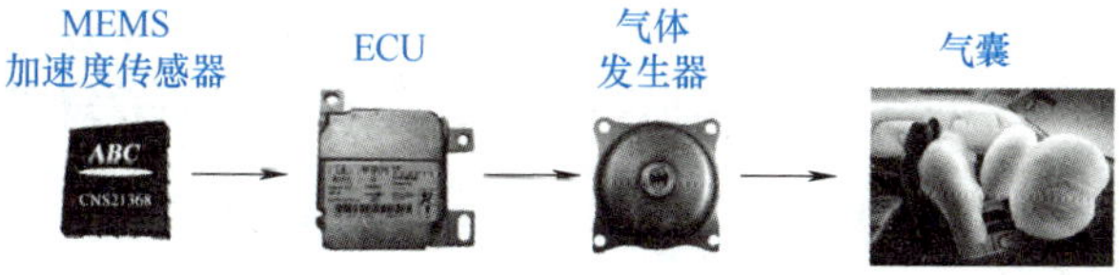

图 4-22 SRS 的工作过程

4.3.4 智能手表

通过对日常穿戴产品进行智能化设计，开发出可穿戴的、具有交互功能的智能便携式穿戴设备，如手表、手环、戒指、眼镜、头箍、耳机、手套、纽扣、皮带、服装、鞋以及佩戴挂件等。智能穿戴设备可以看作为一个智能可穿戴的计算机，具有独立的操作系统，集传感、处理、储存和通信于一体，通过用户与设备的接触获取数据，并将获取的数据进行实时传输或存储。智能穿戴设备在医疗、健身、娱乐等领域得到广泛应用，明显改变了人们的生活方式。在智能可穿戴设备中应用较多的 MEMS 传感器有加速度计、陀螺仪、磁强计等惯性传感器和压力、湿度、温度、紫外指数等环境传感器。

智能手表是一种常见的可穿戴设备，将智能芯片安装在手表内，通过网络与手机、计算机等设备进行通信，可以看作为一个以手表形式出现的戴在手腕上的智能手机。目前的智能手表的功能越来越多，表 4-2 列举了目前一些智能手表的常用功能。

表 4-2　智能手表的常用功能

分类	功能
健康监测	体温、心率、睡眠、血压、血氧、血糖监测，女性经期跟踪
运动记录	日常活动记录，包括步数、运动距离、运动轨迹、卡路里消耗量、活动时间等；支持多种运动模式记录，包括步行、跑步、骑行、游泳、跳绳、登山、瑜伽等
支付和 NFC	扫码支付、移动支付、NFC 公交卡、NFC 门禁卡
同步功能	同步手机中电话、邮件、照片、音乐等内容，同步蓝牙耳机
通信功能	电话、SOS 报警、广角摄像头实时通话、蓝牙通话
提醒功能	来电提醒、来电拒接、来电快捷信息回复、消息提醒、久坐提醒、健康指标提醒、运动达标提醒、蓝牙断开提醒等
应用功能	闹钟、计时器、秒表、天气、手机寻找、手电筒、指南针、相册、定位、抬腕亮屏、勿扰模式、息屏模式、音乐控制

目前，智能手表的心率监测主要采用光电法进行测量，光电法测量心率的理论依据是朗伯 - 比尔定律（Lambert-Beer law），即当一束平行的单色光通过某均匀的稀溶液时，该溶液对光的吸收程度与吸光物质的浓度和光通过的液层厚度的乘积成正比。图 4-23 所示为智能手表的心率监测过程图。智能手表通过光学心率传感器完成心率监测，光学心率传感器内的发光二极管发出绿色 LED 光照射手腕皮肤血管，由于心脏跳动导致动脉血管容积发生周期性变化，绿色 LED 光的透光率和反光率随之发生周期性改变，光学心率传感器接收皮肤组织的反射光并转换成电信号，对周期性的电信号进行 A-D 转换、数据处理后，便可获得智能手表佩戴者的心率信息并显示在智能手表上。

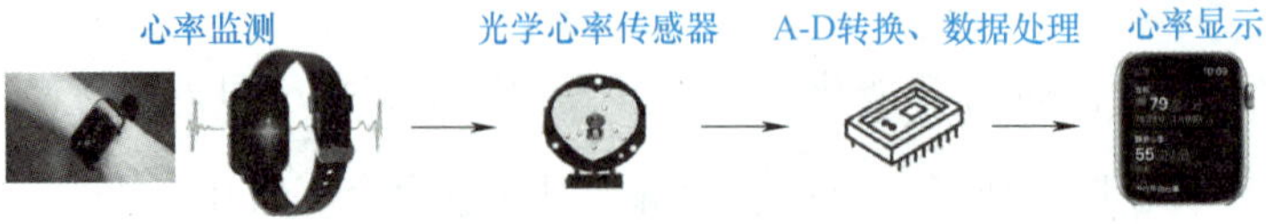

图 4-23　智能手表的心率监测过程图

智能手表中的光学心率传感器为什么选择绿色光？

扫描右侧二维码完成 4.3 节测试题。

4.3 节测试题

4.4 焊接机器人

自世界上第一台 Unimate 工业机器人诞生以来，机器人在社会生产生活的许多领域得到日益广泛应用，其中应用最多的是工业机器人（industrial robot），如图 4-24 所示。据不完全统计，焊接机器人（welding robot）在各国工业机器人应用比例中占到 40%~60%。

焊接机器人是能够取代电焊工从事焊接任务的工业机器人。

a)　　b)　　c)

图 4-24　工业机器人

a）Unimate 工业机器人　b）喷漆机器人　c）切割机器人

4.4.1 焊接机器人的作用

焊接机器人的诞生是焊接自动化的革命性飞跃，推动了焊接过程由机械化向自动化、智能化和信息化方向发展，突破了传统焊接刚性自动化方式，开拓了柔性自动化方式。早期的焊接机器人缺乏“柔性”，焊接路径和焊接参数需根据实际作业条件预先设置，工作灵活性差，缺乏对突发问题的处理能力。随着市场经济的快速发展，企业的产品从单一品种、大批量生产变为多品种、小批量生产，这就要求焊接生产线具有更大的柔性，所以焊接机器人正在由单机示教再现型向感知型、智能型方向发展。

焊接作为工业中的“裁缝”，是工业加工的重要环节。由于焊接过程中烟尘、弧光、金属飞溅的存在，给焊接质量的保证带来了一定困难，为此焊接机器人起到了至关重要的作用。

1）提高焊接质量的稳定性。人工焊接时，焊接速度、焊接电流和焊丝伸出长度等都是变化的，很难做到参数统一；采用机器人焊接时，每条焊缝的焊接参数都是恒定的，人为因素影响较小，焊接质量稳定。

2）提高劳动生产率。为适应自动化高效加工的需求，机器人可以 24h 连续工作，克服由于人身体状况带来的影响。

3）缩短产品改型换代的周期。焊接机器人的突出特点是可以通过修改程序适应不同工件的加工，减少了更换设备的相应投资，通用性较强。

4.4.2　焊接机器人的系统组成

目前应用比较普遍的焊接机器人主要有两种：点焊机器人和弧焊机器人。而实质上，不同用途的焊接机器人之间的差异仅体现在其末端的焊接设备上，如焊钳或焊枪。

1．焊接机器人系统的组成

焊接机器人系统分为硬件部分和软件部分。硬件部分由机器人和焊接装置两部分组成，其中机器人由机器人本体和控制柜构成，如图 4-25 所示。机器人本体是焊接时的主要控制对象，其手臂是将焊接设备移动到指定位置的关键部件，手臂动作会影响焊接质量和焊接精度。控制柜是焊接机器人的控制中心，根据焊接工艺要求编制程序送至控制系统，并由其发出控制指令驱动机器人手臂。焊接装置包括焊接电源、焊枪或焊钳及控制机构，是影响焊接精度的主要装置。此外，智能型机器人还配置了传感系统，如位置传感器、视觉传感器等。

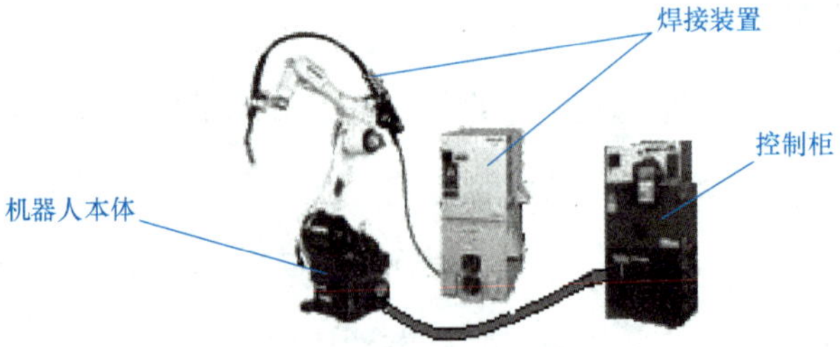

图 4-25　焊接机器人的硬件系统

焊接机器人系统软件部分的结构如图 4-26 所示。软件系统主要分为人机接口和控制单元两部分。人机接口负责和上位机、显示器和作业条件等进行通信，控制单元负责和伺服与驱动单元、检测单元和 I/O 设备等进行通信。其中，作业条件主要是指焊接机器人工作的环境条件和硬件设备条件等，I/O 设备是指焊接机器人的外围设备。

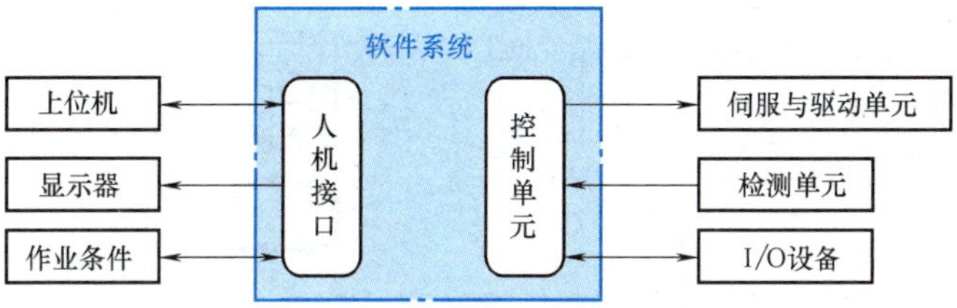

图 4-26　系统软件的总体结构框图

2. 焊接机器人本体的硬件结构

焊接机器人绝大部分属于关节机器人，由三个或三个以上可自由编程的轴组成。焊接机器人本体的硬件结构基本上由机械单元、伺服与驱动单元、控制单元、检测单元和执行单元构成。

（1）机械单元　根据各个关节所需完成的运动方式和承受的载荷情况，设计各关节的传动机构，如材质选择、形状尺寸、结构设计、保护环节设置等。

（2）伺服与驱动单元　机器人的每个关节（如腕、臂、肘等）的动作都由伺服与驱动单元实现，广泛采用液压伺服驱动、电气伺服驱动和气动伺服驱动等技术。其中，电气伺服驱动是驱动方式的主流，具有高精度、快速响应、宽调速范围和低速大转矩的特性，常采用交流伺服电动机、直流伺服电动机和步进电动机等来驱动。直流伺服电动机可用于完成机器人的伸缩、摆动、升降、旋转、弯曲等动作。交流伺服电动机与直流伺服电动机应用情况相似，均采用闭环位置控制，具有功率大、过载能力强、环境适应性好的突出特点。步进电动机主要用于完成机器人肩臂旋转动作，适用于小型的开环控制系统。图 4-27 中，伺服驱动模块和伺服电动机构成伺服与驱动单元。

（3）控制单元　控制单元主要负责各轴伺服电动机的动作，图 4-27 为控制单元的构成框图。控制单元采用主从控制方式，主控计算机负责对各轴伺服与驱动单元的管理、焊接轨迹设定等，从控计算机负责对各轴伺服与驱动单元的协调动作。其中，各轴伺服电动机可以采用多种控制形式，如 PID 控制、模糊控制等。

（4）检测单元　为使焊接机器人按照控制要求和工艺要求完成任务，在机器人本体上设置了传感检测系统，主要功能包括：利用位置传感器实时检测关节轴的伺服电动机的角位移量，利用机器视觉传感器检测与监测焊接状态，利用压觉传感器检测机器人与焊接对象之间接触面法向的压力值，利用接近觉传感器检测到焊接对象的距离、斜度以及焊接对象表面状态。

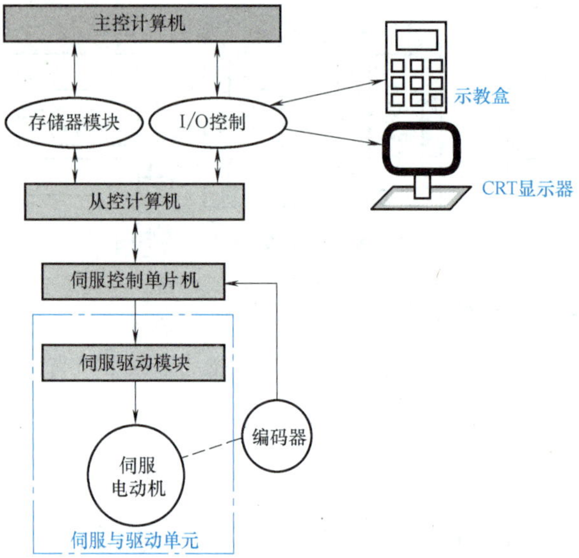

图 4-27 焊接机器人控制单元的构成框图

（5）执行单元 焊接机器人的执行单元主要指机器人腕部、臂部、腰部等，其功能与人相似。腕部用来调节焊枪或焊钳的动作，可进行旋转、左右摆动、上下摆动等运动，有些机器人为使结构简化不设置腕部或减少运动种类；臂部的作用是支撑腕部，并带动其做空间运动，一般能进行伸缩、回转和升降运动；腰部负责将臂部移动到指定位置，可进行伸缩运动和旋转运动。

4.4.3 典型的焊接机器人

1. 点焊机器人

在焊接机器人中，点焊机器人（spot welding robot）占比近一半，主要应用于汽车、摩托车等制造领域中。例如，在一台普通汽车车身上就有大约 5000 个焊点，其中 98% 左右的焊点由焊接机器人来完成，如图 4-28a 所示。点焊机器人只需对点位进行控制，对点与点之间的运动轨迹没有限定，但要求运动速度快、过程平稳、定位准确。点焊机器人的焊钳如图 4-28b 所示，其驱动方式常采用气动伺服和电气伺服，以往采用的结构形式为焊钳与变压器分离式，能承受 30~45kg 的负载，但存在连接电缆线过长和易摆动的缺陷。经过改进，现在常采用焊钳和变压器一体式结构，并能承受 100~150kg 的负载。点焊机器人的焊接方式分为交流焊接和直流焊接，前者适用于小容量变压器，后者适用于大容量变压器。

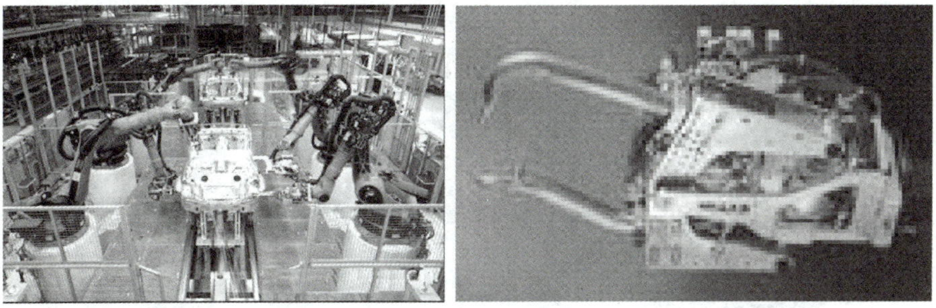

a)　　b)

图 4-28　点焊机器人

a）点焊机器人在汽车生产中的应用　b）焊钳

2. 弧焊机器人

弧焊机器人（arc welding robot）与点焊机器人相比，应用范围更加广泛，如在汽车、通用机械、金属结构、航空航天等领域中都有较好的应用。弧焊主要以高质量焊缝和柔性焊接为目标，这就使得其比点焊过程要复杂，如对焊枪姿态、焊接参数、焊丝头运动轨迹等都有精确限定。焊接装置包括弧焊电源、焊枪、送丝机、接口箱和焊缝跟踪传感器等。接口箱是用于弧焊电源与机器人控制单元之间传递处理信号的，既能将机器人控制单元发出的焊接指令传递给弧焊电源，也能监测焊接状态并将信息传递给控制单元，如图 4-29 所示。

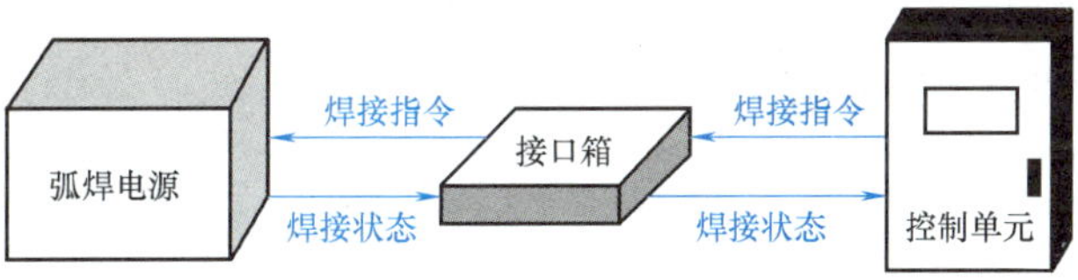

图 4-29　接口箱连线示意图

4.4.4　焊接机器人的应用与发展

1. 焊接机器人的应用

焊接机器人最早只应用在汽车装配生产线上，如今已广泛应用于汽车、摩托车、工程机械、铁路机车、船舶制造等领域，如图 4-30 所示。

2. 焊接机器人的发展

焊接机器人的发展大致经历了三个阶段。第一阶段是对环境变化没有应变能力的示教再现焊接机器人；第二阶段是有部分感知能力，对环境变化有一定自适应调节的可离线编程的焊接机器人；第三阶段是既具有感知能力，还具有一定决策规划能力的智能型焊接机器人。我国从 20 世纪 70 年代开始研究焊接机器人，已开发出喷漆、弧焊、点焊等机器人。

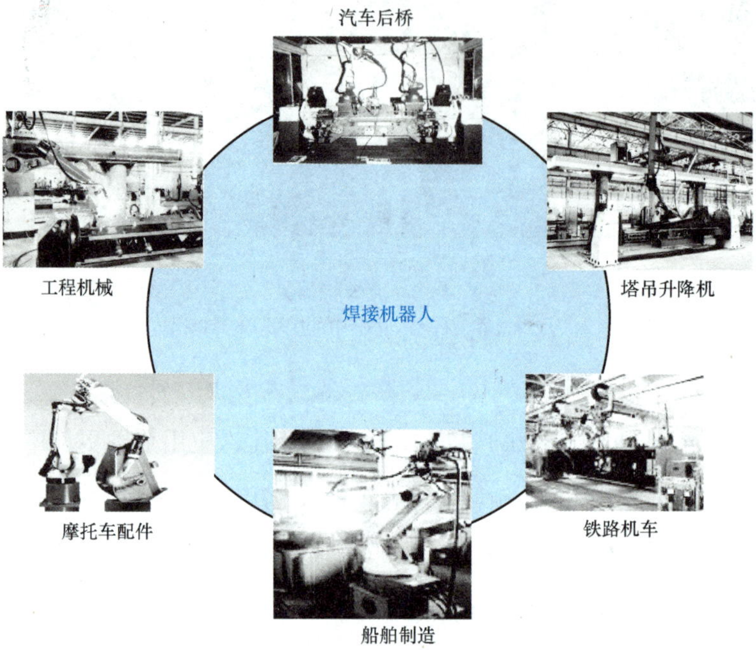

图 4-30　焊接机器人的应用领域

近年来，随着传感器技术和智能控制技术的发展，焊接机器人技术也越来越成熟，其发展方向主要为多传感器信息的智能融合、虚拟现实技术应用、多智能焊接机器人系统开发、智能控制技术应用、机器人控制系统方式改进等。

扫描右侧二维码完成 4.4 节测试题。

4.4 节测试题

4.5 数控机床

机床有一种形象的说法，“它是生产机器的产床”。后来这种装备就被称为机床。

公元前 2000 多年出现的树木车床是机床最早的雏形，脚踏绳索带动工件旋转，手拿贝壳或石片等作为刀具进行切削。1797 年，由丝杠传动刀架实现机动进给的车床，能够车削螺纹，这是机床结构的一次重大变革。1951 年第一台电子管数控机床样机制作完成。

4000 多年前的机床是怎样工作的？脚踏绳索是如何带动工件旋转的？第一台电子管数控机床具有什么样的功能，体积有多大？扫描右侧二维码了解早期机床是如何实现旋转动作的。

第 4 章阅读材料

数控技术即为利用数字化信息对机床运动及其加工过程进行控制的方法，简称数控（numerical control，NC）。数控机床（numerical control machine tools）是采用了数控技术的机床。

数控机床综合了微电子技术、计算机应用技术、自动控制技术以及精密机床设计与制造技术，具有专用机床的高效率、精密机床的高精度、通用机床的高柔性等显著特点，适合多变、复杂、精密零件的高效、自动化加工，较好地解决了多品种和中、小批量生产自动化问题，消除了人为的失误或误差，可以方便地完成如螺旋桨、汽车外形冲压用模具等复杂曲面类零件的加工。

4.5.1　数控机床的发展过程

数控机床是在普通机床的基础上发展起来的，军事工业需求是数控机床发展的原始动力，军事工业的发展不断促进数控机床升级。而随着民用市场竞争的加剧，特别是面对用户多样化的产品需求，高精度、高效率、柔性化的生产已经成为企业的必然选择，对数控机床产业化的要求更加迫切。数控机床的发展大致可以分为 4 个阶段。

1. **起动阶段**（1952—1979 年）

1952 年，美国麻省理工学院研制出世界上第一台数控升降台铣床，开创了数控机床产业发展的历史。随后德国、日本、苏联、中国等国先后研制出本国的第一台数控机床。

2. **发展应用阶段**（1980—1989 年）

20 世纪 80 年代以来，数控系统微处理器的运算速度快速提高，功能不断完善，可靠性进一步提高，以及监控、检测、换刀、外围设备的应用，使数控机床技术全面发展，数控机床品种迅速扩展。在此时期，发达国家数控机床产业进入了发展应用阶段。

3. **产业成熟阶段**（1990—1999 年）

20 世纪 90 年代，数控机床得到普遍应用，数控机床技术有了进一步发展，柔性单元、柔性系统、自动化工厂开始应用，标志着数控机床产业进入了成熟阶段。

4. 现代发展阶段（2000年至今）

进入21世纪，科学技术特别是信息技术的迅速发展，高速高精控制技术、多通道开放式体系结构、多轴控制技术、智能控制技术、网络化技术、CAD/CAM与CNC的综合集成，使数控机床技术进入了智能化、网络化、敏捷制造、虚拟制造的更高阶段。

4.5.2　数控机床的特点

数控机床的特点如下：

1）加工精度高，具有稳定的加工质量。

2）适应性强，灵活性好。

3）生产率高，可节省生产准备及辅助时间。

4）机床自动化程度高，可减轻劳动强度。

5）有利于进行现代化生产与管理。

6）对操作人员、维修人员的素质、技术要求较高。

4.5.3　数控机床的组成

数控机床一般由机床本体、输入输出装置、数控系统、伺服驱动系统等组成。图4-31所示为数控机床实物图。

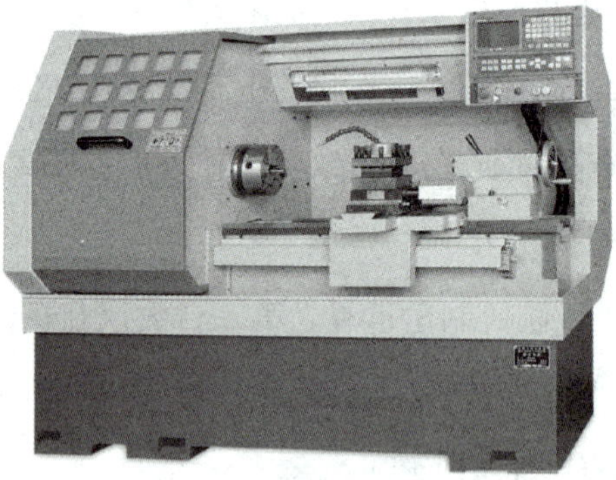

图4-31　数控机床实物图

1）机床本体是数控机床的主体，用于完成各种切削加工。它包括主运动部件、进给运动部件、支承件。其中，进给运动部件包括工作台、拖板以及相应的传动机构，支承件包括立柱、床身等。此外，还有冷却、润滑、转位和夹紧等辅助装置。对于加工中心类的数控机床，还有存放刀具的刀库、交换刀具的机械手等部件。

2）输入输出装置主要包括人机交互设备、输入介质、操作面板、通信接口等。其主要功用是将各种信息、指令输入给机床系统，并对数控系统的状态进行干预，如对加工程序进行输入、编辑、修改、调试，对数控机床运行状态进行显示等。

3）数控系统是数控机床的核心，包括计算机数控（computer numerical control，CNC）装置、可编程序控制器（programmable logic controller，PLC）、检测装置、通信接口、特殊功能模块以及相应的控制软件等。其功能是根据输入的零件加工程序进行相应的处理，如运动轨迹、机床输入输出，然后输出控制命令到相应的执行部件，如伺服装置和驱动装置等。

4）伺服驱动系统由伺服控制电路、功率放大电路和伺服电动机组成。伺服驱动系统的作用是把来自数控装置的位置控制移动指令转变成机床工作部件的运动，使工作台按规定轨迹移动或精确定位，加工出符合图样要求的工件，即把数控装置送来的微弱指令信号，放大成能驱动伺服电动机的大功率信号。

图 4-32 所示为数控机床传动链简图。

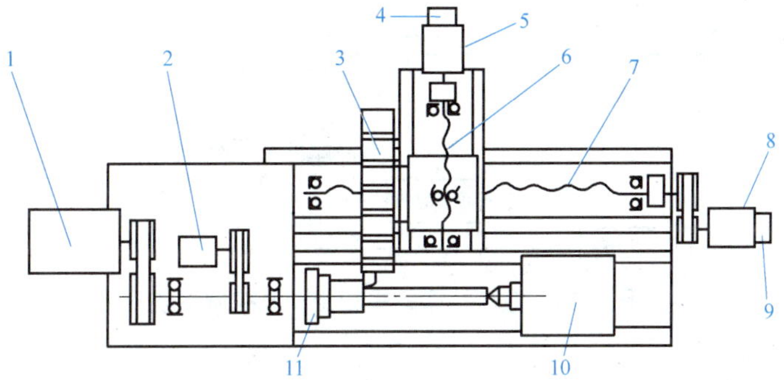

图 4-32　数控机床传动链简图

1—主轴电动机　2—主轴编码器　3—回转刀架　4—X 轴光电编码器　5—X 轴进给电动机　6—X 轴进给丝杠　7—Z 轴进给丝杠　8—Z 轴进给电动机　9—Z 轴光电编码器　10—尾架　11—主轴

4.5.4　数控机床的主轴驱动与控制

1．主轴驱动

数控机床一般采用两个电动机分别驱动主轴，高速时通过传动带直接驱动主轴旋转；低速时，另一个电动机通过齿轮传动驱动主轴旋转，齿轮起降速和扩大变速范围的作用，这样使恒功率区增大，克服了低速时转矩不够且电动机功率不能充分利用的缺陷。高档数控机床则采用内装电动机主轴传动结构，这种主传动方式简化了主轴箱体与主轴的结构，提高了主轴部件的刚度，但主轴输出转矩小，电动机发热对主轴影响较大。

2. **主轴控制**

数控机床用于主轴驱动的调速电动机主要有直流电动机和交流电动机两大类，其调速方法分别采用直流电动机主轴调速和交流电动机主轴调速，相关知识已经在前面介绍过，这里不再赘述。

以数控车床为例，主轴控制的主要目标是速度控制，当切削螺纹时，还需要进行位置控制。

主轴电动机通过传动机构带动主轴旋转，同时在主传动系统中还设置有主轴编码器，用以检测主轴转速和角位移，并将检测到的信号反馈给 CNC 系统，进而控制主轴伺服电动机，使其速度满足要求，例如恒转速运动或恒线速运动等；当进行螺纹加工时，不仅有转速的要求，还要求主轴的旋转角度与刀具的进给距离相匹配，即有位置要求，此时就需要对位置进行检测，并控制主轴的运动位置。数控机床的主轴驱动及控制系统如图 4-33 所示。

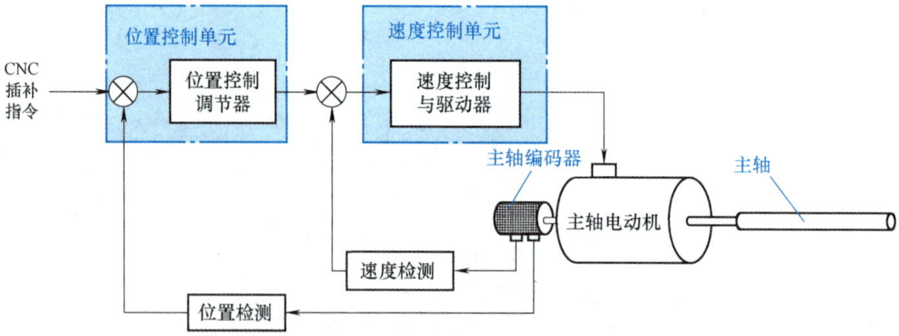

图 4-33　数控机床的主轴驱动及控制系统

4.5.5　数控机床的进给伺服系统

数控机床的伺服系统是指以数控机床移动部件的位置和速度作为控制量的自动控制系统，也就是进给伺服系统。它的作用是接收来自数控装置中插补器或计算机插补软件生成的进给脉冲，经变换、放大将其转化为数控机床移动部件的位移，并保证动作的快速和准确。伺服系统的性能在很大程度上决定了数控机床的性能，如数控机床的定位精度、跟踪精度、最高移动速度等重要指标。

伺服系统按其控制方式分为开环进给伺服系统、闭环伺服系统和半闭环伺服系统。

1. **开环进给伺服系统**

开环进给伺服系统是数控机床中最简单的伺服系统，执行元件一般为步进电动机，其控制原理如图 4-34 所示。

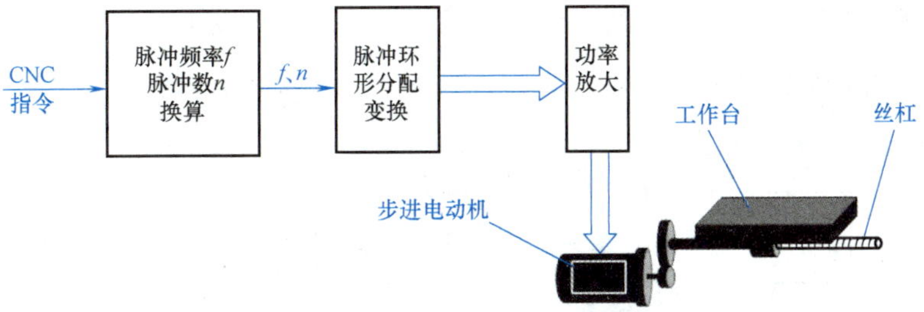

图 4-34　开环进给伺服系统的控制原理

在开环进给伺服系统中，数控装置发出的指令脉冲经驱动线路送达步进电动机，使其输出轴转过一定的角度，再通过齿轮副和丝杠螺母副带动机床工作台移动。步进电动机的旋转速度取决于指令脉冲频率，转角的大小由指令脉冲数所决定。由于没有检测反馈装置，系统中各个部分的误差（如步进电动机的步距误差、起停误差，机械系统的误差等）都合成为系统的位置误差，所以其精度较低，速度也受到步进电动机性能的限制。但由于其结构简单，易于调整，在精度要求不太高的场合中得到较广泛的应用。

2. 闭环伺服系统

闭环伺服系统是采用直线型位置检测装置，如直线感应同步器、长光栅、磁栅等，对数控机床工作台位移进行直接测量，并进行反馈控制的位置伺服系统，其控制原理如图 4-35 所示。这种系统有位置检测反馈电路，有时还加上速度检测反馈电路。

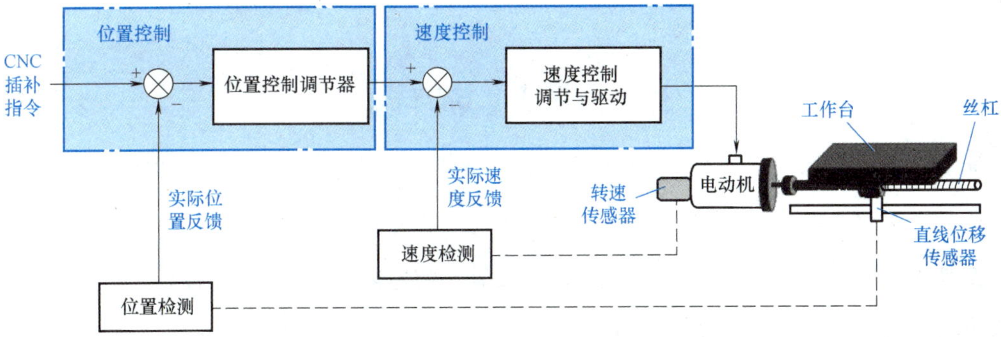

图 4-35　闭环伺服系统的控制原理

闭环伺服系统的特点是精度较高，但系统的结构较复杂、成本高，且调试维修较难，因此适用于大型精密机床。

3. 半闭环伺服系统

采用旋转型角度测量元件和伺服电动机按照反馈控制原理构成的位置伺服系统，称为半闭环伺服系统，其控制原理如图 4-36 所示。常用的测量元件有脉冲编码器、旋转变压器、圆感应同步器等。半闭环伺服系统的位置检测元件安装在电动机轴上或丝杠上，用以精确控制电动机的角度，因为不能直接反映工作台的运动位移，所以采用间接测量方式。其坐标运动的传动链有一部分在位置闭环以外，其传动误差没有得到系统的补偿。

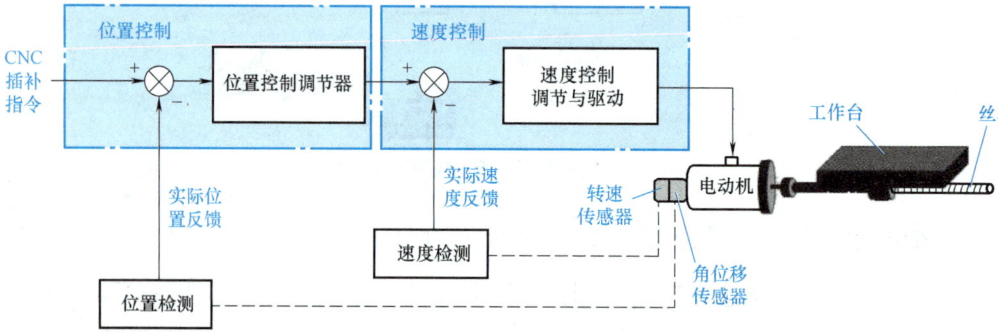

图 4-36　半闭环伺服系统的控制原理

半闭环伺服系统的精度低于闭环系统，但驱动功率大，快速响应好，适用于精度要求适中的中小型数控机床。

扫描右侧二维码完成 4.5 节测试题。

4.5 节测试题

拓展阅读 F　洗衣机

洗衣机已成为典型的机电一体化产品，但是最初的洗衣机却是一个纯粹的机械产品。最早发明的手动洗衣机以圆桶为机身，在桶内装有一根带有桨状叶片的轴，用手摇动与立轴相连的曲柄进行洗衣操作。随后，人们开始逐渐应用各种动力取代人力，陆续发明了蒸气洗衣机、水力洗衣机、内燃机洗衣机。20 世纪 70 年代，微机控制技术开始应用于洗衣机。

全自动洗衣机具有自动进水、洗涤、漂洗、脱水、甩干等功能。目前，波轮式全自动洗衣机占据我国洗衣机市场的主要份额，如图 4-37 所示。波轮式全自动洗衣机将洗涤物浸泡于洗涤用水中，依靠波轮连续转动或定时正、反向转动方式进行洗涤。

波轮式全自动洗衣机的检测单元可以实现水位检测、衣物重量检测、衣料检测、安全检测、内筒平衡检测、电源检测以及水温检测等功能。单片机作为波轮式全自动洗衣机的控制器，通过控制软件实现对波轮式全自动洗衣机的控制。波轮式全自动洗衣机的智能模糊控制功能可以自动感知衣料及重量，确定最佳水位和洗涤方式。波轮式全自动洗衣机的主要执行元件包括电动机、进水电磁阀和排水电磁阀。传动系统由电动机、V带和减速离合器组成。

目前，消费者已不单纯满足于洗衣机的清洗功能，开始关注产品功能、外观设计、节能等因素。节电、节水、智能化以及小型化将成为家用洗衣机的未来发展趋势。

图 4-37　波轮式全自动洗衣机的功能组成

拓展阅读 G　电梯

电梯（elevator）已成为现代城市建筑中不可缺少的一个组成部分，是一种日常生活中随处可见的机电一体化产品。电梯起源于古代的升降装置，如图 4-38 所示。从最初的手动、水压驱动到蒸汽驱动，直到电动机的发明和应用，才真正出现了用电力驱动的电梯。

图 4-38　《钦定四库全书·奇器图说》中绘制的起重方法插图

最常见的电梯为曳引驱动电梯，如图 4-39 所示，它采用曳引轮作为驱动部件，曳引钢丝绳悬挂在曳引轮上，一端连接轿厢，另一端连接对重装置，曳引机带动曳引轮转动，利用曳引钢丝绳和曳引轮之间的摩擦力使轿厢上升或下降。按照有无减速器分类，曳引机可分为有齿曳引机和无齿曳引机两类。图 4-39 为有齿曳引机，即电动机输出的动力通过蜗轮蜗杆减速器传递给曳引轮，然后带动轿厢升降。电梯主要有两个动作：轿厢的升降和轿门的开关。其中，轿厢升降运动由曳引电动机产生动力，轿门开关由电梯门电动机产生动力，这两个电动机是电梯的执行元件。

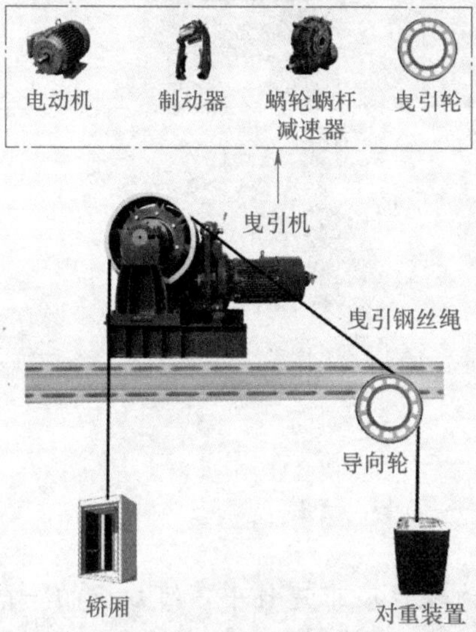

图 4-39　电梯曳引系统示意图

电梯的机械部分由曳引系统、轿厢系统、门系统、导向系统、重量平衡系统、安全保护系统等部分组成。电梯的电气控制部分包括电力拖动系统和电气控制系统，电力拖动系统与电气控制系统相互联系，共同构成电梯控制系统。电梯的电力拖动系统是一个速度调节系统，由曳引机、速度反馈装置、电动机调速装置组成，能够实现电梯升降速度的调节，以保证电梯的良好运行效率和最佳乘坐舒适度。

电气控制系统完成对电梯运行的逻辑控制，对轿内指令、厅召唤信号和井道信号等多种外来信号按一定逻辑关系自动进行综合处理，并通过电力拖动系统操纵电梯的运行，如电梯升降、减速、停止，轿门开关以及层站显示、层站召唤、轿内指令、安全保护等。图 4-40 所示为电梯 PLC 控制系统框图。运行可靠的 PLC 非常适合作为交流电梯的控制器，如输入输出为 256 点的可编程控制器可以满足 25 层楼电梯的控制。

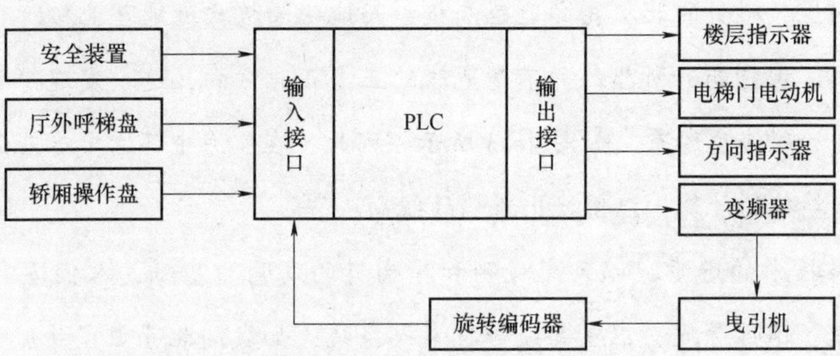

图 4-40　电梯 PLC 控制系统框图

拓展阅读 H　航海导航技术的发展

当身处浩瀚无垠的大海中，人们该如何辨别方向、如何确定位置、如何寻找目标呢？当今，我们首先想到的是拿出手机打开地图查看身处位置。而在没有电子技术的古代，人们是如何导航的呢？航海导航技术又是经历了怎样的发展过程呢？

《诗经》中记载："东有启明，西有长庚"。在古代，我国的先民就认识到人与自然的辩证统一关系，通过长期的天象观测积累了大量的辨别方向的知识，通过观察日月星辰及其方向的对应规律可以确定方位。在晴朗的白昼，观察太阳的移动辨别方向；在布满星辰的夜晚，观察北斗七星（见图 4-41）辨别方向。古人的观测方法可为短距离的海上航行提供导航。但在阴雨天气，这种方法就失去了作用，因此古人发明了指南针（见图 4-42）。指南针的发明为古代导航技术的发展做出了巨大的贡献。郑和七下西洋就应用指南针辨别方向，运用牵星板精确定位。

图 4-41　北斗七星

图 4-42　指南针

指南针由磁针和刻度盘组成，磁针在地磁场的作用下可以自由转动并保持在磁子午线的切线方向上，磁针的北极指向地磁南极，而地磁南极靠近地理北极，利用这一性能可以辨别方向。但指南针所指的并不是地球的正南正北方向，这一发现得益于北宋科学家沈括所发现的磁偏角现象，如图 4-43 所示。因此，在航海中还需要专业的人员对指南针的指向进行精确的计算，以便找出正确的航向。

随着科学技术的进步，以天文观测和指南针的发明为基础，人们逐渐发展并建成了无线电导航、惯性导航、卫星导航等技术或系统，如我国北斗卫星导航系统（Beidou navigation satellite system，BDS）。

北斗卫星导航系统是我国自行研制的全球卫星导航系统，是联合国卫星导航委员会认定的供应商，于 2020 年正式建成。北斗卫星导航系统可以提供全天候、全天时的导航定位信息，由空间段、地面段和用户段三部分组成，通过自动计算就可以获得准确的位置、时间和方向等信息，可为全球多种用户提供高精度、高可靠性的定位、导航、授时服务，并具短报文通信能力。

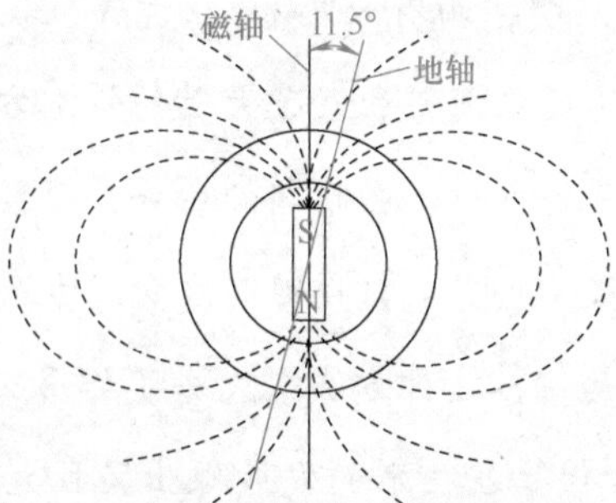

图 4-43　磁偏角现象

拓展阅读 I　无人机

无人机是无人飞行器（Unmanned Aerial Vehicle，UAV）的简称，具有体积小、重量轻、操控方便、机动性能好、安全程度高等一系列优点。根据机翼结构特点，无人机分为固定翼式和旋翼式两大类。固定翼式无人机的机动性和灵活差，无法完成空中悬停，难以满足飞行动作要求较高场合的使用需求。旋翼式无人机具有体积小、结构简单、操作方便、成本低、机动性好、飞行稳定、能够垂直起降和空中悬停等优点。无人机用于军事领域，可以完成情报侦探、空中预警、边界巡线和目标打击等任务；用于民用领域，无人机可以完成航拍摄影、空中表演、农林植保、安防监控、地理测绘、电力巡检、应急消防、快递物流、城市管理等一系列工作，成为推动低空经济发展的重要力量。

无人机是典型的机电一体化产品，以图 4-44 所示的四旋翼航拍无人机为例，可以将机身、机臂、脚架、螺旋桨、云台等视为机械单元，将机身内部的电子调速器和螺旋桨下部的无刷电动机视为伺服与驱动单元，机身内部主板上的处理器视为控制单元，将机身周边的视觉系统、红外传感系统以及机身内部的陀螺仪、加速度传感器、GPS 模块、气压计等传感器视为检测单元，用于感知无人机位置、速度、高度、姿态及周围障碍物等信息。另外，飞行控制器的接口与传感器、电子调速器、云台电动机、LED 指示器、蜂鸣器等硬件相连接。

图 4-44　四旋翼航拍无人机结构示意图

1966 年 12 月 6 日，南京航空学院研制的我国首架军用无人机“长空一号”成功首飞。1982 年，西北工业大学研制的 D-4 型小型低空低速多用途无人机成功试飞，开创了我国无人机军用转民用的先河。进入 21 世纪，我国无人机技术得到迅速发展，在无人机领域的专利申请量约占全球 70% 以上，稳居全球首位。我国民用无人机产业处于世界领先地位，具备完整的无人机产业链，在全球商用无人机市场占据着 70% 以上的份额，成为全球无人机市场的主要生产国和出口国。以 2024 年为例，我国无人机运营单位总数超过 2 万家，超过全球其他国家及地区民营无人机企业的总和，我国商用无人机市场规模约为 1215 亿元，预计 2030 年将达到 2 万亿到 3 万亿元。2025 年 1 月，大疆发布了 Matrice 4 系列无人机，内置人、车、船目标检测 AI 模型且开放无人机 AI 算力，通过 AI 技术赋能，使无人机具备自主飞行与智能决策的能力，将会积极助推低空经济发展。

习题

4-1 根据图 4-2，说明汽车制动时 4 个车轮全部被抱死时的运行状态。

4-2 通过查询相关文献，写出图 4-1 中 ESP 的英文全称，说明 ESP 的功能，并绘出 ESP 系统的组成示意图。

4-3 在图 4-5 中，分别绘出车轮液压缸保压、增压和减压三个阶段的制动液流动示意图。

4-4 绘出 ABS 基于轮胎滑移率的 PID 控制系统框图。

4-5 通过查询相关文献，说明轮胎压力监测系统 TPMS 的功能，并绘出 TPMS 系统的组成示意图。

4-6 请说明 CS 型和 C 型接口从镜头到 CCD 感光表面的距离。如何将一个 C 型接口的镜头安装到 CS 型接口的摄像机上，并能够实现目标聚焦在摄像机的 CCD 靶面上？

4-7 对于图 4-12 所示的银行视频监控系统，如果全部采用网络录像机进行监控，则需要哪些设备？请重新绘出银行视频监控系统的网络结构图。

4-8 请根据大学校园的特点，确定需要监控的地点，选择各监控地点的监控摄像机类型，设计出一个大学校园的视频安防监控系统结构图。

4-9 绘制出无人值守智慧停车场的系统结构图，并说明其工作过程。

4-10 根据图 4-21a、b 绘出能够测试出 x 轴和 y 轴两个方向的 2 轴 MEMS 加速度传感器的结构示意图。

4-11 通过查询相关文献，说明图 4-21c 所示的梳状微观结构的加工方法。

4-12 以市场出售的某一款家用轿车为例，说明 MEMS 加速度传感器、ECU、气体发生器和安全气囊的安装位置。

4-13 请说明智能眼镜中应用了哪些 MEMS 器件，并列举智能眼镜的常用功能。

4-14 请说明智能手表监测血压的原理，并绘制出测量血压的工作过程图。

4-15 分析焊接机器人在车身焊装生产线应用中存在的主要问题及解决措施。

4-16 请说明焊接机器人在汽车生产过程中的具体应用。

4-17 试对数控机床中的开环进给伺服控制、闭环伺服控制、半闭环伺服控制进行综合比较，分别说明它们的机构特点和应用场合。

4-18 CNC 系统主要由哪几部分组成？通过查询相关文献，用图示的方法简要描述其工作过程。

4-19 加工中心与一般的数控机床相比，有何不同之处？

4-20 请列举防止电梯坠落的措施。

参考文献

[1] 周志立，徐立友. 汽车 ABS 原理与结构 [M]. 2 版. 北京：机械工业出版社，2011.

［2］解福泉 . 防抱死制动系统的原理与检修［J］. 汽车电器，2005（5）：51-54.

［3］刘富强 . 数字视频监控系统开发及应用［M］. 北京：机械工业出版社，2003.

［4］西刹子 . 安防天下：智能网络视频监控技术详解与实践［M］. 北京：清华大学出版社，2010.

［5］杨剑 . 革新用户界面，MEMS 给消费类电子产品带来的新契机［J］. 电子与电脑，2008（3）：32-35.

［6］金大元 . 微电子机械系统（MEMS）及其在军事领域的应用［J］. 通信对抗，2007（4）：56-60.

［7］王琪民，刘明侯，秦丰华 . 微机电系统工程基础［M］. 合肥：中国科学技术大学出版社，2010.

［8］石庚辰 . 微机电系统技术［M］. 北京：国防工业出版社，2002.

［9］张龙华 . 焊接机器人在现代工业生产中的应用［J］. 电焊机，2009，39（4）：21-26.

［10］彭颖 . 焊接机器人控制器研究与开发［D］. 镇江：江苏大学，2009.

［11］卢本 . 焊接机器人的运动控制系统概述（一）［J］. 现代焊接，2007,（2）：19-22.

［12］谭一炯，周方明，王江超，等 . 焊接机器人技术现状与发展趋势［J］. 电焊机，2006，36（3）：6-10.

［13］唐新华 . 焊接机器人的现状及发展趋势（二）［J］. 电焊机，2006，36（4）：43-46.

［14］陈蔚芳，王宏涛 . 机床数控技术及应用［M］. 北京：科学出版社，2005.

［15］杨琳 . 自动检测与转换技术［M］. 北京：北京理工大学出版社，2010.

［16］陈继文，董明晓，李荣福，等 . 电梯控制原理及其应用［M］. 北京：北京邮电大学出版社，2012.

附录 专业词汇英汉对照表

AC servo-motor	交流伺服电动机
acceleration sensor	加速度传感器
alternative current	交流
amplitude-frequency performance	幅频特性
analog sensor	模拟式传感器
analog to digital converter，ADC	A-D 转换器
analytic hierarchy process，AHP	层次分析法
anti-lock brake system，ABS	防抱死制动系统
arc welding robot	弧焊机器人
artificial intelligence	人工智能
auditory sensor	听觉传感器
ball screw	滚珠丝杠
band width	带宽
band-pass filter	带通滤波器
bar-linkage system	杆系
Beidou navigation satellite system，BDS	北斗卫星导航系统
binary	二进制
biomimetic sensor	仿生传感器
bit	位
block diagram	框图
bode diagram	伯德图
bridge circuit	桥式电路
brushless DC motor	无刷直流电动机

bus expansion slot	总线扩展插槽
calibration	标定
cam transmission	凸轮传动
capacitance	电容
capacitor	电容器
carrier wave	载波
central processing unit，CPU	中央处理器
characteristic equation	特征方程
charge-coupled device，CCD	电荷耦合器件
closed-circuit television，CCTV	闭路电视监控系统
closed-loop control	闭环控制
compensator	补偿器
computer aided design，CAD	计算机辅助设计
computer aided engineering，CAE	计算机辅助工程
computer aided industrial design，CAID	计算机辅助工业设计
computer aided innovation，CAI	计算机辅助创新
computer aided instruction，CAI	计算机辅助教学
computer aided manufacturing，CAM	计算机辅助制造
computer aided process planning，CAPP	计算机辅助工艺规程
computer integrated manufacturing system，CIMS	计算机集成制造系统
computer numerical control，CNC	计算机数控
concurrent engineering，CE	并行工程
condition monitoring	状态监控
control engineering	控制工程学
control signal	控制信号
control variable	控制变量
controller	控制器
correlative analysis	相关分析
counter	计数器
coupled system	耦合系统
creative design	创新设计
current	电流
cylinder	液压缸

damping ratio	阻尼比
Darlington circuit	达林顿电路
data acquisition，DAQ	数据采集
data acquisition board	数据采集卡
data display module	数据显示模块
data transmission module	数据传输模块
DC motor	直流电动机
DC servo-motor	直流伺服电动机
decimal	十进制
declined coefficient	衰减系数
demodulation	解调
design for environment，DfE	面向环境的设计
detecting system	检测系统
differential equation	微分方程
differentiating amplifier	微分放大器
digital encoders	数字编码器
digital filter	数字滤波
digital sensor	数字式传感器
digital signal processor，DSP	数字信号处理器
digital to analog converter，DAC	D-A 转换器
digital video recorder，DVR	硬盘录像机
digital video server，DVS	数字视频服务器
displacement sensor	位移传感器
disturbance noise	干扰噪声
dynamic resistance strain instrument	动态电阻应变仪
eco-design	生态设计
eigenvalue	特征值
electrical circuits	电路
electrical engineering	电气工程学
electromagnetic clutch	电磁离合器
electromagnetic motor	电磁调速电动机
electromagnetic optical switch	电磁光开关
electromagnetic valve	电磁阀

electronic control unit，ECU	电子控制单元
electronic computer X-ray tomography technique	电子计算机 X 射线断层扫描技术
electronics	电子学
encoding	编码
equivalent circuit	等效电路
error analysis	误差分析
error coefficients	误差系数
executive component	执行元件
expert control	专家控制
Faraday’s Law	法拉第定律
feedback	反馈
fieldbus	现场总线
filtering	滤波
flexible manufacturing system，FMS	柔性制造系统
flow sensor	流量传感器
fuzzy control	模糊控制
gain	增益
gauge factor	应变计灵敏度系数
gear transmission	齿轮传动
gear-rack transmission	齿轮齿条传动
general purpose interface bus，GPIB	通用接口总线
green design	绿色设计
guide	导轨
helix transmission	螺旋传动
hexadecimal	十六进制
high-pass filter	高通滤波器
house of quality	质量屋
hydraulic motor	液压马达
impedance characteristics	阻抗特性
inductance	电感
inductive sensor	电感式传感器
industrial personal computer，IPC	工控机
industrial robot	工业机器人

information engineering	信息工程学
input channels	输入通道
integrated circuit，IC	集成电路
integrator	积分器
intelligent control	智能控制
interface	接口
interruption	中断
IP camera	网络摄像机
ladder diagram	梯形图
Laplace transform	拉普拉斯变换
Lambert-Beer law	朗伯 - 比尔定律
large scale integrated circuit，LSI	大规模集成电路
light emitting diode，LED	发光二极管
limit switches	限位开关
limiting frequency	截止频率
linear rolling guide	直线滚动导轨
linearity	线性度
low pass filter	低通滤波器
magnetostrictive actuator	磁致伸缩执行器
magnitude	振幅
mechanical engineering	机械工程学
mechanical unit	机械单元
mechatronics	机械电子学，机电一体化
medium transferring circuit	中间转换电路
micro feed mechanism	微进给机构
micro-accelerometer	微加速度传感器
microcomputer	微型计算机
Micro-electro-mechanical system，MEMS	微机电系统
microelectronics technology	微电子技术
micro-pressure sensors	微型压力传感器
microprocessor	微处理器
modeling	建模
modem	调制解调器

modular design	模块化设计
modulating signal	调制信号
modulation	调制
natural frequency	固有频率
network video recorder，NVR	网络录像机
neural network control	神经网络控制
numerical control machine tools	数控机床
numerical control，NC	数控
Ohm’s law	欧姆定律
open-loop control system	开环控制系统
operational amplifier	运算放大器
optical grating	光栅
optimum design	优化设计
optocoupler	光电耦合器
output channels	输出通道
parallel interface	并行接口
passive filter	无源滤波器
pattern recognition	模式识别
permanent magnet stepper motor	永磁步进电动机
permittivity	介电常数
phase angle	相位角
phase-frequency performance	相频特性
photoelectric encoder	光电编码器
photoelectric sensor	光电式传感器
piezoelectric sensor	压电式传感器
piezoresistive sensor	压阻式传感器
plane bar-linkage system	平面杆系
pneumatic motor	气动马达
positioning precision	定位精度
post-processor	后置处理器
potential level	电平
power transistor	功率晶体管
preamplifier	前置放大器

precision	精度
pressure sensor	压力传感器
printed circuit board，PCB	印制电路板
programmable logic controller，PLC	可编程序控制器
proportion integration differentiation，PID	比例微分积分
pulse counter	脉冲计数器
pulse equivalent	脉冲当量
pulse width modulation，PWM	脉冲宽度调制法
qualitative analysis	定性分析
quality function development，QFD	质量功能展开
quantitative analysis	定量分析
quantization	量化
random error	随机误差
range sensors	测距传感器
real-time processing	实时处理
reference signal	参考信号
register	寄存器
regulating element	调节元件
relative error	相对误差
relay	继电器
reliability design	可靠性设计
repeatability	重复性
resistance	电阻
resolution	分辨率
return error	回程误差
robust control	鲁棒控制
rolling guide	滚动导轨
rotary optical encoder	旋转光学编码器
sample-and-hold amplifier	采样保持器
sampling	采样
self-correlation	自相关
sensitive element	敏感元件
sensitivity	灵敏度

sensor	传感器
serial interface，SI	串行接口
servo drive unit	伺服与驱动单元
servo motor	伺服电动机
signal amplifier	信号放大
signal conversion	信号转换
single chip microcomputer，SCM	单片机
slip tactile sensor	滑觉传感器
solid state relay，SSR	固态继电器
space bar-linkage system	空间杆系
spectrum analysis	谱分析
spot welding robot	点焊机器人
static error	静态误差
step response	阶跃响应
step signal	阶跃信号
stepper motor	步进电动机
strain sensor	应变式传感器
supplemental restraint system，SRS	安全气囊系统
sustainable design	可持续设计
system engineering	系统工程
system modeling	系统建模
system performance	系统性能
tactile sensors	触觉传感器
temperature sensor	温度传感器
test and measurement	测试
thermistor	热敏电阻
thermocouple	热电偶
thyristor	晶闸管
time delay	延时
time domain	时域
time interval	时间间隔
timing-belt transmission	同步带传动
transfer function	传递函数

transient response	瞬态响应
transmission component	传动元件
trigger circuit	触发电路
unified modeling language，UML	统一建模语言
universal interface	通用接口
use case diagram	用例图
velocity sensor	速度传感器
very large scale integrated circuit，VLSI	超大规模集成电路
video surveillance	视频监控
virtual instrument，VI	虚拟仪器
vision sensor	视觉传感器
welding robot	焊接机器人
Wheatstone bridge	惠斯通电桥